学ぶ人は、変えてゆく人だ。

目の前にある問題はもちろん、
人生の問いや、
社会の課題を自ら見つけ、
挑み続けるために、人は学ぶ。
「学び」で、
少しずつ世界は変えてゆける。
いつでも、どこでも、誰でも、
学ぶことができる世の中へ。

旺文社

JN248366

数学 II・B

基礎問題精講

五訂版

上園信武 著

Basic Exercises in mathematics II・B

旺文社

本 書 の 特 長 と 利 用 法

　本書は，入試に出題される基本的な問題を収録し，教科書から入試問題を解くための橋渡しを行う演習書です。特に，共通テスト，私立大に出題が多い小問集合が確実にクリアできる力をつけられるように以下の事柄に配慮しました。

● 教科書では扱わないが，入試で頻出のものにもテーマをあてました。
● 数学Ⅱ・Bを167のテーマに分け，

基礎問→精講→解答→ポイント→演習問題

　で1つのテーマを完結しました。

◆ **基礎問とは**，入試に頻出の基本的な問題（これらを解けなければ合格できない）
◆ **精講は**基礎問を解くに当たっての留意点と問題テーマの解説
◆ **解答は**ていねいかつ，わかりやすいようにしました
◆ **ポイントでは**問題テーマで押さえておかなければならないところを再度喚起し，テーマの確認
◆ **演習問題では**基礎問の類題を掲載し，ポイントを確認しながら問題テーマをチェック

● 1つのテーマは1ページもしくは2ページの見開きとし，見やすくかつ，効率よく学習できるように工夫しました。
● 補充問題の章（第9章）を設け，身近な数学の問題を扱いました。

著者から受験生のみなさんへ

受験勉強に王道はありません。「できないところを，1つ1つできるようにしていく」この積み重ねのくりかえしです。しかし，効率というものが存在するのも事実です。本書は，そこを考えて作ってありますので，かなりの効果が期待できるはずです。本書を利用した諸君が見事栄冠を勝ちとられることを祈念しています。

著者紹介 ● 上園信武（うえぞの　のぶたけ）
1980年九州大学理学部数学科卒業。鹿児島の県立高校教諭を経て，現在代々木ゼミナール福岡校の講師。また，『全国大学入試問題正解・数学』（旺文社）の解答者。

CONTENTS

第1章 式と証明

1	3次式の展開	6
2	3次式の因数分解	7
3	パスカルの三角形	8
4	2項定理・多項定理	10
5	整式のわり算	12
6	分数式の計算	14
7	繁分数式の計算	16
8	式の値	18
9	比例式（Ⅰ）	20
10	比例式（Ⅱ）	21
11	恒等式	22
12	等式の証明	24
13	不等式の証明	26

第2章 複素数と方程式

14	2次方程式の解	28
15	複素数の計算（Ⅰ）	29
16	複素数の計算（Ⅱ）	30
17	解の判別（Ⅰ）	32
18	解の判別（Ⅱ）	34
19	i を含んだ方程式（Ⅰ）	36
20	i を含んだ方程式（Ⅱ）	37
21	解と係数の関係（Ⅰ）	38
22	解と係数の関係（Ⅱ）	39
23	虚数解	40
24	剰余の定理（Ⅰ）	42
25	剰余の定理（Ⅱ）	43
26	剰余の定理（Ⅲ）	44
27	因数定理	46
28	虚数 ω	47
29	共通解	48
30	高次方程式	50

第3章 図形と式

31	分点の座標	52
32	直線の方程式	54
33	2点間の距離	55
34	点と直線の距離	56
35	線対称	57
36	平行条件・垂直条件	58
37	定点を通る直線	60
38	交点を通る直線	61
39	円の方程式	62
40	円と直線の位置関係	64
41	円と接線	66
42	2円の交点を通る円	68
43	軌跡（Ⅰ）	70
44	軌跡（Ⅱ）	71
45	軌跡（Ⅲ）	72
46	軌跡（Ⅳ）	74
47	軌跡（Ⅴ）	76
48	一般の曲線の移動	78
49	不等式の表す領域（Ⅰ）	80
50	不等式の表す領域（Ⅱ）	82
51	領域内の点に対する最大・最小	84

第4章 三角関数

52	一般角 86	58	直線の傾きとtangent 94
53	弧度法 88	59	三角関数の合成（Ⅰ） 96
54	三角関数の加法定理 90	60	三角関数の合成（Ⅱ） 98
55	2倍角・半角の公式 91	61	三角関数の合成（Ⅲ） 100
56	3倍角の公式 92	62	三角関数のグラフ 102
57	和積・積和の公式 93	63	三角方程式 104

第5章 指数関数と対数関数

64	指数の計算 106	72	対数方程式（Ⅰ） 120
65	指数関数のグラフ 108	73	対数方程式（Ⅱ） 121
66	指数方程式（Ⅰ） 110	74	対数不等式 122
67	指数方程式（Ⅱ） 111	75	対数の応用（Ⅰ） 124
68	指数不等式 112	76	対数の応用（Ⅱ） 126
69	対数の計算（Ⅰ） 114	77	指数・対数関数の最大・最小 128
70	対数の計算（Ⅱ） 116	78	大小比較（Ⅰ） 130
71	対数関数のグラフ 118	79	大小比較（Ⅱ） 131

第6章 微分法と積分法

80	極限（Ⅰ） 132	95	接線の本数 150
81	極限（Ⅱ） 133	96	微分法の不等式への応用（Ⅰ） 152
82	導関数 134	97	微分法の不等式への応用（Ⅱ） 153
83	微分係数 135	98	不定積分（Ⅰ） 154
84	平均変化率と微分係数 136	99	不定積分（Ⅱ） 155
85	接線（Ⅰ） 137	100	定積分 156
86	接線（Ⅱ） 138	101	絶対値記号のついた関数の定積分 158
87	関数決定（Ⅰ） 139	102	定積分で表された関数（Ⅰ） 160
88	3次関数のグラフ 140	103	定積分で表された関数（Ⅱ） 162
89	共通接線 142	104	面積（Ⅰ） 163
90	関数決定（Ⅱ） 144	105	面積（Ⅱ） 164
91	極値をもつための条件 145	106	面積（Ⅲ） 165
92	最大・最小 146	107	面積（Ⅳ） 166
93	最大値・最小値の図形への応用 147	108	面積（Ⅴ） 168
94	微分法の方程式への応用 148	109	面積（Ⅵ） 170

第7章 数 列

110	等差数列（Ⅰ）································172	
111	等差数列（Ⅱ）································173	
112	等差数列（Ⅲ）································174	
113	等差数列（Ⅳ）································175	
114	等比数列（Ⅰ）································176	
115	等比数列（Ⅱ）································177	
116	等差中項・等比中項························178	
117	Σ記号を用いた和の計算（Ⅰ）···179	
118	Σ記号を用いた和の計算（Ⅱ）···180	
119	Σ記号を用いた和の計算（Ⅲ）···181	
120	Σ記号を用いた和の計算（Ⅳ）···182	
121	階差数列··184	
122	2項間の漸化式（Ⅰ）···················186	
123	2項間の漸化式（Ⅱ）···················187	

124	2項間の漸化式（Ⅲ）···················188
125	2項間の漸化式（Ⅳ）···················190
126	2項間の漸化式（Ⅴ）···················192
127	和と一般項······································194
128	3項間の漸化式······························196
129	連立型漸化式··································198
130	群数列（Ⅰ）····································200
131	群数列（Ⅱ）····································202
132	格子点の個数··································204
133	漸化式の応用··································206
134	場合の数と漸化式··························208
135	確率と漸化式··································210
136	数学的帰納法（Ⅰ）·······················212
137	数学的帰納法（Ⅱ）·······················214

第8章 ベクトル

138	$m\vec{a}+n\vec{b}$································216
139	分点の位置ベクトル·····················218
140	3点が一直線上にある条件·······220
141	三角形の重心の位置ベクトル····222
142	ベクトルの成分····························224
143	平行条件··226
144	ベクトルの大きさ（Ⅰ）··············227
145	ベクトルの大きさ（Ⅱ）··············228
146	角の2等分ベクトルの扱い（Ⅰ）···229
147	角の2等分ベクトルの扱い（Ⅱ）···230
148	$l\overrightarrow{PA}+m\overrightarrow{PB}+n\overrightarrow{PC}=\vec{0}$·········232
149	内積（Ⅰ）··234
150	内積（Ⅱ）··235
151	内積（Ⅲ）··236
152	内積（Ⅳ）··237

153	正射影ベクトル····························238
154	ベクトル方程式（Ⅰ）···················240
155	ベクトル方程式（Ⅱ）···················241
156	軌跡（Ⅰ）··242
157	軌跡（Ⅱ）··243
158	ベクトルと図形····························244
159	空間座標··246
160	空間ベクトル··································247
161	三角形の面積··································248
162	直方体··250
163	四面体（Ⅰ）····································252
164	四面体（Ⅱ）····································254
165	垂線の足のベクトル·····················256
166	空間ベクトルにおける幾何の活用···258
167	球と直線··260

第9章 補充問題

··262

演習問題の解答
··274

基礎問

6 第1章 式と証明

第1章 式と証明

1 3次式の展開

次の式を展開せよ.

(1) $(x+2)^3$ (2) $(3x-y)^3$

(3) $(x-2)(x^2+2x+4)$ (4) $(2x+y)(4x^2-2xy+y^2)$

精 講

基礎問Ⅰ・Aで扱った公式もありますが,Ⅱ・Bの冒頭にあたって,再確認しておきます.

解 答

(1) $(x+2)^3=x^3+3\cdot x^2\cdot 2+3\cdot x\cdot 2^2+2^3$
$$=x^3+6x^2+12x+8$$

(2) $(3x-y)^3=(3x)^3-3\cdot(3x)^2\cdot y+3\cdot 3x\cdot y^2-y^3$
$$=27x^3-27x^2y+9xy^2-y^3$$

(3) $(x-2)(x^2+2x+4)=x^3-2^3=x^3-8$

(4) $(2x+y)\{(2x)^2-2x\cdot y+y^2\}$
$$=(2x)^3+y^3=8x^3+y^3$$

◑ ポイント

$\cdot (a+b)^3=a^3+3a^2b+3ab^2+b^3$

$\cdot (a-b)^3=a^3-3a^2b+3ab^2-b^3$

$\cdot (a+b)(a^2-ab+b^2)=a^3+b^3$

$\cdot (a-b)(a^2+ab+b^2)=a^3-b^3$

演習問題 1

次の式を展開せよ.

(1) $(2x-3y)^3$ (2) $(x-3y)(x^2+3xy+9y^2)$

2　3次式の因数分解

次の式を因数分解せよ.
(1) x^3-8　　(2) a^3+27b^3　　 x^6-1

　1 で学んだ3次式の展開公式を逆からみると**ポイント**にあるような因数分解の公式が得られます.

(3)は6次式です. $x^6=(x^3)^2$ あるいは, $x^6=(x^2)^3$ と考えることでこれらの公式が使える形になりますが, 一方は正解しにくくなります.

解　答

(1) $x^3-8=x^3-2^3=\boldsymbol{(x-2)(x^2+2x+4)}$
(2) $a^3+27b^3=a^3+(3b)^3$
$\qquad=\boldsymbol{(a+3b)(a^2-3ab+9b^2)}$
(3) $x^6-1=(x^3)^2-1=(x^3-1)(x^3+1)$
$\qquad=(x-1)(x^2+x+1)(x+1)(x^2-x+1)$
$\qquad=\boldsymbol{(x-1)(x+1)(x^2+x+1)(x^2-x+1)}$

注 (3) $x^6-1=(x^2)^3-1$ と考えると…
$\qquad x^6-1=(x^2-1)(x^4+x^2+1)$
$\qquad\qquad=(x+1)(x-1)(x^4+x^2+1)$
で因数分解を終わらせてしまう可能性があります.

数学Ⅰ・A 4 によると, x^4+x^2+1 は次のように因数分解できました.
$\qquad x^4+x^2+1=(x^2+1)^2-x^2=(x^2+x+1)(x^2-x+1)$

ポイント
・$a^3+b^3=(a+b)(a^2-ab+b^2)$
・$a^3-b^3=(a-b)(a^2+ab+b^2)$

演習問題 2

次の式を因数分解せよ.
$a^6-9a^3b^3+8b^6$

3 パスカルの三角形

(1) パスカルの三角形を用いて，$(a+b)^5$ を展開したときの次の各項の係数を求めよ．
   (ア) a^4b (イ) a^3b^2

(2) パスカルの三角形を用いて，$(a+2b)^4$ を展開したときの次の各項の係数を求めよ．
   (ア) a^2b^2 (イ) ab^3

(3) パスカルの三角形を用いて，$(a-b)^5$ を展開したときの次の各項の係数を求めよ．
   (ア) a^2b^3 (イ) ab^4

$(a+b)^1$, $(a+b)^2$, $(a+b)^3$ を展開して，a について降べきの順に並べたときの係数は，それぞれ，

(1, 1), (1, 2, 1), (1, 3, 3, 1)

で，これらを右図のように並べると，次のような規則があることがわかります．

① 数字は左右対称に並んでいる
② 各段の両端はすべて 1
③ 両端以外の数は，その左上と右上の数の和

このような数字の配列を**パスカルの三角形**といい，$(a+b)^n$ を展開するとき，n が 1 から 6 くらいであれば，展開しなくても係数を知ることができます．ただし，n の値が大きくなったり，文字式であったりすると，パスカルの三角形では厳しくなってきます．（⇨ 4 ）

解 答

(1) パスカルの三角形より，a^4b，a^3b^2 の係数は，それぞれ，**5，10**

(2) $\{a+(2b)\}^4$ と考えると，パスカルの三角形より，
a^2b^2 の係数は $6 \cdot 2^2 = \mathbf{24}$，$ab^3$ の係数は $4 \cdot 2^3 = \mathbf{32}$

(3) $\{a+(-b)\}^5$ と考えると，パスカルの三角形より，
a^2b^3 の係数は $10 \cdot (-1)^3 = \mathbf{-10}$，$ab^4$ の係数は $5 \cdot (-1)^4 = \mathbf{5}$

参考 パスカルの三角形〈Ⅰ〉において，□部分に「－」をつけておくと〈Ⅱ〉$(a-b)^n$ を展開したときの係数を求めるための，新しいパスカルの三角形（このいい方はいけないが…）を作ることができます．

ポイント $(a+b)^n$ を展開したときの係数を求めるとき，n が小さい自然数であれば，パスカルの三角形を利用する

注 $(a+b)^4 = (a^2+2ab+b^2)(a^2+2ab+b^2)$
$= a^4 + 2a^3b + a^2b^2 + 2a^3b + 4a^2b^2 + 2ab^3 + a^2b^2 + 2ab^3 + b^4$
$= a^4 + 4a^3b + 6a^2b^2 + 4ab^3 + b^4$

と計算しても答は求まりますが，明らかに時間のロス．

　入試では，時間をムダ使いしないことも大切ですから，状況に合わせて道具を選べるようにしましょう．

演習問題 3

$(2a-b)^5$ を展開したときの a^3b^2，ab^4 の係数をそれぞれ求めよ．

4　2項定理・多項定理

(1) 次の式の展開式における〔　〕内の項の係数を求めよ．
　(i) $(x-2)^7$ 〔x^3〕　　　(ii) $(2x+3y)^5$ 〔x^3y^2〕

(2) 等式 ${}_nC_0+{}_nC_1+{}_nC_2+\cdots+{}_nC_n=2^n$ を証明せよ．

(3) $(x+y+2z)^6$ を展開したときの x^3y^2z の係数を求めよ．

2項定理は様々な場面で登場してきます．ここでは

　Ⅰ．2項定理の使い方の代表例である係数決定

　Ⅱ．2項定理から導かれる重要な関係式

以上2つについて学びます．

2項定理とは，等式

$$(a+b)^n = {}_nC_0 a^n + {}_nC_1 a^{n-1}b + \cdots + {}_nC_k a^{n-k}b^k + \cdots + {}_nC_n b^n$$

のことで，

$${}_nC_k a^{n-k}b^k$$

を $(a+b)^n$ を展開したときの**一般項**といいます．

解答

(1) (i) $(x-2)^7$ を展開したときの一般項は

$${}_7C_r(x)^r(-2)^{7-r} = {}_7C_r(-2)^{7-r}\cdot x^r$$

$r=3$ のときが求める係数だから

$${}_7C_3(-2)^4 = \frac{7\times 6\times 5}{3\times 2}\cdot 2^4 = \mathbf{560}$$

◀ ${}_7C_r x^{7-r}(-2)^r$ でもよい

(ii) $(2x+3y)^5$ を展開したときの一般項は

$${}_5C_r(2x)^r(3y)^{5-r} = {}_5C_r\cdot 2^r 3^{5-r}\cdot x^r y^{5-r}$$

$r=3$ のときが求める係数だから

$${}_5C_3\cdot 2^3\cdot 3^2 = \frac{5\times 4\times 3}{3\times 2}\cdot 2^3\cdot 3^2 = \mathbf{720}$$

◀ ${}_5C_r(2x)^{5-r}(3y)^r$ でもよい

(2) $(a+b)^n = {}_nC_0 a^n + {}_nC_1 a^{n-1}b + \cdots + {}_nC_{n-1} ab^{n-1} + {}_nC_n b^n$ の両辺に $a=b=1$ を代入すると

$$(1+1)^n = {}_nC_0 + {}_nC_1 + \cdots + {}_nC_n \quad \therefore\ {}_nC_0 + {}_nC_1 + \cdots + {}_nC_n = 2^n$$

(3) $(x+y+2z)^6$ を展開すると，${}_6C_k(x+y)^k(2z)^{6-k}$

次に $(x+y)^k$ を展開したときの一般項は ${}_kC_i x^i y^{k-i}$

したがって $(x+y+2z)^6$ を展開したときの一般項は

$${}_6C_k \cdot {}_kC_i x^i y^{k-i}(2z)^{6-k}$$
$$= 2^{6-k} \cdot {}_6C_k \cdot {}_kC_i \; x^i y^{k-i} z^{6-k}$$

◀定数の部分と文字式の部分に分ける

よって，$x^3 y^2 z$ の係数は $k=5$, $i=3$ のときで

$$2^1 \cdot {}_6C_5 \cdot {}_5C_3 = 2 \cdot {}_6C_1 \cdot {}_5C_2$$
$$= 2 \cdot 6 \cdot 10 = 120$$

ポイント

$$(a+b)^n$$
$$= {}_nC_0 a^n + {}_nC_1 a^{n-1}b + \cdots + {}_nC_k a^{n-k}b^k + \cdots + {}_nC_n b^n$$

参考　(3)は次の定理を使ってもできます．

多項定理

$(a+b+c)^n$ を展開したときの $a^p b^q c^r$ の係数は

$$\frac{n!}{p!\,q!\,r!} \quad (p+q+r=n)$$

(別解)

$(x+y+2z)^6$ を展開したときの一般項は

$$\frac{6!}{p!\,q!\,r!} x^p y^q (2z)^r = \frac{2^r 6!}{p!\,q!\,r!} x^p y^q z^r \quad (p+q+r=6)$$

$p=3$, $q=2$, $r=1$ のときだから求める係数は

$$\frac{2 \cdot 6!}{3!\,2!\,1!} = 120$$

注1．多項定理を使うと，数学Aで学んだ整数の知識が必要になることがあります．

注2．(1)(ii)のように x, y に係数がついていると，パスカルの三角形は使いにくくなります．

演習問題4

(1) $(3x-2y)^6$ における $x^3 y^3$ の係数を求めよ．

(2) ${}_nC_0 - {}_nC_1 + {}_nC_2 - {}_nC_3 + \cdots + (-1)^n {}_nC_n = 0$

を証明せよ．

5 整式のわり算

(1) 次の整式 A, B について，A を B でわったときの商と余りを求めよ．
 (i) $A = x^3 - 4x^2 + 6x - 7$　　$B = x - 1$
 (ii) $A = x^3 - 3x + 4$　　　　　$B = x^2 - 2x + 3$

(2) (i) $2x^3 + 2x^2 - 23x + a$ が $x - 3$ でわりきれるような a の値を求めよ．
 (ii) $x^3 - ax^2 + (2a-3)x + a^2 + a - 1$ が $x^2 - 2x + 1$ でわりきれるような a の値を求めよ．

(1) 整式のわり算は数字のわり算と同じ要領（筆算）で行いますが，次の3点に注意しなければなりません．

Ⅰ．わられる式もわる式も降べきの順に整理する
Ⅱ．わられる式に欠けている次数の項があればその部分をあけておく
$(\Rightarrow (1)(\text{ii}))$
Ⅲ．わられる式の次数＜わる式の次数　となるまでわり算を続ける

(2) 「わりきれる」とは「余りが0」ということです．

解　答

(1) (i)
$$\begin{array}{r} x^2 - 3x\ +3 \\ x-1\overline{)\,x^3 - 4x^2 + 6x - 7\,} \\ \underline{x^3 -\ x^2} \\ -3x^2 + 6x \\ \underline{-3x^2 + 3x} \\ 3x - 7 \\ \underline{3x - 3} \\ -4 \end{array}$$

商：$x^2 - 3x + 3$
余り：-4

(ii)
$$\begin{array}{r} x\ +2 \\ x^2-2x+3\overline{)\,x^3-3x+4\,} \\ \underline{x^3 - 2x^2 + 3x} \\ 2x^2 - 6x + 4 \\ \underline{2x^2 - 4x + 6} \\ -2x - 2 \end{array}$$

商：$x + 2$
余り：$-2x - 2$

(2) (i)
$$\begin{array}{r}2x^2+8x+1\\ x-3{\overline{\smash{\big)}\,2x^3+2x^2-23x+a}}\\ \underline{2x^3-6x^2}\\ 8x^2-23x\\ \underline{8x^2-24x}\\ x+a\\ \underline{x-3}\\ a+3\end{array}$$

わりきれるときは余りが0
よって, $a=-3$

(ii)
$$\begin{array}{r}x+2-a\\ x^2-2x+1{\overline{\smash{\big)}\,x^3-ax^2+(2a-3)x+a^2+a-1}}\\ \underline{x^3-2x^2+x}\\ (2-a)x^2+(2a-4)x+a^2+a-1\\ \underline{(2-a)x^2-2(2-a)x+2-a}\\ a^2+2a-3\end{array}$$

わりきれるときは余りが0
よって, $a^2+2a-3=0$
$(a+3)(a-1)=0$ だから
$a=-3, 1$

参考

Ⅰ. 「A を B でわると商が Q で余りが R」というとき,
「$A \div B = Q$ 余り R」
と書くことはすでに知っていますが, (1)の結果を考えると,
「$A = BQ + R$」と書けることがわかります. 今後はこの形の方を
使いますから覚えておきましょう.

Ⅱ. (1)の(i)において, $f(x) = x^3 - 4x^2 + 6x - 7$ とおき, $f(1)$ を計算
すると, $f(1) = -4$ となり, 余りと一致します. これは「**剰余の
定理**」と呼ばれる定理で, それは,
「**整式 $f(x)$ を $x-\alpha$ でわった余りは $f(\alpha)$**」
と書けます. (⇒24)

ポイント

$A \div B = Q$ 余り R のとき
 $A = BQ + R$ と表される
 B の次数 + Q の次数 = A の次数
 B の次数 > R の次数

演習問題 5

$4x^3 + ax + b$ は $x+1$ でわりきれ, $2x-1$ でわると 6 余る. a, b の値を求めよ.

6 分数式の計算

次の各式を簡単にせよ.

(1) $\dfrac{1}{(x-1)x} + \dfrac{1}{x(x+1)} + \dfrac{1}{(x+1)(x+2)}$

(2) $\dfrac{x+1}{x} + \dfrac{x+2}{x+1} - \dfrac{x+3}{x+2} - \dfrac{x+4}{x+3}$

(3) $\dfrac{1}{1-x} + \dfrac{1}{1+x} + \dfrac{2}{1+x^2} + \dfrac{4}{1+x^4}$

  分数式の和,差は通分する前に,いくつかのことを考えておかないと,ぼう大な計算量になってしまいます.

特殊な技術(⇨(1)「**部分分数に分ける**」)を用いる場合はともかく,最低,次の2つは確認しておきましょう.

Ⅰ.「分子の次数」<「分母の次数」の形になっているか?

Ⅱ.部分的に通分をしたらどうなるか?
  (2つの項の組み合わせを考える)

解答

(1) $\dfrac{1}{(x-1)x} = \dfrac{1}{x-1} - \dfrac{1}{x}$, $\dfrac{1}{x(x+1)} = \dfrac{1}{x} - \dfrac{1}{x+1}$,

$\dfrac{1}{(x+1)(x+2)} = \dfrac{1}{x+1} - \dfrac{1}{x+2}$ だから (⇨**注**)

与式 $= \left(\dfrac{1}{x-1} - \dfrac{1}{x}\right) + \left(\dfrac{1}{x} - \dfrac{1}{x+1}\right) + \left(\dfrac{1}{x+1} - \dfrac{1}{x+2}\right)$

$= \dfrac{1}{x-1} - \dfrac{1}{x+2} = \dfrac{(x+2)-(x-1)}{(x-1)(x+2)} = \dfrac{3}{(x-1)(x+2)}$

注 この作業は「**部分分数に分ける**」と呼ばれるもので,このあとの「数列」の分野でも必要になる計算技術です.

(2) 与式 $= \left(1 + \dfrac{1}{x}\right) + \left(1 + \dfrac{1}{x+1}\right) - \left(1 + \dfrac{1}{x+2}\right) - \left(1 + \dfrac{1}{x+3}\right)$ ◀分子の次数を下げる

$= \dfrac{1}{x} + \dfrac{1}{x+1} - \dfrac{1}{x+2} - \dfrac{1}{x+3}$

$$= \frac{1}{x} - \frac{1}{x+2} + \frac{1}{x+1} - \frac{1}{x+3}$$

$$= \frac{(x+2)-x}{x(x+2)} + \frac{(x+3)-(x+1)}{(x+1)(x+3)}$$

$$= 2\left\{\frac{1}{x(x+2)} + \frac{1}{(x+1)(x+3)}\right\}$$

$$= \frac{2(2x^2+6x+3)}{x(x+1)(x+2)(x+3)}$$

◀ 符号の異なるものどうしを組み合わせることが基本

注 組み合わせを逆にしてしまうと，分子が複雑になります．たとえば，

$$\frac{1}{x} - \frac{1}{x+3} = \frac{3}{x(x+3)}, \quad \frac{1}{x+1} - \frac{1}{x+2} = \frac{1}{(x+1)(x+2)}$$

(3) $\dfrac{1}{1-x} + \dfrac{1}{1+x} + \dfrac{2}{1+x^2} + \dfrac{4}{1+x^4}$

$$= \frac{(1+x)+(1-x)}{1-x^2} + \frac{2}{1+x^2} + \frac{4}{1+x^4} = \frac{2}{1-x^2} + \frac{2}{1+x^2} + \frac{4}{1+x^4}$$

$$= \frac{2\{(1+x^2)+(1-x^2)\}}{(1-x^2)(1+x^2)} + \frac{4}{1+x^4} = \frac{4}{1-x^4} + \frac{4}{1+x^4}$$

$$= \frac{4\{(1+x^4)+(1-x^4)\}}{(1-x^4)(1+x^4)} = \frac{8}{1-x^8}$$

◀ $(x^4)^2$ は x^8 で x^{16} ではない！

参考 分母の組み合わせ方について（下図）

1次式　1次式　1次式　1次式　　1次式　1次式　2次式　4次式

ポイント 分数式の和，差は通分する前に項の組み合わせを考える

演習問題6

次の各式を簡単にせよ．

(1) $\dfrac{3x-14}{x-5} - \dfrac{5x-11}{x-2} + \dfrac{x-4}{x-3} + \dfrac{x-5}{x-4}$

(2) $\dfrac{bc}{(a-b)(a-c)} + \dfrac{ca}{(b-c)(b-a)} + \dfrac{ab}{(c-a)(c-b)}$

7 繁分数式の計算

次の繁分数式を簡単にせよ．

(1) $\dfrac{1+\dfrac{1}{x}}{x-\dfrac{1}{x}}$　　(2) $\dfrac{1}{1-\dfrac{1}{1-\dfrac{1}{x}}}$　　(3) $1-\dfrac{\dfrac{1}{a}-\dfrac{2}{a+1}}{\dfrac{1}{a}-\dfrac{2}{a-1}}$

精講

分母，分子に分数式を含んでいる式を **繁分数式** といいます．繁分数式を計算する方法は一般に2つあります．

　Ⅰ．分母，分子に同じ整式をかけて，横棒の数を減らす
　Ⅱ．部分的に計算をして，あとで合体させる

通分を考えるのは，一番最後になります．

解答

(1) （Ⅰ型）　与式の分母，分子に x をかけて，

$$\text{与式}=\dfrac{x+1}{x^2-1}=\dfrac{x+1}{(x+1)(x-1)}=\dfrac{1}{x-1}$$

◀横棒が3本から1本に減る

（別解）（Ⅱ型）

分子 $=\dfrac{x+1}{x}$，分母 $=\dfrac{x^2-1}{x}$

∴　与式 $=\dfrac{x+1}{x}\div\dfrac{x^2-1}{x}=\dfrac{x+1}{x}\times\dfrac{x}{x^2-1}=\dfrac{1}{x-1}$

◀ $x^2-1=(x+1)(x-1)$

(2) （Ⅰ＋Ⅱ型）

$\dfrac{1}{1-\dfrac{1}{x}}=\dfrac{x}{x-1}$ だから，与式 $=\dfrac{1}{1-\dfrac{x}{x-1}}$

分母，分子に $x-1$ をかけると，

$$\text{与式}=\dfrac{x-1}{(x-1)-x}=1-x$$

◀横棒が2本から1本に減る

（別解）

$A=\dfrac{1}{1-\dfrac{1}{1-\dfrac{1}{x}}}$ とおき，両辺の逆数をとると，$\dfrac{1}{A}=1-\dfrac{1}{1-\dfrac{1}{x}}$

$$\therefore \quad 1-\frac{1}{A}=\frac{1}{1-\frac{1}{x}} \qquad \therefore \quad \frac{A-1}{A}=\frac{1}{1-\frac{1}{x}}$$

両辺の逆数をとると,

$$\frac{A}{A-1}=1-\frac{1}{x} \qquad \therefore \quad 1-\frac{A}{A-1}=\frac{1}{x} \qquad \therefore \quad \frac{-1}{A-1}=\frac{1}{x}$$

両辺の逆数をとると, $\quad -(A-1)=x$

$A-1=-x \qquad$ よって, $A=1-x$

注 こういう形の繁分数は特に **連分数** といわれます. 数学の世界では特別な意味を持っていて,「両辺の逆数をとる」という作業が連続的に登場するのが特徴的です. **演習問題7**で, この作業の練習をしましょう.

(3) （**I型**） 分母, 分子に $a(a-1)(a+1)$ をかけると,

$$与式=1-\frac{(a-1)(a+1)-2a(a-1)}{(a-1)(a+1)-2a(a+1)}=1-\frac{-a^2+2a-1}{-a^2-2a-1} \quad \blacktriangleleft \begin{array}{l}1\text{を最後ま}\\ \text{で残す}\end{array}$$

$$=1-\frac{a^2-2a+1}{a^2+2a+1}=1-\left(1-\frac{4a}{a^2+2a+1}\right)=\frac{\boldsymbol{4a}}{\boldsymbol{(a+1)^2}}$$

（**別解**）（**II型**）

$$\frac{1}{a}-\frac{2}{a+1}=\frac{-a+1}{a(a+1)}=-\frac{a-1}{a(a+1)}, \quad \frac{1}{a}-\frac{2}{a-1}=-\frac{a+1}{a(a-1)}$$

$$\therefore \quad 与式=1-\frac{a-1}{a(a+1)}\times\frac{a(a-1)}{a+1}=1-\frac{(a-1)^2}{(a+1)^2}$$

$$=\frac{(a+1)^2-(a-1)^2}{(a+1)^2}=\frac{4a}{(a+1)^2}$$

● ポイント 繁分数式は, 分母, 分子を分ける横棒の数を減らせるだけ減らしてから通分する

演習問題 7

$$2+\frac{1}{k+\dfrac{1}{m+\dfrac{1}{5}}}=\frac{803}{371} \quad をみたす自然数 k,\ m を求めよ.$$

8 式の値

$a+b+c=0$ のとき，次の各式の値を求めよ．

(1) $\dfrac{c}{a+b}+\dfrac{a}{b+c}+\dfrac{b}{c+a}$

(2) $(a+b)(b+c)(c+a)+abc$

(3) $a\left(\dfrac{1}{b}+\dfrac{1}{c}\right)+b\left(\dfrac{1}{c}+\dfrac{1}{a}\right)+c\left(\dfrac{1}{a}+\dfrac{1}{b}\right)$

精講 上のような状況（3変数で式1つ）では a, b, c の値を求めることはできないのが普通です．だから，条件式をどのような形で利用するかがポイントです．一般には，使い方は次の2つがあります．

Ⅰ．与えられた式をそのまま利用
　（⎯→ $a+b+c$ を作り，0 でおきかえる）

Ⅱ．与えられた条件式を変形して利用
　（⎯→ $c=-a-b$ とか $a+b=-c$ など）

解答

(1) 条件より
$a+b=-c,\ b+c=-a,\ c+a=-b$

よって，与式 $=\dfrac{c}{-c}+\dfrac{a}{-a}+\dfrac{b}{-b}=(-1)+(-1)+(-1)=-3$

注 問題文に分数式が与えられているときは，分母 $\neq 0$ は仮定されています．だから，$a+b\neq 0$, $b+c\neq 0$, $c+a\neq 0$ です．
すなわち，$c\neq 0$, $a\neq 0$, $b\neq 0$ です．

（別解） （無理やり $a+b+c$ を作ろうとすれば……）

与式 $+3=\left(1+\dfrac{c}{a+b}\right)+\left(1+\dfrac{a}{b+c}\right)+\left(1+\dfrac{b}{c+a}\right)$

$=\dfrac{a+b+c}{a+b}+\dfrac{a+b+c}{b+c}+\dfrac{a+b+c}{c+a}=0$

よって，与式 $=-3$

(2) $(a+b)(b+c)(c+a)+abc$

$$=(-c)(-a)(-b)+abc=-abc+abc=0 \quad \blacktriangleleft a+b=-c$$

（別解）（a に着目して展開すると……）

$$
\begin{aligned}
与式&=(b+c)\{a^2+(b+c)a+bc\}+bca \\
&=(b+c)a^2+\{(b+c)^2+bc\}a+bc(b+c) \quad \blacktriangleleft a \text{ について整理}\\
&=\{a+(b+c)\}\{(b+c)a+bc\} \quad \blacktriangleleft たすきがけ\\
&=(a+b+c)(ab+bc+ca)=0
\end{aligned}
$$

(3) $\quad$与式$=\left(\dfrac{b}{a}+\dfrac{c}{a}\right)+\left(\dfrac{a}{b}+\dfrac{c}{b}\right)+\left(\dfrac{a}{c}+\dfrac{b}{c}\right)$ $\quad\blacktriangleleft$同じ分母どうしまとめる

$$
\begin{aligned}
&=\frac{b+c}{a}+\frac{c+a}{b}+\frac{a+b}{c}\\
&=\frac{-a}{a}+\frac{-b}{b}+\frac{-c}{c}\\
&=(-1)+(-1)+(-1)=\mathbf{-3}
\end{aligned}
$$

（別解）（通分すると……）

$$与式=\frac{1}{abc}\{a^2(b+c)+b^2(c+a)+c^2(a+b)\}$$

$$=-\frac{a^3+b^3+c^3}{abc} \quad (\because \quad b+c=-a,\ c+a=-b,\ a+b=-c)$$

ここで，$a^3+b^3+c^3-3abc=(a+b+c)(a^2+b^2+c^2-ab-bc-ca)$
$$=0 \quad (\because \quad a+b+c=0)$$

よって，$a^3+b^3+c^3=3abc \quad \therefore \quad$ 与式$=-\dfrac{3abc}{abc}=-3$

🌀 **ポイント** むやみに計算するのではなく，条件式の使い方を
Ⅰ．与えられた形のまま使う　　Ⅱ．変形して使う
のどちらかに決めて，式変形にかかる

演習問題 8

(1) $x+\dfrac{1}{y}=y+\dfrac{1}{z}=1$ のとき，xyz の値を求めよ．

(2) $abc=1$ のとき

$\dfrac{1}{ab+a+1}+\dfrac{1}{bc+b+1}+\dfrac{1}{ca+c+1}$ の値を求めよ．

20 第1章　式と証明

基礎問

9 比例式（Ⅰ）

$\dfrac{2x+y}{3}=\dfrac{2y+z}{4}=\dfrac{2z+x}{5}$ のとき，$x:y:z$ を求めよ．

ただし，$xyz \neq 0$ とする．

精講　たくさんの "=" でつながっている式を **比例式** といいますが，比例式では，「$=k$」とおいて式を分割し，連立方程式の形にします．

解　答

$\dfrac{2x+y}{3}=\dfrac{2y+z}{4}=\dfrac{2z+x}{5}=k$ とおくと，

$$\begin{cases} 2x+y=3k & \cdots\cdots① \\ 2y+z=4k & \cdots\cdots② \\ 2z+x=5k & \cdots\cdots③ \end{cases}$$

①＋②＋③ より，$3(x+y+z)=12k$

　　$\therefore\ \ x+y+z=4k\ \ \cdots\cdots④$

②，④ より，$x=y$ だから，①に代入して，$x=y=k$

このとき，②より，$z=2k$

$xyz \neq 0$ より，$k \neq 0$ だから，$x:y:z=1:1:2$

注　①＋②＋③ を作る理由は $x,\ y,\ z$ の係数に **対称性がある** からですが，この設問に関しては，たとえば，①×2－② として y を消去するという手法でもかまいません．

🌙 ポイント

比例式は「$=k$」とおいて連立方程式へ

演習問題 9

$\dfrac{x+y}{3}=\dfrac{2y+z}{7}=\dfrac{z+3x}{6}$ （ただし，$xyz \neq 0$）のとき，

(1) $x:y:z$ を求めよ．

(2) $\dfrac{x^2+y^2-z^2}{x^2+y^2+z^2}$ の値を求めよ．

10 比例式（Ⅱ）

$\dfrac{b+c}{a} = \dfrac{c+a}{b} = \dfrac{a+b}{c} = k$ とするとき，次の各条件の下で k の値をそれぞれ求めよ．

(1) $a+b+c \neq 0$ の場合   (2) $a+b+c = 0$ の場合

精講　基本的には比例式ですから 9 の方針で連立方程式にしますが，設問を見ると「$a+b+c$ が現れる」ように，できあがった連立方程式を扱うことになりそうです．

解　答

与えられた式は $\begin{cases} b+c = ak & \cdots\cdots ① \\ c+a = bk & \cdots\cdots ② \\ a+b = ck & \cdots\cdots ③ \end{cases}$ と書ける．

①+②+③ より，$2(a+b+c) = (a+b+c)k$ ◀ $a+b+c$ がでてくる
$\therefore\ (k-2)(a+b+c) = 0$ ように ①+②+③ を作る

(1) $a+b+c \neq 0$ のとき，$k-2=0$ $\therefore\ k=2$

(2) $a+b+c = 0$ のとき，$b+c = -a$

$a \neq 0$ だから，$k = \dfrac{b+c}{a} = \dfrac{-a}{a} = -1$ $\therefore\ k = -1$

注　8 によれば，$a \neq 0,\ b \neq 0,\ c \neq 0$ がすでに仮定されているので，$a+b+c = 0$ はありえない，と思う人もいるかもしれませんが，$a=2$，$b=c=-1$ のような場合があります．

　ポイント　文字式でわってよいのは，
「わる式 $\neq 0$」がわかっているときだけ

$\dfrac{2a+b}{3c} = \dfrac{2b+c}{3a} = \dfrac{2c+a}{3b} = k$（$k$ は実数）とおくとき，k の値を求めよ．

11 恒等式

次の各式が x についての恒等式となるような定数 a, b, c の値を求めよ．
(1) $x^3+ax+b=(x-1)^2(x+c)$
(2) $a(x-1)^2+b(x-1)+c=2x^2-3x+4$

x の等式は，恒等式と方程式の2つに分けられます．
恒等式：すべての数 x で成りたつ等式
方程式：特定の x でしか成りたたない等式
　　　　（この特定の x を**解**といいます）
恒等式の問題の考え方には次の2通りがあります．

Ⅰ．係数比較法
$ax^2+bx+c=a'x^2+b'x+c'$ が x についての恒等式ならば，
$$a=a',\ b=b',\ c=c'$$

Ⅱ．数値代入法
等式がすべての x で成りたつので，x に0とか1とか具体的な数値を代入する．
ただし，この方法は恒等式であるための必要条件（⇨数学Ⅰ・A 24）なので，解の吟味（確かめ）をしなければならない．

どちらの手段によるかは状況によるので善し悪しは一概にはいえませんが，ここでは，2問とも両方の解答を作っておきますので，比較して下さい．

解答

(1) （解Ⅰ）（係数比較法）
右辺 $=(x^2-2x+1)(x+c)=x^3+(c-2)x^2+(1-2c)x+c$
左辺と係数を比較して
$$\begin{cases} c-2=0 \\ 1-2c=a \\ c=b \end{cases} \therefore \begin{cases} a=-3 \\ b=2 \\ c=2 \end{cases}$$

（解Ⅱ）（数値代入法）
$x^3+ax+b=(x-1)^2(x+c)$ ……①

①に，$x=0$, $x=1$, $x=2$ を代入して

$$\begin{cases} b=c \\ 1+a+b=0 \\ 8+2a+b=c+2 \end{cases} \quad \therefore \quad \begin{cases} a+b+1=0 \\ a=-3 \\ b=c \end{cases} \quad \therefore \quad \begin{cases} a=-3 \\ b=2 \\ c=2 \end{cases}$$

逆に，このとき，左辺$=x^3-3x+2$，　◀吟味が必要

　　右辺$=(x-1)^2(x+2)=(x^2-2x+1)(x+2)=x^3-3x+2$

よって，適する．

(2)　（解Ⅰ）（係数比較法Ⅰ）

　左辺$=a(x^2-2x+1)+b(x-1)+c=ax^2+(b-2a)x+a-b+c$

　右辺と係数を比較して $\begin{cases} a=2 \\ b-2a=-3 \\ a-b+c=4 \end{cases} \quad \therefore \quad \begin{cases} a=2 \\ b=1 \\ c=3 \end{cases}$

（解Ⅱ）（係数比較法Ⅱ）

　$x=t+1$ とおくと

　　左辺$=at^2+bt+c$，右辺$=2(t+1)^2-3(t+1)+4=2t^2+t+3$

　係数を比較して，$a=2$, $b=1$, $c=3$

（解Ⅲ）（数値代入法）

　$a(x-1)^2+b(x-1)+c=2x^2-3x+4$　……②

　②の両辺に，$x=0$, 1, 2 を代入して

　$\begin{cases} a-b+c=4 \\ c=3 \\ a+b+c=6 \end{cases} \quad \therefore \quad \begin{cases} a=2 \\ b=1 \\ c=3 \end{cases}$

　逆に，このとき，左辺$=2(x-1)^2+(x-1)+3=2x^2-3x+4=$右辺

　となり適する．

🌙 **ポイント**　恒等式は次の2つの手段のどちらか

　　Ⅰ．係数比較法（吟味不要）

　　Ⅱ．数値代入法（吟味必要）

演習問題 11

　　$x^3-9x^2+9x-4=ax(x-1)(x-2)+bx(x-1)+cx+d$ が x の
　　どのような値に対しても成りたつとき，a, b, c, d の値を求めよ．

12 等式の証明

(1) $\dfrac{a}{b}=\dfrac{c}{d}$ のとき，$\dfrac{a+c}{b+d}=\dfrac{ad+bc}{2bd}$ が成りたつことを示せ．
 （ただし，$b>0$，$d>0$ とする）

(2) $a+b+c=0$ のとき，$a^2-bc=b^2-ac=c^2-ab$ であることを証明せよ．

精講

等式 $A=B$ が成立することを示す手段は次の3つ．
- Ⅰ．$A-B$ を計算して 0 を示す
- Ⅱ．A を計算して B になることを示す
- Ⅲ．A，B をそれぞれ計算して，同じ式になることを示す

しかし，ポイントになるのは条件の使い方で，(1)は比例式（⇨9）ととらえると，"$=k$" とおくことになります．

また，(2)はそのまま利用するか，変形して利用する（⇨8）かの判断をすることになります．

解答

(1) $\dfrac{a}{b}=\dfrac{c}{d}=k$ とおくと，$a=bk$，$c=dk$

このとき，

左辺 $=\dfrac{bk+dk}{b+d}=\dfrac{(b+d)k}{b+d}=k$ $(\because\ b+d\neq 0)$

右辺 $=\dfrac{bk\cdot d+b\cdot dk}{2bd}=\dfrac{2bdk}{2bd}=k$ $(\because\ bd\neq 0)$

よって，$\dfrac{a+c}{b+d}=\dfrac{ad+bc}{2bd}$

注 こういう形で，**精講** Ⅰに忠実に（左辺）−（右辺）を計算してみると，

$\dfrac{a+c}{b+d}-\dfrac{ad+bc}{2bd}$

$=\dfrac{2bd(a+c)-(ad+bc)(b+d)}{2bd(b+d)}$

となり，計算量が増えてしまうのでオススメできません．

25

(2) $A=a^2-bc,\ B=b^2-ac,\ C=c^2-ab$ とおく.

（**解Ⅰ**）（そのまま利用）

$\quad\quad$ ・$A-B=a^2-b^2+ac-bc$ ◀ 精 講 Ⅰ

$\quad\quad\quad\quad =(a-b)(a+b)+(a-b)c$

$\quad\quad\quad\quad =(a-b)(a+b+c)=0\quad (\because\quad a+b+c=0)$

$\quad\quad$ ・$B-C=b^2-c^2+ab-ac$

$\quad\quad\quad\quad =(b-c)(b+c)+(b-c)a$

$\quad\quad\quad\quad =(b-c)(a+b+c)=0\quad (\because\quad a+b+c=0)$

$\quad$ よって，$A-B=0,\ B-C=0\quad\therefore\quad A=B=C$

$\quad$ すなわち，$a^2-bc=b^2-ac=c^2-ab$

（**解Ⅱ**）（変形して利用）

$\quad\quad c=-(a+b)$ だから ◀ 等式が１つあると文

$\quad\quad$ ・$A=a^2+b(a+b)=a^2+ab+b^2$ $\quad$ 字を１つ消すことが

$\quad\quad$ ・$B=b^2+a(a+b)=a^2+ab+b^2$ $\quad$ できる

$\quad\quad$ ・$C=(a+b)^2-ab=a^2+ab+b^2$

$\quad$ よって，$A=B=C$，すなわち

$\quad a^2-bc=b^2-ac=c^2-ab$

🌙 **ポイント** $\quad$ 等式の証明は，まず条件の使い方を考えて，
$\quad\quad\quad\quad\quad$ その方針に見合うような証明の手段を選ぶ

演習問題 12

(1) $a:b=b:c$ のとき，

$$\frac{1}{a^3}+\frac{1}{b^3}+\frac{1}{c^3}=\frac{a^3+b^3+c^3}{a^2b^2c^2}$$

を示せ.

(2) $x+\dfrac{1}{y}=1,\ y+\dfrac{1}{z}=1$ のとき，$z+\dfrac{1}{x}=1$ を示せ.

13 不等式の証明

(1) $x^2-6x+13>0$ を証明せよ．
(2) $(a^2+b^2)(x^2+y^2) \geqq (ax+by)^2$ を証明せよ．
   また，等号が成立する条件も求めよ．
(3) $a>0$, $b>0$ のとき
  (i) $\dfrac{b}{a}+\dfrac{a}{b} \geqq 2$ を証明せよ．
   また，等号が成立する条件も求めよ．
  (ii) $(a+b)\left(\dfrac{1}{a}+\dfrac{1}{b}\right)$ の最小値を求めよ．

不等式 $A \geqq B$ を証明するとき，次のような手段があります．
 I．$A-B=\cdots\cdots\geqq 0$
 II．$A=\cdots\cdots\geqq B$

Iは，AとBがともに式のとき（⇨(2)）

IIは，Aが式でBが定数のときに使うのが普通です．ところでAが式でBが定数のときはたいていの場合，Aの最小値を考えることになるので（⇨(1)，(3)(i)），不等式の証明は，ある意味では**最大値・最小値を求める問題**といえます．

解答

(1) $x^2-6x+13=(x-3)^2+4>0$ ◀2次関数の最小値を求める作業と同じ

(2) （左辺）－（右辺）
$=(a^2x^2+a^2y^2+b^2x^2+b^2y^2)-(a^2x^2+2abxy+b^2y^2)$
$=a^2y^2-2ay\cdot bx+b^2x^2$
$=(ay-bx)^2 \geqq 0$

よって，$(a^2+b^2)(x^2+y^2) \geqq (ax+by)^2$　等号は $ay=bx$ のとき成立

この不等式は「**コーシー・シュワルツの不等式**」と呼ばれるたいへん有名な不等式です．数学Bで学ぶ「ベクトルの内積」を利用して示すこともできます．この場合，$\vec{u}=(a, b)$，$\vec{v}=(x, y)$ とおいて，$|\vec{u}|^2|\vec{v}|^2 \geqq (\vec{u}\cdot\vec{v})^2$ を利用して証明します．

(3) (i) $(\text{左辺})-(\text{右辺})=\dfrac{b}{a}+\dfrac{a}{b}-2$

$$=\dfrac{a^2-2ab+b^2}{ab}=\dfrac{(a-b)^2}{ab}\geqq 0$$

よって，$\dfrac{b}{a}+\dfrac{a}{b}\geqq 2$　等号は $a=b$ のとき成立

（別解） $a>0$，$b>0$ だから，(相加平均)$\geqq$(相乗平均) より

$$\dfrac{1}{2}\left(\dfrac{b}{a}+\dfrac{a}{b}\right)\geqq\sqrt{\dfrac{b}{a}\cdot\dfrac{a}{b}}=1$$

$$\therefore\quad \dfrac{b}{a}+\dfrac{a}{b}\geqq 2\quad \text{等号は } a=b \text{ のとき成立}$$

(ii) $(a+b)\left(\dfrac{1}{a}+\dfrac{1}{b}\right)=2+\dfrac{b}{a}+\dfrac{a}{b}$

(i)より，$\dfrac{b}{a}+\dfrac{a}{b}\geqq 2$ だから，

$$(a+b)\left(\dfrac{1}{a}+\dfrac{1}{b}\right)\geqq 4$$

等号は，$a=b$ のとき成立するので，　　　◀ **注** 参照
最小値 **4**

注　$A\geqq 4$ であっても「A の最小値は 4」とはいえません．それは，記号「$\geqq$」の意味が「**＞ または ＝**」だからです．

たとえば，A を私の所持金として，仮にいま 1 万円持っているとします．このとき，$A\geqq 4$（円）は不等式としては正しいのですが，私の所持金が 4 円すなわち，等号が成立するわけではありません．

◯ ポイント　$A\geqq B$ を示すとき，

Ⅰ．A も B も式だったら，$A-B\geqq 0$ を示す

Ⅱ．B が定数だったら，A の最小値を考える

演習問題 13

$a>0$，$b>0$ のとき，$\left(a+\dfrac{1}{b}\right)\left(b+\dfrac{4}{a}\right)\geqq 9$ を示し，等号が成立する条件も求めよ．

第2章 複素数と方程式

14 2次方程式の解

次の方程式を解け.
(1) $x^2-4x+5=0$
(2) $(x^2-2x-4)(x^2-2x+3)+6=0$

精講

数学Ⅰでは，解の公式の根号内が負になったとき，「**解はない**」と考えましたが，数学Ⅱでは，新しい数「**虚数**」を導入して**複素数**という数を考え，解の範囲を広げます．

a, b を実数，$i=\sqrt{-1}$ ($i^2=-1$) として $a+bi$ の形に表される数を**複素数**といい，a を**実部**，b を**虚部**，i を**虚数単位**といいます．

複素数 $a+bi$ $\begin{cases} 実数（b=0 のとき） \\ 虚数（b\neq0 のとき）[純虚数 bi (a=0)] \end{cases}$

解答

(1) 解の公式より，$x=2\pm\sqrt{-1}=2\pm i$　　◀虚数解

(2) $x^2-2x=t$ とおくと，　　◀x^2-2x をひとまとめ
$(t-4)(t+3)+6=0$　∴ $t^2-t-6=0$　∴ $(t-3)(t+2)=0$
∴ $t=3$ または -2

(ⅰ) $t=3$，すなわち，$x^2-2x-3=0$ のとき
$(x-3)(x+1)=0$ より，$x=-1$, 3

(ⅱ) $t=-2$，すなわち，$x^2-2x+2=0$ のとき
解の公式より，$x=1\pm\sqrt{-1}=1\pm i$

ポイント　$\sqrt{-1}=i$ (i : 虚数単位) とおくと　$i^2=-1$

演習問題 14

次の方程式を解け.
(1) $3x^2-5x+2=0$
(2) $(x+1)(x+2)(x+3)(x+4)=24$

15 複素数の計算（Ⅰ）

次の式を簡単にせよ．ただし，i は虚数単位を表す．

(1) $\sqrt{-3}+(\sqrt{-3})^2+(\sqrt{-3})^3$　　(2) $(1+\sqrt{3}\,i)(2-3\sqrt{3}\,i)$

(3) $\dfrac{1+i}{2-i}+\dfrac{1+3i}{1+2i}$

精 講

$\sqrt{-2}\times\sqrt{-3}=\sqrt{(-2)(-3)}=\sqrt{6}$ としては**ダメ!!**

それは，$\sqrt{}$ の計算規則は次のようになっているからです．

$a>0$, $b>0$ のとき　　$\sqrt{a}\sqrt{b}=\sqrt{ab}$

そこで，**14**で考えた $\sqrt{-1}=i$ を利用して

$\sqrt{-2}=\sqrt{2}\,i$, $\sqrt{-3}=\sqrt{3}\,i$ としておくと，

$\sqrt{-2}\sqrt{-3}=\sqrt{2}\,i\sqrt{3}\,i=\sqrt{6}\,i^2=-\sqrt{6}$ となり，正解です．　◀ $i^2=-1$

解　答

(1) $\sqrt{-3}=\sqrt{3}\,i$ だから，$(\sqrt{-3})^2=-3$, $(\sqrt{-3})^3=-3\sqrt{3}\,i$　◀ $\sqrt{-1}=i$

よって，与式$=\mathbf{-3-2\sqrt{3}\,i}$　　　　　　　　　　　　　を利用

(2) $(1+\sqrt{3}\,i)(2-3\sqrt{3}\,i)=2-3\sqrt{3}\,i+2\sqrt{3}\,i-9i^2=\mathbf{11-\sqrt{3}\,i}$

(3) $\dfrac{1+i}{2-i}=\dfrac{(1+i)(2+i)}{(2-i)(2+i)}=\dfrac{2+3i+i^2}{4-i^2}=\dfrac{1+3i}{5}$　　◀ $i^2=-1$

$\dfrac{1+3i}{1+2i}=\dfrac{(1+3i)(1-2i)}{(1+2i)(1-2i)}=\dfrac{1+i-6i^2}{1-4i^2}=\dfrac{7+i}{5}$　　◀ $i^2=-1$

よって，　与式$=\dfrac{1+3i}{5}+\dfrac{7+i}{5}=\mathbf{\dfrac{8+4i}{5}}$

ポイント

Ⅰ．まず，$\sqrt{}$ 内の $-$ は i にかえて

Ⅱ．文字式の計算の要領で

演習問題 15

次の式を簡単にせよ．

(1) $(1+i)^3$　　(2) $\left(\dfrac{1-i}{\sqrt{2}}\right)^6$　　(3) $\dfrac{2-i}{3+i}\times\dfrac{3-i}{2+i}$

16 複素数の計算（Ⅱ）

(1) $x=\dfrac{1+\sqrt{3}\,i}{2}$, $y=\dfrac{1-\sqrt{3}\,i}{2}$ のとき，次の式の値を求めよ．

(ア) $x+y$　　(イ) xy　　(ウ) x^3+y^3　　(エ) $\dfrac{y}{x}+\dfrac{x}{y}$

(2) $x=\dfrac{3+\sqrt{3}\,i}{2}$ のとき，x^4-4x^2+6x-2 の値を求めよ．

精講

(1) 2つの複素数 $a+bi$, $a-bi$（a, b は実数）のことを，**互いに共役な複素数**といいます．この x, y は，まさに共役な複素数です．共役な複素数2つは，その**和も積も実数**というメリットがあるので，対称式の値を求めるときにはまず**和と積を用意**します．

(2) このような汚い（？）数字をそのまま式に代入してしまってはタイヘンです．そこでこの x を解にもつ2次方程式を作り，わり算をするか，次数を下げるかのどちらかの手段で計算の負担を軽くします．（⇨数学Ⅰ・A 8）

解答

(1) (ア) $x+y=\dfrac{1+\sqrt{3}\,i}{2}+\dfrac{1-\sqrt{3}\,i}{2}=1$　　◀基本対称式

(イ) $xy=\dfrac{1+\sqrt{3}\,i}{2}\cdot\dfrac{1-\sqrt{3}\,i}{2}=\dfrac{1-3i^2}{4}=1$　　◀基本対称式

(ウ) $x^3+y^3=(x+y)^3-3xy(x+y)$
　　　$=1-3\cdot1\cdot1=-2$　　◀対称式は基本対称式で表せる

(エ) $\dfrac{y}{x}+\dfrac{x}{y}=\dfrac{x^2+y^2}{xy}=\dfrac{(x+y)^2-2xy}{xy}=-1$　　◀対称式

実は，この x, y はタダ者ではありません．
$x+y=1$, $xy=1$ より，x, y を解にもつ2次方程式は
　　$t^2-t+1=0$　（⇨ 21）
両辺に $t+1$ をかけると　$t^3+1=0$　　∴　$t^3=-1$
よって，$x^3=y^3=-1$. すなわち，$x^6=y^6=1$
このように，ある n に対して，$x^n=1$ となる x は，
他にも，$x=\dfrac{-1\pm\sqrt{3}\,i}{2}$（$x^3=1$），$x=\pm i$（$x^4=1$）などがよく入試に

でてきます.

(2) $x=\dfrac{3+\sqrt{3}\,i}{2}$ より $2x-3=\sqrt{3}\,i$

両辺を平方して, $4x^2-12x+12=0$

すなわち, $x^2-3x+3=0$

◀ i を含む項を単独にする

◀ $x=\dfrac{3+\sqrt{3}\,i}{2}$ を解にもつ2次方程式

$$
\begin{array}{r}
x^2+3x+2 \\
x^2-3x+3{\overline{)}\,x^4\qquad -4x^2+6x-2} \\
x^4-3x^3+3x^2 \\
\hline
3x^3-7x^2+6x \\
3x^3-9x^2+9x \\
\hline
2x^2-3x-2 \\
2x^2-6x+6 \\
\hline
3x-8
\end{array}
$$

◀ わり算をする

上のわり算より,

$x^4-4x^2+6x-2=(x^2-3x+3)(x^2+3x+2)+3x-8$

この x に与えられた数値を代入すると, $x^2-3x+3=0$ となるので

$$
与式=3\left(\dfrac{3+\sqrt{3}\,i}{2}\right)-8=\dfrac{3\sqrt{3}\,i-7}{2}
$$

(別解) (次数を下げる方法)

$x^2=3x-3$ だから

$x^4-4x^2+6x-2=(3x-3)^2-4x^2+6x-2$

$=5x^2-12x+7=5(3x-3)-12x+7$

$=3x-8=3\left(\dfrac{3+\sqrt{3}\,i}{2}\right)-8=\dfrac{3\sqrt{3}\,i-7}{2}$

◐ ポイント

Ⅰ. 共役な複素数の和と積は実数

Ⅱ. 複素数を整式に代入するときは, その複素数を解にもつ2次方程式を作り, 整式をその2次式でわって, その余りに代入する

演習問題 16

次の問いに答えよ.

(1) $x=1+i$, $y=1-i$ のとき, x^4+y^4 の値を求めよ.

(2) $x=1-\sqrt{2}\,i$ のとき, x^3+2x^2+3x-7 の値を求めよ.

17 解の判別（Ⅰ）

次の x についての方程式の解を判別せよ．ただし，k は実数とする．
(1) $x^2 - 4x + k = 0$
(2) $kx^2 - 4x + k = 0$

「解を判別せよ」とは，「解の種類（実数解か虚数解か）と解の個数について考えて，分類して答えよ」という意味です．ということは，(1), (2)も2次方程式だから，「判別式を使えばよい!!」と思いたくなるのですが，はたして……．

解答

(1) $x^2 - 4x + k = 0$ の判別式を D とすると，$\dfrac{D}{4} = 4 - k$ だから，この方程式の解は次のように分類できる．

(ⅰ) $4 - k < 0$ すなわち，$k > 4$ のとき ◁ $D < 0$
$D < 0$ だから，虚数解を2個もつ

(ⅱ) $4 - k = 0$ すなわち，$k = 4$ のとき ◁ $D = 0$
$D = 0$ だから，重解をもつ

(ⅲ) $4 - k > 0$ すなわち，$k < 4$ のとき ◁ $D > 0$
$D > 0$ だから，異なる2つの実数解をもつ

(ⅰ)～(ⅲ)より，
$\begin{cases} k > 4 \text{ のとき，虚数解2個} \\ k = 4 \text{ のとき，重解} \\ k < 4 \text{ のとき，異なる2つの実数解} \end{cases}$

(2) (ア) $k = 0$ のとき
与えられた方程式は $-4x = 0$
∴ $x = 0$

◁ $k = 0$ のときは2次方程式にならないので，判別式は使えない

(イ) $k \neq 0$ のとき
$kx^2 - 4x + k = 0$ の判別式を D とすると
$\dfrac{D}{4} = 4 - k^2$ だから，この方程式の解は

次のように分類できる．

(i) $4-k^2<0$ すなわち，$k<-2$，$2<k$ のとき
$D<0$ だから，虚数解を2個もつ

(ii) $4-k^2=0$ すなわち，$k=\pm 2$ のとき
$D=0$ だから重解をもつ

(iii) $4-k^2>0$ すなわち，$-2<k<2$ のとき
$D>0$ だから，異なる2つの実数解をもつ

(ア)，(イ)より，

$$\begin{cases} k=0 \text{ のとき，実数解1個} \\ k<-2,\ 2<k \text{ のとき，虚数解2個} \\ k=\pm 2 \text{ のとき，重解} \\ -2<k<0,\ 0<k<2 \text{ のとき，異なる2つの実数解} \end{cases}$$

注 (2)の $k=0$ の場合と $k=\pm 2$ の場合は，いずれも実数解を1個もっているという意味では同じように思うかもしれませんが，2次方程式の重解は活字を見てもわかるように元来2個あるものが重なった状態を指し，1次方程式の解は，元来1個しかないのです．だから，答案には区別して書かないといけません．仮に，「$kx^2-4x+k=0$ が異なる解をもつ」となっていたら「$k \neq 0$ かつ $D \neq 0$」となります．

参考 問題文の1行目をよく読んでください．
「次の x についての方程式……」とあります．「次の x についての2次方程式……」とは書いてありません．よって，(2)の方程式は $k=0$ となる可能性が残されているのです．だから，「次の x についての2次方程式……」となっていたら，すでに「$k \neq 0$」が前提になっていることになり，**解答**の(ア)は不要となります．

ポイント 判別式は2次方程式でなければ使えないので，x^2 の係数が文字のときは要注意

k を実数とするとき，次の2次方程式の解を判別せよ．
(1) $x^2-(k+1)x+k^2=0$　　(2) $kx^2-2kx+2k+1=0$

18 解の判別（Ⅱ）

a を実数とする．3つの2次方程式
$x^2-2ax+1=0$　……①
$x^2-2ax+2a=0$　……②
$4x^2-8ax+8a-3=0$　……③
のうち，1つだけが虚数解をもち，他の2つは実数解をもつような a の値の範囲を求めよ．

2次方程式の解が実数か虚数かを判別するときには判別式を使いますが，この設問のように方程式が3つあると不等式を3つかかえることになります．しかも，その符号は正，0，負3種類の可能性があるので，かなりメンドウな連立不等式を解くことになります．このようなときには表を使うとわかりやすくなります．

解　答

①，②，③の判別式をそれぞれ D_1, D_2, D_3 とすると

$$\begin{cases} \dfrac{D_1}{4}=a^2-1=(a+1)(a-1) \\ \dfrac{D_2}{4}=a^2-2a=a(a-2) \\ \dfrac{D_3}{4}=4(4a^2-8a+3)=4(2a-3)(2a-1) \end{cases}$$

$D_1=0 \iff a=\pm 1$　　$D_2=0 \iff a=0, 2$
$D_3=0 \iff a=\dfrac{3}{2}, \dfrac{1}{2}$

よって，D_1, D_2, D_3 の符号は下表のようになる．

a	…	-1	…	0	…	$\dfrac{1}{2}$	…	1	…	$\dfrac{3}{2}$	…	2	…
D_1	$+$	0	$-$	$-$	$-$	$-$	$-$	0	$+$	$+$	$+$	$+$	$+$
D_2	$+$	$+$	$+$	0	$-$	$-$	$-$	$-$	$-$	$-$	$-$	0	$+$
D_3	$+$	$+$	$+$	$+$	$+$	0	$-$	$-$	$-$	0	$+$	$+$	$+$

ここで，題意をみたすためには，D_1，D_2，D_3のうち，1つが負で，残り2つが正または0であればよいので

$$-1 < a \leq 0, \quad \frac{3}{2} \leq a < 2$$

注　「**実数解をもつ**」という表現には気をつけなければなりません．
「異なる2つの実数解」ならば，$D>0$ですが，この場合は重解も含んでいることになるので，$D \geq 0$でなければなりません．

参考　問題文の意味を忠実に再現すれば次のようになります．

$$\begin{cases} D_1 \geq 0 \\ D_2 \geq 0 \\ D_3 < 0 \end{cases} \text{または} \begin{cases} D_1 \geq 0 \\ D_2 < 0 \\ D_3 \geq 0 \end{cases} \text{または} \begin{cases} D_1 < 0 \\ D_2 \geq 0 \\ D_3 \geq 0 \end{cases}$$

このように，連立不等式では「かつ」と「または」が混在すると，まちがう可能性がかなり高くなります．

このようなとき，解答の手段は非常に有効といえます．ぜひ，使えるようになってください．

> **ポイント**　「かつ」と「または」が混在している連立不等式を数直線を利用して解くと繁雑になるので，表を利用した方がわかりやすい

演習問題 18

aを実数とする．3つの2次方程式

$x^2 - 2ax + 1 = 0$　……①

$x^2 - 4x + a^2 = 0$　……②

$x^2 - (a+1)x + a^2 = 0$　……③

のうち，1つだけが実数解をもち，他の2つは虚数解をもつようなaの値の範囲を求めよ．

19 i を含んだ方程式（I）

次の方程式をみたす実数 x, y を求めよ．
$(3+2i)x+(2-2i)y=17-2i$

係数に i を含んだ方程式は，必ず $a+bi$ の形にします．要するに，i のあるところと i のないところにまとめなおします．そして，下の**ポイント**にある性質を利用します．

解答

$(3+2i)x+(2-2i)y=17-2i$

から $(3x+2y)+(2x-2y)i=17-2i$ ◀ $a+bi$ の形へ

x, y は実数なので，$3x+2y$, $2x-2y$ は実数だから ◀ この断りは大切!!

$\begin{cases} 3x+2y=17 & \cdots\cdots① \\ 2x-2y=-2 & \cdots\cdots② \end{cases}$

①，②より， $x=3$, $y=4$

ポイント

a, b, a', b' を実数とするとき，
$a+bi=a'+b'i \iff a=a'$, $b=b'$
特に，$a+bi=0 \iff a=b=0$（ただし，i は虚数単位）

参考

$a+bi=0 \implies a=b=0$（a, b は実数，i は虚数単位）の証明

$b\ne0$ とすると，$i=-\dfrac{a}{b}$

左辺は虚数で，右辺は実数だから，これは矛盾． ◀ 数学 I・A 23（背理法）

よって，$b=0$．このとき，$a=0$　ゆえに，$a=0$, $b=0$

次の方程式をみたす実数 x, y の値を求めよ．

(1) $(1+i)x^2+(2+3i)x+(1+2i)=0$

(2) $\dfrac{1}{2+i}+\dfrac{1}{x+yi}=\dfrac{1}{2}$

20 i を含んだ方程式（Ⅱ）

x の2次方程式
$$x^2+(a+i)x-(4+ai)=0$$
が実数解をもつような実数 a の値とそのときの実数解 x を求めよ．

精講

2次方程式が実数解をもつから，「判別式 $\geqq 0!!$」とやってはいけません．**判別式は，2次方程式の各係数がすべて実数のときにしか使うことはできないのです．**

だから，この問題では **19** と同じ要領で考えていかなければなりません．

解答

$x^2+(a+i)x-(4+ai)=0$　　◀虚数係数に注意
より $(x^2+ax-4)+(x-a)i=0$　　◀$a+bi$ の形
x, a は実数だから
$$\begin{cases} x^2+ax-4=0 & \cdots\cdots① \\ x-a=0 & \cdots\cdots② \end{cases}$$
②を①に代入して，$2a^2-4=0$
$\therefore\ a=\pm\sqrt{2}$
このとき，$x=a$ だから
$a=\sqrt{2}$ のとき，実数解は $x=\sqrt{2}$
$a=-\sqrt{2}$ のとき，実数解は $x=-\sqrt{2}$

ポイント　虚数係数の方程式では判別式が使えないので
$a+bi=0\ (a, b:$実数$)$ の形に変形して，
$a=b=0$ を利用する

演習問題 20

x に関する2次方程式 $x^2-(3a-i)x+a(1-2i)=0$ が実数解をもつような正の実数 a の値を求めよ．

21 解と係数の関係（I）

2次方程式 $x^2+2x+4=0$ の2解を α, β とするとき
(1) $\alpha+\beta$, $\alpha\beta$ の値を求めよ．
(2) $\alpha+\beta$, $\alpha\beta$ を解にもつ2次方程式のうち，x^2 の係数が1のものを求めよ．

精講

(1) 直接 α と β の値を求めて $\alpha+\beta$ と $\alpha\beta$ の値を求めてもよいのですが，ここでは新しい公式「**解と係数の関係**」（⇨ **ポイント**）を利用しましょう．この公式は，恒等式

$$a(x-\alpha)(x-\beta)=ax^2+bx+c$$

の両辺の係数を比較することによって導かれます．

(2) p, q を2つの解とする2次方程式は $\boldsymbol{a(x-p)(x-q)=0}\ (a\neq 0)$ と表せます．展開すると，$a\{x^2-(p+q)x+pq\}=0$ となるので，2数の和 $(=p+q)$ と積 $(=pq)$ の値がわかると，それらを解にもつ2次方程式が作れます．

解答

(1) 解と係数の関係より，$\alpha+\beta=-2$, $\alpha\beta=4$

(2) $\begin{cases}(\alpha+\beta)+\alpha\beta=2\\(\alpha+\beta)\times\alpha\beta=-8\end{cases}$

だから，求める2次方程式は $\boldsymbol{x^2-2x-8=0}$

ポイント

・2次方程式 $ax^2+bx+c=0$ の2つの解を α, β とすると $\alpha+\beta=-\dfrac{b}{a}$, $\alpha\beta=\dfrac{c}{a}$

・2数 p, q を解にもつ2次方程式の1つは
 $x^2-(p+q)x+pq=0$

演習問題 21

$x^2+4x+5=0$ の2解を α, β とするとき α^2, β^2 を解にもつ2次方程式（x^2 の係数は1）を求めよ．

22 解と係数の関係（Ⅱ）

3次方程式 $x^3+x^2-2x+3=0$ の3つの解を α, β, γ とするとき，$\alpha+\beta+\gamma$, $\alpha\beta+\beta\gamma+\gamma\alpha$, $\alpha\beta\gamma$ の値を求め，$\alpha^2+\beta^2+\gamma^2$ の値を求めよ．

3次方程式 $ax^3+bx^2+cx+d=0$ の3つの解を α, β, γ とおくと
$$ax^3+bx^2+cx+d=a(x-\alpha)(x-\beta)(x-\gamma)$$
と表せます．この式の右辺を展開すると，
$$ax^3-a(\alpha+\beta+\gamma)x^2+a(\alpha\beta+\beta\gamma+\gamma\alpha)x-a\alpha\beta\gamma$$
となり，左辺と係数を比較すると，**ポイント**の公式が導けます．これも「解と係数の関係」といいます．

解答

解と係数の関係より，
$$\alpha+\beta+\gamma=-1,\ \alpha\beta+\beta\gamma+\gamma\alpha=-2,\ \alpha\beta\gamma=-3$$
このとき
$$(\alpha+\beta+\gamma)^2=\alpha^2+\beta^2+\gamma^2+2(\alpha\beta+\beta\gamma+\gamma\alpha)$$
より
$$\alpha^2+\beta^2+\gamma^2=(\alpha+\beta+\gamma)^2-2(\alpha\beta+\beta\gamma+\gamma\alpha)$$
$$=1-2\times(-2)=\mathbf{5}$$

ポイント

3次方程式 $ax^3+bx^2+cx+d=0$ の3つの解を α, β, γ とすると
$$\alpha+\beta+\gamma=-\frac{b}{a},\ \alpha\beta+\beta\gamma+\gamma\alpha=\frac{c}{a}$$
$$\alpha\beta\gamma=-\frac{d}{a}$$

演習問題 22

22 において，$\alpha^3+\beta^3+\gamma^3$ の値を求めよ．

23 虚数解

2次方程式 $x^2+ax+b=0$ の解の1つが $1-\sqrt{2}\,i$ のとき，実数 a, b の値ともう1つの解を求めよ．

2次方程式の解が与えられていて，その方程式の係数を決定するときは，次の2つの手段のどちらかです．

Ⅰ．解を方程式に代入する
Ⅱ．解と係数の関係を利用する

Ⅰは解がすべてわかっていなくてもよいし，一般の方程式に対して有効です．
Ⅱは解がすべてわかっていないと式設定をするときに文字が増えてしまいますが，虚数解の場合は共役な虚数が同時にでてくるのでうまくいきます．

解 答

（解Ⅰ）
$x=1-\sqrt{2}\,i$ を与えられた方程式に代入して
$$(1-\sqrt{2}\,i)^2+a(1-\sqrt{2}\,i)+b=0$$
∴ $(-1-2\sqrt{2}\,i)+a(1-\sqrt{2}\,i)+b=0$ ◀ $i^2=-1$
∴ $(a+b-1)-\sqrt{2}\,(a+2)i=0$ ◀ 19
a, b は実数だから ◀ これを忘れない

$$\begin{cases} a+b-1=0 \\ a+2=0 \end{cases} \quad \therefore \quad \begin{cases} a=-2 \\ b=3 \end{cases}$$

このとき，与えられた方程式は，$x^2-2x+3=0$ だから，
解は，$x=1\pm\sqrt{2}\,i$　よって，もう1つの解は，$1+\sqrt{2}\,i$

（解Ⅱ）
実数係数だから，$x=1-\sqrt{2}\,i$ が解のとき，その共役な虚数
$x=1+\sqrt{2}\,i$ も解．
よって，解と係数の関係より，

$$\begin{cases} (1-\sqrt{2}\,i)+(1+\sqrt{2}\,i)=-a \\ (1-\sqrt{2}\,i)(1+\sqrt{2}\,i)=b \end{cases} \quad \therefore \quad \begin{cases} a=-2 \\ b=3 \end{cases}$$

注 実数係数であれば，2次方程式だけではなく3次方程式や4次方程式でも，ある虚数が解のとき，それと共役な虚数も解になっています．この証明は数学Ⅲの範囲ですが，下に示しておきます．

(証明) 実数を係数とする n 次方程式
$a_n x^n + a_{n-1} x^{n-1} + \cdots + a_1 x + a_0 = 0 \ (a_n \neq 0)$ に対し，
$f(x) = a_n x^n + a_{n-1} x^{n-1} + \cdots + a_1 x + a_0$ とおく．
ここで，$f(x)=0$ が $x=\alpha$ (α は虚数) を解にもつとき，$f(\alpha)=0$ だから，
$$a_n \alpha^n + a_{n-1} \alpha^{n-1} + \cdots + a_1 \alpha + a_0 = 0$$
この両辺の共役複素数を考えると，
$$\overline{a_n \alpha^n + a_{n-1} \alpha^{n-1} + \cdots + a_1 \alpha + a_0} = \overline{0}$$
$\overline{a_k} = a_k \ (k=0, 1, \cdots, n)$，$\overline{0}=0$ が成りたつので
$$a_n \overline{\alpha^n} + a_{n-1} \overline{\alpha^{n-1}} + \cdots + a_1 \overline{\alpha} + a_0 = 0$$
$$\therefore \quad a_n (\overline{\alpha})^n + a_{n-1} (\overline{\alpha})^{n-1} + \cdots + a_1 \overline{\alpha} + a_0 = 0$$
すなわち $f(\overline{\alpha})=0$
よって，$x=\overline{\alpha}$ も $f(x)=0$ の解である．

◀ $\overline{z_1 z_2} = \overline{z_1} \cdot \overline{z_2}$ が成りたつ (証明は 参考) ことより，$\overline{\alpha^n} = (\overline{\alpha})^n$ が成りたつ．

注 $\overline{z}$ とは z と共役な複素数を表す記号です．

◎ポイント 方程式の解が与えられていたら，
Ⅰ．代入する
Ⅱ．解と係数の関係を使う

参考 $z_1 = a_1 + b_1 i,\ z_2 = a_2 + b_2 i$ とおくと，$\overline{z_1} = a_1 - b_1 i,\ \overline{z_2} = a_2 - b_2 i$
$\therefore \quad z_1 z_2 = (a_1 + b_1 i)(a_2 + b_2 i)$
$\qquad\qquad = (a_1 a_2 - b_1 b_2) + (a_1 b_2 + a_2 b_1) i$
よって，$\overline{z_1 z_2} = (a_1 a_2 - b_1 b_2) - (a_1 b_2 + a_2 b_1) i$
また，$\overline{z_1} \cdot \overline{z_2} = (a_1 - b_1 i)(a_2 - b_2 i)$
$\qquad\qquad = (a_1 a_2 - b_1 b_2) - (a_1 b_2 + a_2 b_1) i$
$\therefore \quad \overline{z_1 z_2} = \overline{z_1} \cdot \overline{z_2}$

3次方程式 $x^3 + ax + b = 0$ の1つの解が $1+i$ のとき，実数 $a,\ b$ の値を求めよ．

24 剰余の定理（Ⅰ）

> $2x^3-(a+2)x^2-3a+1$ を $x+1$, $2x-1$ でわったときの余りが等しいとき，a の値とこの余りを求めよ．

精講

ある整式 A を，整式 B でわったときの余りを求めるとき，わり算が実行できればよいのですが，そうでないときもあります．そういう場合に備えて「**剰余の定理**」というものがあります．$a \neq 0$ のとき，$f(x)$ を $ax-b$ でわったときの余りは定数ですから，商を $Q(x)$，余りを R とすれば

$$f(x)=(ax-b)Q(x)+R \qquad \blacktriangleleft 5$$

と表せます．そこで $x=\dfrac{b}{a}$ を代入すれば，$R=f\left(\dfrac{b}{a}\right)$ となります．

解答

$f(x)=2x^3-(a+2)x^2-3a+1$ とおくと，
$x+1$, $2x-1$ でわったときの余りが等しいので，

$f(-1)=f\left(\dfrac{1}{2}\right)$ より $-4a-3=-\dfrac{13}{4}a+\dfrac{3}{4}$ ◀剰余の定理より

∴ $3a=-15$

∴ $a=-5$

このとき，余りは，$-4\cdot(-5)-3=\mathbf{17}$

ポイント 整式 $f(x)$ を $ax-b$ でわったときの余りは
$$f\left(\dfrac{b}{a}\right)$$

演習問題 24

2つの整式 $f(x)$, $g(x)$ の和と積を $x-a$ でわったときの余りが，それぞれ b, c であるとき，
(1) $f(a)+g(a)$, $f(a)g(a)$ を b, c で表せ．
(2) $\{f(x)\}^2+\{g(x)\}^2$ を $x-a$ でわったときの余りを b, c で表せ．

25 剰余の定理（Ⅱ）

整式 $f(x)$ を $2x+1$, $2x-1$ でわったときの余りがそれぞれ 4, 6 のとき，$f(x)$ を $4x^2-1$ でわったときの余りを求めよ．

24 で学んだように，わり算が実行できなくても「剰余の定理」を使えば余りを求められます．しかし，この定理は 1 次式でわったときの余りを対象にしたものです．この問題のように，**2 次式**でわったときの余りを要求されたらどのように対処するのでしょうか．

解答

求める余りは $ax+b$ とおけるので
$$f(x)=(4x^2-1)Q(x)+ax+b \text{ と表せる．}$$

◀ 2 次式でわった余りは 1 次以下

$f\left(-\dfrac{1}{2}\right)=4$, $f\left(\dfrac{1}{2}\right)=6$ だから，

◀ 剰余の定理

$$-\dfrac{1}{2}a+b=4, \quad \dfrac{1}{2}a+b=6 \quad \therefore \quad a=2, \ b=5$$

よって，求める余りは，　$2x+5$

n 次式でわったときの余りは $(n-1)$ 次以下の整式

$f(x)=(2x+1)(2x-1)Q(x)+R(x)$ として，〜〜〜 部分だけを見ると $2x+1$ でわりきれています．ところが，$f(x)$ は $2x+1$ でわると 4 余っているので，$R(x)$ を $2x+1$ でわると 4 余るはずです．だから，$R(x)=a(2x+1)+4$ とおけます．こうすると，使う文字が 1 つだけで済みます．（a は，$R(x)$ を $2x+1$ でわった商を表している）

この考え方は，たいへん有効な考え方なので，次の 26 で使ってみます．

演習問題 25

整式 $f(x)$ を $x-2$ でわると 3 余り，$x+1$ でわると 6 余る．このとき，$f(x)$ を $(x-2)(x+1)$ でわったときの余りを求めよ．

26 剰余の定理（Ⅲ）

(1) 整式 $P(x)$ を $x-1$，$x-2$，$x-3$ でわったときの余りが，それぞれ 6，14，26 であるとき，$P(x)$ を $(x-1)(x-2)(x-3)$ でわったときの余りを求めよ．

(2) 整式 $P(x)$ を $(x-1)^2$ でわると，$2x-1$ 余り，$x-2$ でわると 5 余るとき，$P(x)$ を $(x-1)^2(x-2)$ でわった余りを求めよ．

(1) 25 で考えたように，余りは ax^2+bx+c とおけます．あとは，a，b，c に関する連立方程式を作れば終わりです．

しかし，3文字の連立方程式は解くのがたいへんです．

25 参考 の考え方を利用すると負担が軽くなります．

(2) 余りを ax^2+bx+c とおいても $P(1)$ と $P(2)$ しかないので，未知数3つ，式2つの形になり，答はでてきません．

解答

(1) 求める余りは ax^2+bx+c とおけるので， ◀3次式でわった余りは2次以下
$$P(x)=(x-1)(x-2)(x-3)Q(x)+ax^2+bx+c$$
と表せる．
$P(1)=6$，$P(2)=14$，$P(3)=26$ だから，
$$\begin{cases} a+b+c=6 & \cdots\cdots ① \\ 4a+2b+c=14 & \cdots\cdots ② \\ 9a+3b+c=26 & \cdots\cdots ③ \end{cases}$$
◀連立方程式を作る

①，②，③より，$a=2$，$b=2$，$c=2$

よって，求める余りは $2x^2+2x+2$

注 25 参考 の考え方を利用すると，次のような解答ができます．

(別解) $P(x)=(x-1)(x-2)(x-3)Q(x)+R(x)$
（$R(x)$ は2次以下の整式）

$P(x)$ は $x-3$ でわると 26 余るので

$R(x)$ も $x-3$ でわると 26 余る． ◀ポイント

よって，$R(x)=(ax+b)(x-3)+26$ とおける． ◀$ax+b$ は $x-3$ でわったときの商

$P(1)=6$，$P(2)=14$ だから，$R(1)=6$，$R(2)=14$

$$\therefore \quad \begin{cases} -2a-2b+26=6 \\ -2a-b+26=14 \end{cases}$$

$$\therefore \quad \begin{cases} a+b-10=0 \\ 2a+b-12=0 \end{cases}$$

$$\therefore \quad a=2, \quad b=8$$

よって，$R(x)=(2x+8)(x-3)+26$
$$=2x^2+2x+2$$

注 （**別解**）の**ポイント**の部分は，$P(3)=R(3)$ となることからもわかります．

(2) $P(x)$ を $(x-1)^2(x-2)$ でわった余りを $R(x)$（2次以下の整式）とおくと，$P(x)=(x-1)^2(x-2)Q(x)+R(x)$ と表せる．

ところが，$P(x)$ は $(x-1)^2$ でわると $2x-1$ 余るので，$R(x)$ も $(x-1)^2$ でわると $2x-1$ 余る．

よって，$R(x)=a(x-1)^2+2x-1$ とおける．

$$\therefore \quad P(x)=(x-1)^2(x-2)Q(x)+a(x-1)^2+2x-1$$

$P(2)=5$ だから，$a+3=5$ $\quad \therefore \quad a=2$

よって，求める余りは，$2(x-1)^2+2x-1$

すなわち，$\boldsymbol{2x^2-2x+1}$

ポイント $f(x)$ を $g(x)h(x)$ でわったときの余りを $R(x)$ とすると

$f(x)$ を $g(x)$ でわった余り と

$R(x)$ を $g(x)$ でわった余り は等しい

（$h(x)$ についても同様のことがいえる）

演習問題 26

(1) 整式 $P(x)$ を $x+1$, $x-1$, $x+2$ でわると，それぞれ 3, 7, 4 余る．このとき，整式 $P(x)$ を $(x+1)(x-1)(x+2)$ でわったときの余りを求めよ．

(2) 整式 $P(x)$ を $(x+1)^2$ でわった余りが $2x+1$, $x-1$ でわった余りが -1 のとき，整式 $P(x)$ を $(x+1)^2(x-1)$ でわった余りを求めよ．

27 因数定理

$f(x) = x^4 - x^3 + px^2 - qx + 4$ が $x-1$, $x-2$ でわりきれるとき，次の問いに答えよ．
(1) p, q の値を求めよ．
(2) $f(x) = 0$ の 1, 2 以外の残りの解を求めよ．

精講

「$x-1$ でわりきれる」とは「$x-1$ でわった余りが 0」と考えられるので，剰余の定理で余りを 0 とおいて得られる定理，「**因数定理**」が使えます．

解答

(1) $f(x) = x^4 - x^3 + px^2 - qx + 4$ は，
$x-1$, $x-2$ でわりきれるので，$f(1) = f(2) = 0$ ◀因数定理
$\therefore \begin{cases} p - q + 4 = 0 \\ 2p - q + 6 = 0 \end{cases}$ よって，$\begin{cases} p = -2 \\ q = 2 \end{cases}$

(2) (1)より，$f(x) = x^4 - x^3 - 2x^2 - 2x + 4$
$= (x^2 - 3x + 2)(x^2 + 2x + 2)$
$= (x-1)(x-2)(x^2 + 2x + 2)$

◀$(x-1)(x-2)$, すなわち $x^2 - 3x + 2$ でわりきれる

よって，残りの解は $x^2 + 2x + 2 = 0$ の解．
$\therefore x = -1 \pm i$

○ポイント　整式 $f(x)$ を $x-\alpha$ でわるとき
　　　　　わりきれる $\iff f(\alpha) = 0$ （因数定理）

演習問題 27

$P(x) = ax^4 + (b-a)x^3 + (1-2ab)x^2 + (ab-10)x + 2ab$ のとき，
(1) $P(x)$ が $x-2$ でわりきれるとき，a, b の値を求めよ．
(2) $P(x)$ が $x+2$ でわりきれるとき，a, b の値を求めよ．
(3) $P(x)$ が x^2-4 でわりきれるとき，a, b の値を求め，$P(x)$ を因数分解せよ．

47

28 虚数 ω

$x^3=1$ をみたす虚数の 1 つを ω とするとき，次の問いに答えよ.

(1) $\omega^3=1$, $\omega^2+\omega+1=0$ を示せ.

(2) $\dfrac{\omega^{13}-\omega^5+1}{\omega+1}$ の値を求めよ.

第2章

精講 ω は $\dfrac{-1+\sqrt{3}\,i}{2}$ か $\dfrac{-1-\sqrt{3}\,i}{2}$ のどちらかを指していますが，この虚数も，**16** の(1)の虚数と同様で，$x^n=1$ をみたす自然数 n があります．このような虚数を扱うときには，この式 $(x^n=1)$ を利用して，次数を下げていくのがコツです.

解 答

(1) ω は $x^3=1$ の解だから，$\omega^3=1$

次に，$x^3-1=0 \Longleftrightarrow (x-1)(x^2+x+1)=0$

ω は虚数だから，$x^2+x+1=0$ の解. $\therefore$ $\omega^2+\omega+1=0$

(2) $\omega^3=1$, $-\omega^2=\omega+1$ より

分子 $=(\omega^3)^4\cdot\omega-\omega^3\cdot\omega^2+1=-\omega^2+\omega+1$　　◀次数を下げる

$=2(\omega+1)$

$\therefore$ 与式 $=\dfrac{2(\omega+1)}{\omega+1}=\mathbf{2}$

ポイント $x^n=1$ をみたす虚数をある整式に代入したときの値を求めるには，これらの式を利用して次数を下げていく

演習問題 28

$x^3=1$ をみたす虚数の 1 つを ω とするとき，$\omega^{2n}+\omega^n+1$ の値を $n=3m$, $n=3m+1$, $n=3m+2$ の 3 つの場合に分けて求めよ．ただし，m は自然数とする.

29 共通解

2つの2次方程式
$$x^2 - ax + 2a + 4 = 0 \quad \cdots\cdots ①$$
と
$$x^2 + 2ax + 4 - a = 0 \quad \cdots\cdots ②$$
が，ただ1つの共通解をもつような a の値と，①，②の共通解以外の解をそれぞれ求めよ．

精講 2つの方程式が共通解をもつとき，それぞれの方程式が因数分解できればよいのですが，そんな都合のよいことは期待するものではありません．現に，①，②とも因数分解できません．そこで，次のような考え方を利用します．

2つの整式 A, B が共通因数 G をもっているとすれば，
$$A = A'G \quad \cdots\cdots①, \qquad B = B'G \quad \cdots\cdots②$$
と表せます．そこで，①×a＋②×b を作ってみると，
$$aA + bB = (aA' + bB')G$$
となり，a, b がどんな値であっても G はなくならない（＝保存される）

ところで，方程式 $A=0$ と $B=0$ が共通解 α をもつとは，A も B も因数 $x-\alpha$ をもつということですから，上の議論が共通解の問題に適用できることになります．

解答

共通解を α とおくと
$$\begin{cases} \alpha^2 - a\alpha + 2a + 4 = 0 & \cdots\cdots①' \\ \alpha^2 + 2a\alpha + 4 - a = 0 & \cdots\cdots②' \end{cases}$$

②′－①′より
$$3a\alpha - 3a = 0 \quad \therefore\ 3a(\alpha - 1) = 0$$
$\therefore\ a = 0$ または $\alpha = 1$

◀ α^2 を消去する

◀「または」である点に注意

(ⅰ) $a = 0$ のとき
①，②ともに，$x^2 + 4 = 0$ となり，

49

2つの共通解 $x=\pm 2i$ をもち, 不適.　　　　　　◀ただ1つの共通解と

(ii)　$a=1$ のとき　　　　　　　　　　　　　　　　　　問題文に書いてある

　①′ に代入して,

$$1-a+2a+4=0$$

$$\therefore\quad a=-5$$

　このとき, ①は $(x+6)(x-1)=0$

　よって, 他の解は $x=-6$

　②は $(x-9)(x-1)=0$

　よって, 他の解は $x=9$

(i), (ii)より, $a=-5$, ①の他の解は -6, ②の他の解は 9

注　解答に示してあるように,「$a=0$　または　$\alpha=1$」から, 即座に,
「$\alpha=1$」と決めつけずに, $a=0$ のときも調べなければなりません.

◉ ポイント　｜　共通解を求める問題は
　　　　　　　　｜　Ⅰ. 因数分解できれば直接求める
　　　　　　　　｜　Ⅱ. 因数分解できなければ, 共通解を α とおき,
　　　　　　　　｜　　　α の次数の一番高いところを消去する

注　ポイントⅡの「次数の最高の項の消去」でなく「定数項の消去」も解決の
1つの手段として存在します. 本問では定数項を消去できませんが,
演習問題 29 では, 定数項を消去することができます.

演習問題 29

　　　2つの2次方程式

$$x^2-2ax+6a=0 \ \cdots\cdots① \quad と \quad x^2-2(a-1)x+3a=0 \ \cdots\cdots②$$

　が, 0でない共通解をもつ a の値と, その共通解, ①, ②の他の解
　を求めよ.

30 高次方程式

(1) 3次式 $x^3-(2a-1)x^2-2(a-1)x+2$
を因数分解せよ．

(2) x に関する方程式
$$x^3-(2a-1)x^2-2(a-1)x+2=0$$
が異なる3つの実数解をもつような a の値の範囲を求めよ．

(1) 3次式の因数分解といえば，因数定理（27）．
もちろん，これで解答が作れます（解Ⅰ）が，数学Ⅰで

> 文字が2種類以上ある式を因数分解するときは，次数の一番低い文字について整理する

ということを学んでいます．（数学Ⅰ・A 4 精講 Ⅱ）
復習も兼ねて，こちらでも解答を作ってみます（解Ⅱ）．

(2) (1)より，(1次式)(2次式)=0 の形にできました．
1次式=0 から解が決まるので，2次式=0 が異なる2つの実数解をもてばよいように思えますが，これだけでは不十分です．

解答

(1) （解Ⅰ）
$f(x)=x^3-(2a-1)x^2-2(a-1)x+2$ とおく．
$f(-1)=-1-(2a-1)+2(a-1)+2$
$\qquad =-1-2a+1+2a-2+2=0$
よって，$f(x)$ は $x+1$ を因数にもち，
$$f(x)=(x+1)(x^2-2ax+2)$$

（解Ⅱ）
$\quad x^3-(2a-1)x^2-2(a-1)x+2$
$=(x^3+x^2+2x+2)-2(x^2+x)a$
$=x^2(x+1)+2(x+1)-2x(x+1)a$
$=(x+1)\{(x^2+2)-2ax\}$
$=(x+1)(x^2-2ax+2)$

◀「$f(x)=$」とおくのは，因数定理を使う準備

◀x に数字を代入したときに，a が消えることから，$f(-1)=0$ を想像する

(2) (1)より，$(x+1)(x^2-2ax+2)=0$ ……①

$\qquad\qquad \therefore\quad x=-1,\ x^2-2ax+2=0$ ……②

①が異なる3つの実数解をもつので，②が $x=-1$

以外の異なる2つの実数解をもてばよい.

◀②が $x=-1$ を解に
もつと異なる3つの
解にならない

よって，$\begin{cases}(-1)^2-2a(-1)+2\ne0\\ a^2-2>0\end{cases}$

$\qquad\qquad \therefore\quad \begin{cases}a\ne-\dfrac{3}{2}\\ a<-\sqrt{2},\ \sqrt{2}<a\end{cases}$

したがって，求める a の値の範囲は

$$a<-\frac{3}{2},\ -\frac{3}{2}<a<-\sqrt{2},\ \sqrt{2}<a$$

注 (1)の(**解 I**)と(**解 II**)の違いは，(**解 I**)では $f(x)$ の x に何を代入
するかを自分で見つけてこないといけないのに，(**解 II**)ではその必要
がありません．代入する x は，$\pm\dfrac{\text{定数項の約数}}{\text{最高次の係数の約数}}$ しかないこと
が知られています．だから，代入する x の値の候補は ±1，±2 の4つ
しかないのです.

注 $x^2-2ax+2=0$ は因数分解できないので，判別式>0 を使います.

🌀**ポイント** 高次方程式は，2次以下の整式の積に因数分解して考
える

注 因数分解できなくても，このあと学ぶ微分法を使うと解決します.(⇨ **94**)

演習問題 30

複素数 $1+i$ を1つの解とする実数係数の3次方程式
$$x^3+ax^2+bx+c=0 \qquad ……①$$
について，次の問いに答えよ.

(1) b，c を a で表せ.

(2) ①の実数解を a で表せ.

(3) 方程式①と方程式 $x^2-bx+3=0$ ……② がただ1つの実数解
を共有するとき，a，b，c の値を求めよ.

第3章 図形と式

31 分点の座標

> 平面上に，点 A$(-2, 4)$，B$(4, -14)$，C$(-8, -5)$，P$(4, 4)$，Q$(-2, -5)$ がある．
> (1) QP を $5:1$ に内分する点Rの座標を求めよ．
> (2) PQ を $2:1$ に外分する点Sの座標を求めよ．
> (3) △ABC の重心Gの座標を求めよ．

精講

内分，外分という用語は，いずれも線分に対して定められるものです．線分には端点が2つあるので，それらを A，B とするとき，次の3点に注意します．

Ⅰ．「線分 AB を…」と書いてあるか
　　「線分 BA を…」と書いてあるか
Ⅱ．どんな比か
Ⅲ．「内分」か「外分」か （⇨ 参考 ）

そのあと，ポイントの公式Ⅰを使います．
　この公式は内分，外分兼用で，内分点の座標を求めるときは，そのまま使いますが，**外分点の座標を求めるときには，比を表す2つの数のうち，小さい方に「−」をつけて使います．**
　また，**重心**については次の3つのことを知っておきましょう．

(ⅰ) 定義は「3つの中線の交点」
(ⅱ) 1つの中線を頂点の側から，$2:1$ に内分する点
(ⅲ) 座標は「3頂点の平均」
((ⅰ)，(ⅱ)は右図参照)

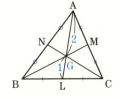

注 中線については数学Ⅰ・A 51，77 参照．

解答

(1) $R\left(\dfrac{1\times(-2)+5\times 4}{5+1}, \dfrac{1\times(-5)+5\times 4}{5+1}\right)$ ◀ポイントⅠ

$\therefore \quad R\left(3, \dfrac{5}{2}\right)$

(2) $S\left(\dfrac{(-1)\times 4+2\times(-2)}{2+(-1)}, \dfrac{(-1)\times 4+2\times(-5)}{2+(-1)}\right)$ ◀外分のときは，小さい方に－をつける

$\therefore \quad S(-8, -14)$

(3) $G\left(\dfrac{(-2)+4+(-8)}{3}, \dfrac{4+(-14)+(-5)}{3}\right)$ ◀座標は3頂点の平均

$\therefore \quad G(-2, -5)$

ポイント

Ⅰ. 2点 $A(x_1, y_1)$, $B(x_2, y_2)$ について，線分 AB を $m:n$ に分ける点の座標は

$$\left(\dfrac{nx_1+mx_2}{m+n}, \dfrac{ny_1+my_2}{m+n}\right)$$

Ⅱ. 3点 $A(x_1, y_1)$, $B(x_2, y_2)$, $C(x_3, y_3)$ を頂点とする三角形 ABC の重心の座標は

$$\left(\dfrac{x_1+x_2+x_3}{3}, \dfrac{y_1+y_2+y_3}{3}\right)$$

参考

「2:1」の具体例を使って内分と外分の違いを理解してください．

① AB を 2:1 に内分する点C ② AB を 2:1 に外分する点D

③ AB を 1:2 に外分する点E

結局，違いは，分ける点が線分 AB 内か AB 外かということです．

演習問題 31

(1) 2点 $A(3, 1)$, $B(-1, 2)$ をとる．線分 AB を 3:2 に内分する点と外分する点の座標を求めよ．

(2) 3つの直線，x 軸，$3x-y+6=0$, $6x+5y-30=0$ で囲まれる三角形の重心の座標を求めよ．

32 直線の方程式

次の条件をみたす直線の方程式を求めよ．
(1) 2点 $(1, 2)$, $(3, 4)$ を通る直線の方程式．
(2) 点 $(2, 3)$ を通り，直線 $2x-3y=7$ に平行な直線の方程式．

精講

直線の方程式は，次の2つの形のどちらかで求めます．
Ⅰ．通る点2つ
Ⅱ．通る点1つと傾き

解答

(1) $y-2=\dfrac{4-2}{3-1}(x-1)$　∴ $y=x+1$　◀ポイントⅠ

注 $y=ax+b$ とおいて，a, b の連立方程式を作る方法もありますが，できるだけ早くこの方法に慣れてください．

(2) $2x-3y=7$ より，$y=\dfrac{2}{3}x-\dfrac{7}{3}$

よって，求める直線は，傾き $\dfrac{2}{3}$ で，点 $(2, 3)$ を通る．

∴ $y-3=\dfrac{2}{3}(x-2)$　すなわち，$y=\dfrac{2}{3}x+\dfrac{5}{3}$　◀ポイントⅡ

ポイント

Ⅰ．2点 (x_1, y_1), (x_2, y_2) を通る直線は，

$x_1 \neq x_2$ のとき，$y-y_1=\dfrac{y_2-y_1}{x_2-x_1}(x-x_1)$

$x_1=x_2$ のとき，$x=x_1$

Ⅱ．点 (x_1, y_1) を通り，傾き m の直線は
$y-y_1=m(x-x_1)$

演習問題 32

点 $(3, 2)$ を通り，直線 $2x+3y-6=0$ に平行な直線の方程式を求めよ．

33　2点間の距離

△ABC において，辺 BC の中点を M とするとき，
$$AB^2+AC^2=2(AM^2+BM^2)$$
が成りたつことを，右図のように，M(0, 0)，A(a, b)，B(c, 0)，C($-c$, 0) ($c>0$) とおいて示せ．

示すべき等式は「**中線定理**」（⇨ 数学Ⅰ・A **77**）です．
このように，(距離)^2 が含まれる等式や不等式の証明には，**計算しやすいように座標軸を設定**して，2点間の距離の公式（⇨**ポイント**）を使う考え方が有効です．

解　答

$AB^2=(a-c)^2+b^2$，$AC^2=(a+c)^2+b^2$
　∴　$AB^2+AC^2=2(a^2+b^2+c^2)$
次に，$AM^2=a^2+b^2$，$BM^2=c^2$
　∴　$2(AM^2+BM^2)=2(a^2+b^2+c^2)$
よって，$AB^2+AC^2=2(AM^2+BM^2)$

> **ポイント**　2点 A(x_1, y_1)，B(x_2, y_2) のとき
> $$AB=\sqrt{(x_2-x_1)^2+(y_2-y_1)^2}$$

演習問題 33

△ABC が鋭角三角形のとき，
$$AC^2=AB^2+BC^2-2AB\cdot BC\cos B \quad （余弦定理）$$
が成りたつことを，座標を用いて証明せよ．

34 点と直線の距離

3点 A(-1, 5), B(-3, 2), C(3, -1) を頂点とする △ABC がある．次の問いに答えよ．
(1) 直線 BC の方程式を求めよ．
(2) 点Aと直線 BC との距離を求めよ．
(3) △ABC の面積を求めよ．

 精 講

(2) 点と直線の距離とは，**点から直線に下ろした垂線の長さ**を指します．このとき，この長さは垂線の足の座標はなくても，すなわち，「2点間の距離」の公式を使わなくても**ポイント**の公式で求められます．

解 答

(1) $y - 2 = \dfrac{-1-2}{3-(-3)}(x+3)$ より，$y = -\dfrac{1}{2}x + \dfrac{1}{2}$　◀32

(2) (1)より，BC：$x + 2y - 1 = 0$　◀この形にするところがポイント

よって，点Aと直線 BC の距離は，

$$\dfrac{|-1+10-1|}{\sqrt{1+4}} = \dfrac{8}{\sqrt{5}}$$　◀ポイント

(3) BC $= \sqrt{(3+3)^2 + (-1-2)^2} = 3\sqrt{5}$　◀33

∴ △ABC $= \dfrac{1}{2} \cdot 3\sqrt{5} \cdot \dfrac{8}{\sqrt{5}} = \mathbf{12}$

> **ポイント**　点 (x_0, y_0) と直線 $ax + by + c = 0$ との距離は
> $$\dfrac{|ax_0 + by_0 + c|}{\sqrt{a^2 + b^2}}$$

演習問題 34

直線 $l : x + 2y + 3 = 0$ に点 A(-3, 4) から下ろした垂線の足をHとし，l 上に HP＝AH となる点Pをとる．△AHP の面積を求めよ．

35 線対称

点 A(3, 1) の直線 $l : y = 2x + 1$ に関する対称点 A' を求めよ.

精講　「点Aの直線 l に関する対称点」とは，点A を l で折り返して重なる点のことです．
次の2つの性質に着眼して立式します．

I．AA'⊥l　　II．線分 AA' の中点は l 上にある

注　決して AH=A'H という距離の式を作ってはいけません．

解答

A'(a, b) とおくと，直線 AA' の傾きは $-\dfrac{1}{2}$ だから，

$$\dfrac{b-1}{a-3} = -\dfrac{1}{2} \quad \therefore \quad a + 2b = 5 \quad \cdots\cdots ①$$

また，線分 AA' の中点 $\left(\dfrac{a+3}{2}, \dfrac{b+1}{2}\right)$ は

l 上にあるので， $\dfrac{b+1}{2} = 2 \cdot \dfrac{a+3}{2} + 1$

$$\therefore \quad 2a - b = -7 \quad \cdots\cdots ②$$

①，②より，$a = -\dfrac{9}{5}, \ b = \dfrac{17}{5}$

$$\therefore \quad \text{A}'\left(-\dfrac{9}{5}, \dfrac{17}{5}\right)$$

ポイント　点Aの直線 l に関する対称点 A' について
I．AA'⊥l
II．線分 AA' の中点は l 上にある

演習問題 35

2点 A(3, 1)，B(4, 5) と直線 $y = 2x + 1$ 上の動点Pがある．このとき，AP+PB を最小にする点Pの座標を求めよ．

36 平行条件・垂直条件

> xy 平面上の2つの直線 $x-ay-3=0$, $x-(2a-3)y+5=0$ が次の条件をみたすとき，実数 a の値を求めよ．
> (1) 平行　　(2) 垂直

> 2つの直線 $l_1: y=m_1x+n_1$, $l_2: y=m_2x+n_2$ について
> I. $l_1 /\!/ l_2 \iff m_1=m_2$
> II. $l_1 \perp l_2 \iff m_1m_2=-1$

これが大切な公式であるのは事実ですが，この公式には「**文字係数の直線の方程式に対してはまずいことが起こる可能性がある**」という欠点があります．

その「まずいこと」とは，次のようなことを指します．

> $a=0$ のとき，a でわることができないので
> $x-ay+2=0$ を $y=\dfrac{1}{a}x+\dfrac{2}{a}$ と書くことはできない．

そこで，ここでは，上の公式に加えて，**ポイント**にある公式を勉強します．
(**別解**)では，旧式(?)の解答も書いておきましたので，2つの解答を比較してください．

解　答

$(a_1x+b_1y+c_1=0,\ a_2x+b_2y+c_2=0$ の型の方法)

(1)　$1\cdot\{-(2a-3)\}-(-a)\cdot 1=0$　　　◀ポイント
　　より　$-2a+3+a=0$
　　　∴　$a=3$

(2)　$1\cdot 1+(-a)\{-(2a-3)\}=0$　　　◀ポイント
　　より　$1+2a^2-3a=0$
　　　∴　$(2a-1)(a-1)=0$
　　　∴　$a=\dfrac{1}{2},\ 1$

（別解） $(y=m_1x+n_1,\ y=m_2x+n_2$ の型の方法）

$l_1: x-ay-3=0,\ l_2: x-(2a-3)y+5=0$ とおくと，

$$l_1:\begin{cases} y=\dfrac{1}{a}x-\dfrac{3}{a} & (a\neq 0)\\[2mm] x=3 & (a=0) \end{cases} \qquad l_2:\begin{cases} y=\dfrac{x}{2a-3}+\dfrac{5}{2a-3} & \left(a\neq\dfrac{3}{2}\right)\\[2mm] x=-5 & \left(a=\dfrac{3}{2}\right) \end{cases}$$

(1) $a=0,\ a=\dfrac{3}{2}$ のときは，$l_1 \not\!\!\parallel l_2$ だから，$a\neq 0,\ a\neq\dfrac{3}{2}$

$\quad \therefore\quad \dfrac{1}{a}=\dfrac{1}{2a-3}$ より $a=2a-3 \quad \therefore\quad a=3$

(2) $a=0,\ a=\dfrac{3}{2}$ のときは，$l_1\perp l_2$ でないので，$a\neq 0,\ a\neq\dfrac{3}{2}$

$\quad \therefore\quad \dfrac{1}{a}\times\dfrac{1}{2a-3}=-1$ より $a(2a-3)=-1$

$\quad \therefore\quad (2a-1)(a-1)=0 \quad \therefore\quad a=\dfrac{1}{2},\ 1$

⭕ ポイント

xy 平面上の 2 直線
$l_1: a_1x+b_1y+c_1=0,\ l_2: a_2x+b_2y+c_2=0$ について
$\quad l_1 /\!/ l_2 \iff a_1b_2-a_2b_1=0$
$\quad l_1\perp l_2 \iff a_1a_2+b_1b_2=0$

注 ここでは，l_1 と l_2 が，一致する場合も含めて平行と考えています．

一致の条件：$\dfrac{a_1}{a_2}=\dfrac{b_1}{b_2}=\dfrac{c_1}{c_2}$，一致でない平行条件：$\dfrac{a_1}{a_2}=\dfrac{b_1}{b_2}\neq\dfrac{c_1}{c_2}$ です．

演習問題 36

(1) 2 直線 $x+ay=1$ と $x-(2a-1)y=2$ が垂直となる a，平行となる a を求めよ．

(2) 3 つの直線 $x+y=3,\ y-x=1,\ x+3y=3$ でできる三角形について

 (ア) 3 つの頂点の座標を求めよ．

 (イ) (ア)の 3 つの点にあと 1 点をつけ加えて平行四辺形を作りたい．つけ加えることのできる点の座標を求めよ．

37 定点を通る直線

直線 $(2k+1)x-(k-1)y+3k=0$ は k の値に関係なく定点を通る．その定点の座標を求めよ．

「k の値に関係なく」とあったら，「k について整理」して，恒等式 (⇨ 11) にもちこむのが常道です．

解答

$(2k+1)x-(k-1)y+3k=0$

より $(x+y)+k(2x-y+3)=0$　　◀ k について整理

この式が任意の k について成りたつとき

$\begin{cases} x+y=0 \\ 2x-y+3=0 \end{cases}$ ∴ $\begin{cases} x=-1 \\ y=1 \end{cases}$　　◀ 恒等式の考え方

よって，定点 $(-1,\ 1)$ を通る．

38 のポイントについて

$f(x, y)+kg(x, y)=0$ ……① が任意の k に対して成りたつとき，$\begin{cases} f(x, y)=0 \\ g(x, y)=0 \end{cases}$ が成りたつ．

この連立方程式が解 (x_0, y_0) をもてば，① は $f(x, y)=0$ と $g(x, y)=0$ の交点すなわち，(x_0, y_0) を通る．

ポイント　係数が k の 1 次式で表されている直線が定点を通る ⟹ k について整理する

演習問題 37

直線 $g : y=ax+9-3a$ について，次の問いに答えよ．

(1) g は a の値にかかわらず定点を通る．その定点の座標を求めよ．

(2) a がすべての実数値をとるとき，g と x 軸の交点を $(p,\ 0)$ とする．このとき，p のとることができない値を求めよ．

38 交点を通る直線

2直線 $x-2y-3=0$, $2x+y-1=0$ の交点と点 $(-1, 6)$ を通る直線の方程式を求めよ.

精講

32 によれば，2直線の交点を求めれば2点がわかるので直線の方程式が求まります．(⇨(解Ⅰ))

しかし，このタイプの問題の将来への発展を考えると，ポイントの公式を利用できるようにしておきたいものです．(⇨(解Ⅱ))

解答

(解Ⅰ) (通る2点より直線の方程式を求める方法)

$$\begin{cases} x-2y-3=0 \\ 2x+y-1=0 \end{cases} より, \quad \begin{cases} x=1 \\ y=-1 \end{cases}$$

よって，求める直線は2点 $(1, -1)$, $(-1, 6)$ を通る．

$$\therefore \quad y+1 = \frac{-1-6}{1+1}(x-1) \quad \therefore \quad y=-\frac{7}{2}x+\frac{5}{2}$$

(解Ⅱ) ($f(x, y)+kg(x, y)=0$ より求める方法)

$(x-2y-3)+k(2x+y-1)=0$ は2直線の交点を通る．　◀ポイント

これが点 $(-1, 6)$ を通るとき，$3k-16=0$

$$\therefore \quad k=\frac{16}{3} \quad よって, \quad 7x+2y-5=0$$

ポイント $f(x, y)+kg(x, y)=0$ で表される曲線は，曲線 $f(x, y)=0$, $g(x, y)=0$ が交点をもつとき，その交点を通る　注　⇨37 参考

演習問題 38

2つの直線 $2x+y-1=0$, $x-2y-3=0$ の交点を通り，直線 $x+y+1=0$ に垂直な直線の方程式を求めよ．

39 円の方程式

次の円の方程式を求めよ．
(1) 点 $(2, 1)$ を中心とし，点 $(1, 4)$ を通る円
(2) 2点 $(3, 2)$, $(5, -8)$ を直径の両端とする円
(3) 3点 $(0, 4)$, $(3, 1)$, $(1, 1)$ を通る円

精講

円の方程式を求めるときは，与えられた条件によって次のどちらかの設定でスタートします．

Ⅰ．**中心 (a, b) や，半径 r がわかるとき**
$$(x-a)^2+(y-b)^2=r^2$$

Ⅱ．**中心も，半径もわかりそうにないとき**
$$x^2+y^2+ax+by+c=0$$

解答

(1) 求める円の半径は
$$\sqrt{(2-1)^2+(1-4)^2}=\sqrt{10}$$
◀ 2点間の距離

よって，求める円の方程式は
$$(x-2)^2+(y-1)^2=10$$

(2) 中心は，$(3, 2)$, $(5, -8)$ を結ぶ線分の中点だから
$$(4, -3)$$
また，半径は $\sqrt{(4-3)^2+(-3-2)^2}=\sqrt{26}$
よって，求める円の方程式は
$$(x-4)^2+(y+3)^2=26$$

(3) 求める円を $x^2+y^2+ax+by+c=0$ とおく． ◀ 中心も半径もわかり
3点 $(0, 4)$, $(3, 1)$, $(1, 1)$ を代入して　　　　そうにないので
$$\begin{cases} 4b+c+16=0 & \cdots\cdots ① \\ 3a+b+c+10=0 & \cdots\cdots ② \\ a+b+c+2=0 & \cdots\cdots ③ \end{cases}$$
②－③ より，$a=-4$
これと③より $b+c-2=0$ ……③′

①−③' より $b=-6$
これと①より $c=8$
よって，求める円の方程式は
$$x^2+y^2-4x-6y+8=0$$

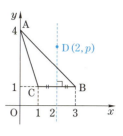

(別解)（右図をよく見ると……）
A(0, 4), B(3, 1), C(1, 1)
とおくと，中心は線分 BC の垂直二等分線上に
あるので，中心は D(2, p) とおけて，半径を r
とすると AD=r, CD=r だから，

$$\begin{cases} 2^2+(p-4)^2=r^2 \\ (1-2)^2+(1-p)^2=r^2 \end{cases} \therefore \begin{cases} p^2-8p+20=r^2 & \cdots\cdots① \\ p^2-2p+2=r^2 & \cdots\cdots② \end{cases}$$

①−② より，$p=3$ ∴ $r^2=5$
よって，求める円の方程式は
$$(x-2)^2+(y-3)^2=5$$

注　(3)のように，見かけは中心，半径がわからないように見えても，図をかくと様々な性質が見えることがありますから，図をかく習慣をつけておくことが大切です．

ポイント　円の方程式を求めるとき，状況をみて，次の2つのどちらかでスタートをきる
Ⅰ. $(x-a)^2+(y-b)^2=r^2$
Ⅱ. $x^2+y^2+ax+by+c=0$

参考　(3)において，3点を通る円が存在しているのは，3点で三角形ができているからで，この三角形の外接円として求める円が定まります．(⇒**演習問題 39**(2))

(1) A(5, 5), B(2, −4), C(−2, 2) を通る円の方程式を求めよ．
(2) A(5, 5), B(2, −4), D(a, b) を通る円がかけないような a と b の関係式を求めよ．

40 円と直線の位置関係

> 円 $C: x^2+y^2=4$ と直線 $l: y=ax+2-3a$ の位置関係を a の値によって，分類して答えよ．

精講　円と直線の位置関係は，次の 3 つの場合があります．
 Ⅰ．異なる 2 点で交わる
 Ⅱ．1 点で接する
 Ⅲ．共有点をもたない

これらを区別するための道具は，

「判別式」か「点と直線の距離 (⇨ 34)」

です．

一般的には，次の表のようになります．

〈$C: x^2+y^2=r^2$ と $l: y=mx+n$ の位置関係〉

C と l から y を消去した式

$$(1+m^2)x^2+2mnx+n^2-r^2=0$$

の判別式を D とする．また，C の中心 $(0, 0)$ と l の距離を d とする．

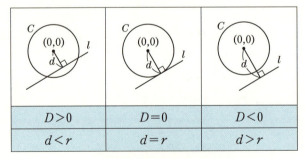

解答

（解Ⅰ）（判別式を用いて）

$\begin{cases} x^2+y^2=4 \\ y=ax+2-3a \end{cases}$ より，y を消去して，

$x^2+(ax+2-3a)^2=4$ ∴ $(1+a^2)x^2+2a(2-3a)x+9a^2-12a=0$

判別式を D とすると

$$\frac{D}{4}=a^2(2-3a)^2-(1+a^2)(9a^2-12a)$$

$$=-5a^2+12a=-a(5a-12)$$

(i) $D>0$, すなわち, $0<a<\dfrac{12}{5}$ のとき, C と l は異なる2点で交わる.

(ii) $D=0$, すなわち, $a=0$, $\dfrac{12}{5}$ のとき, C と l は接する.

(iii) $D<0$, すなわち, $a<0$, $\dfrac{12}{5}<a$ のとき, C と l は共有点をもたない.

（**解Ⅱ**）（点と直線の距離を考えて）

円の中心 $(0,\ 0)$ と l の距離を d とおくと, $d=\dfrac{|2-3a|}{\sqrt{a^2+1}}$

(i) $d<2$, すなわち, $\dfrac{|2-3a|}{\sqrt{a^2+1}}<2$ のとき,

　両辺を平方して, $9a^2-12a+4<4a^2+4$　　$\therefore$　$a(5a-12)<0$

　よって, $0<a<\dfrac{12}{5}$ のとき, C と l は異なる2点で交わる.

(ii) $d=2$, すなわち, $a=0$, $\dfrac{12}{5}$ のとき, C と l は接する.

(iii) $d>2$, すなわち, $a<0$, $\dfrac{12}{5}<a$ のとき, C と l は共有点をもたない.

注　一般に「判別式」より「点と直線の距離」の方が計算量が少なくてすみますが, 交点や接点の座標を求めるときには, かえって不便ですので注意してください.

第3章

🌀 **ポイント**
円と直線の位置関係は, 次の2つの手段のどちらか
Ⅰ. 連立させて判別式を使う
Ⅱ. 「点と直線の距離」の公式を使う

演習問題 40

　　円：$(x+2)^2+(y+1)^2=25$ と直線：$y=ax+9-3a$ の位置関係を a の値で分類して答えよ.

41 円と接線

(1) 次の接線の方程式を求めよ．
  (ア) 点 $(1, 2)$ において，円 $x^2+y^2=5$ に接する
  (イ) 点 $(1, 3)$ から円 $x^2+y^2=5$ に引いた接線
(2) 点 $(1, 5)$ を中心とし，直線 $4x-3y+1=0$ に接する円の方程式を求めよ．

精講

(1) 次のような公式があります．

> 円 $x^2+y^2=r^2$ 上の点 (x_0, y_0) における接線は
> $$x_0 x + y_0 y = r^2$$

たいへん便利なように見えますが，この公式を用いるときには「接点の座標」がわかっていなければなりません．すなわち，(1)の(ア)と(イ)の **違いがわかっているかどうか** がポイントです．

解答

(1) (ア) $(1, 2)$ は接点だから，$x+2y=5$

(イ) （解Ⅰ）
接点を (x_1, y_1) とおくと，
$$x_1^2+y_1^2=5 \quad \cdots\cdots ①$$
このとき，接線は $x_1 x + y_1 y = 5$ とおけて ◀ポイント
この直線上に点 $(1, 3)$ があるので，
$$x_1+3y_1=5 \quad \cdots\cdots ②$$
①，②より，
$$(5-3y_1)^2+y_1^2=5$$
∴ $10y_1^2-30y_1+20=0$ ∴ $(y_1-1)(y_1-2)=0$
∴ $y_1=1, 2$
②より，$y_1=1$ のとき $x_1=2$
    $y_1=2$ のとき $x_1=-1$
よって，接線は2本あり，
$$2x+y=5 \quad と \quad -x+2y=5$$

(**解Ⅱ**)（接点の座標をきいていないので……）

(1, 3) を通る $x^2+y^2=5$ の接線は y 軸と平行ではないので，(⇨ **注**)
$$y-3=m(x-1),\ \text{すなわち,}\ mx-y-m+3=0\ \text{とおける.}$$
この直線が $x^2+y^2=5$ に接するので,
$$\frac{|-m+3|}{\sqrt{m^2+1}}=\sqrt{5} \qquad \blacktriangleleft 40$$
∴ $|m-3|=\sqrt{5(m^2+1)}$

両辺を平方して, $5m^2+5=m^2-6m+9$

∴ $4m^2+6m-4=0$ ∴ $(2m-1)(m+2)=0$

∴ $m=\dfrac{1}{2},\ -2$

よって，接線は2本あり，
$$y=\frac{1}{2}x+\frac{5}{2}\ \text{と}\ y=-2x+5$$

注 タテ型（y 軸に平行）直線の可能性があるとき，傾き m を用いて直線を表すことはできません．

(2) 半径を r とおくと
$$r=\frac{|4-15+1|}{\sqrt{4^2+(-3)^2}}=2 \qquad \blacktriangleleft 40$$

よって，求める円の方程式は
$$(x-1)^2+(y-5)^2=4$$

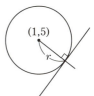

◎ポイント 円の接線の求め方

Ⅰ．円 $(x-a)^2+(y-b)^2=r^2$ 上の点 $(x_1,\ y_1)$ における接線は
$$(x_1-a)(x-a)+(y_1-b)(y-b)=r^2$$

Ⅱ．点と直線の距離の公式を使う

Ⅲ．判別式を使う

演習問題 41

点 $(4,\ -2)$ から円 $x^2+y^2=10$ に引いた接線の方程式を求めよ．

42　2円の交点を通る円

2円 $x^2+y^2-2x+4y=0$ ……①, $x^2+y^2+2x=1$ ……②
がある．次の問いに答えよ．

(1) ①, ②は異なる2点で交わることを示せ．
(2) ①, ②の交点をP, Qとするとき, 2点P, Qと点(1, 0)を通る円の方程式を求めよ．
(3) 直線PQの方程式と弦PQの長さを求めよ．

精講

(1) 2円が異なる2点で交わる条件は
「半径の差＜中心間の距離＜半径の和」です．
（⇨ 数学Ⅰ・A 57）

(2) 38 の考え方を用いると, 2点P, Qを通る円は
$$(x^2+y^2-2x+4y)+k(x^2+y^2+2x-1)=0$$
の形に表せます．

(3) 2点P, Qを通る直線も(2)と同様に
$$(x^2+y^2-2x+4y)+k(x^2+y^2+2x-1)=0$$
と表せますが, 直線を表すためには, x^2, y^2 の項が消えなければならないので, $k=-1$ と決まります．また, 円の弦の長さを求めるときは, 2点間の距離の公式ではなく, 点と直線の距離(⇨ 34)と三平方の定理を使います．

解答

(1) ①より $(x-1)^2+(y+2)^2=5$ ∴ 中心 $(1, -2)$, 半径 $\sqrt{5}$
　　②より $(x+1)^2+y^2=2$ ∴ 中心 $(-1, 0)$, 半径 $\sqrt{2}$
中心間の距離 $=\sqrt{2^2+2^2}=\sqrt{8}<3=2+1<\sqrt{5}+\sqrt{2}$
また, $\sqrt{5}-\sqrt{2}<3-1=2<\sqrt{8}$
　　∴ 半径の差＜中心間の距離＜半径の和
よって, ①, ②は異なる2点で交わる．

(2) 2点P, Qを通る円は
$$(x^2+y^2-2x+4y)+k(x^2+y^2+2x-1)=0 \quad ……③$$
とおける．

これが (1, 0) を通るので

$$-1+2k=0 \quad \therefore \quad k=\frac{1}{2}$$

よって，求める円は

$$x^2+y^2-2x+4y+\frac{1}{2}(x^2+y^2+2x-1)=0$$

$$\therefore \quad \left(x-\frac{1}{3}\right)^2+\left(y+\frac{4}{3}\right)^2=\frac{20}{9}$$

(3) ③において，x^2, y^2 の項が消えるので，

$$k=-1 \quad \therefore \quad 4x-4y-1=0 \quad \cdots\cdots ④$$

次に，円②の中心 $(-1, 0)$ と直線④との距離を d とおくと，

$$d=\frac{|-4-1|}{\sqrt{4^2+4^2}}=\frac{5}{4\sqrt{2}}$$

図より，$\left(\frac{1}{2}\mathrm{PQ}\right)^2=(\sqrt{2})^2-d^2$

$$\therefore \quad \mathrm{PQ}^2=4\left(2-\frac{25}{32}\right)=\frac{39}{8}$$

よって，$\mathrm{PQ}=\dfrac{\sqrt{78}}{4}$

注 (3)において，$k=-1$ ということは，①-② を計算したことになります。

ポイント

2つの円 $x^2+y^2+a_1x+b_1y+c_1=0$ と
$\qquad\qquad x^2+y^2+a_2x+b_2y+c_2=0$
が交点をもつとき
$(x^2+y^2+a_1x+b_1y+c_1)+k(x^2+y^2+a_2x+b_2y+c_2)=0$ は
$k\ne-1$ のとき，2円の交点を通る円
$k=-1$ のとき，2円の交点を通る直線

演習問題 42

2つの円 $x^2+y^2=2$ と $(x-1)^2+(y-1)^2=4$ は交点をもつことを示し，その交点を通る直線の方程式を求めよ．

43 軌跡（Ⅰ）

定点 O(0, 0)，A(3, 0) からの距離の比が 2：1 であるような点 P の軌跡を求めよ．

精講

点 P の軌跡を求めるとき，P(x, y) とおいて，x と y の関係式を求めます．また，**2 つの定点からの距離の比が一定の点の軌跡は円**になり，その円は**アポロニウスの円**と呼ばれます．

解 答

P(x, y) とおくと，$OP^2 = x^2 + y^2$
　$AP^2 = (x-3)^2 + y^2$
$OP^2 : AP^2 = 4 : 1$ だから　　　　　　　◀ 2：1 ではない
　$4AP^2 = OP^2$
よって，$4(x-3)^2 + 4y^2 = x^2 + y^2$　　∴　$3x^2 - 24x + 3y^2 + 36 = 0$
　∴　$x^2 - 8x + y^2 + 12 = 0$　　∴　$(x-4)^2 + y^2 = 2^2$
したがって，求める軌跡は，**円 $(x-4)^2 + y^2 = 4$**

ポイント

2 点 A，B からの距離の比が $m : n$ ($m \neq n$) であるような点の軌跡は，線分 AB を $m : n$ に内分する点と外分する点を直径の両端とする円になる

注　ポイントを利用すれば次のようになります．

OA を 2：1 に内分する点は B(2, 0)
OA を 2：1 に外分する点は C(6, 0)
よって，(4, 0) を中心とする半径 2 の円．

演習問題 43

定点 A(1, 1)，B(5, 5) からの距離の比が 1：3 であるような点 P の軌跡を求めよ．

44 軌跡（Ⅱ）

点 $(0, 5)$ を通り，x 軸に接する円の中心の軌跡を求めよ．

精講　円が x 軸に接するとき，中心の y 座標と半径の間には，ある関係式が成りたっています（⇨ **ポイント**）．
このことを，図をかいて見つけることになります．

解答

円は上側から（⇦ 大切!!）x 軸に接しているので，中心の座標は $P(X, Y)$ $(Y>0)$ とおけて（⇨ **注**），半径は Y．ゆえに，円の方程式は
$$(x-X)^2+(y-Y)^2=Y^2$$
これが，$(0, 5)$ を通るので，
$$(-X)^2+(5-Y)^2=Y^2 \quad \therefore \quad X^2-10Y+25=0$$
よって，求める軌跡は (X, Y) を (x, y) に書きかえて

放物線 $y=\dfrac{1}{10}x^2+\dfrac{5}{2}$

注　43 の考え方によれば $P(x, y)$ とおきたいところですが，もし，このようにおいてしまうと，円の方程式が $(x-x)^2+(y-y)^2=y^2$ となって，ワケがわからなくなります．（⇨ 48 **精講**）

● **ポイント**　円が x 軸に接するとき，
　　　　　　　|中心の y 座標|＝半径

注　上側から接する場合と下側から接する場合で，関係式が変わることに注意しましょう．（⇨ **演習問題 44**）

演習問題 44

点 $(1, -2)$ を通り，x 軸に接する円の中心の軌跡を求めよ．

45 軌跡(Ⅲ)

t が実数値をとって変化するとき，次の関係式をみたす点 P(x, y) の軌跡を求め，図示せよ．

(1) $\begin{cases} x = 2t+1 \\ y = 6t+2 \end{cases}$ (2) $\begin{cases} x = |t|+2 \\ y = t^2 \end{cases}$ (3) $\begin{cases} x = \cos t - 1 \\ y = \sin t + 1 \end{cases}$ ($0° \leq t \leq 90°$)

精講

変数 t で表されている点 P(x, y) の軌跡は次の手順で考えていきます．

Ⅰ．動く点を (x, y) とおく

Ⅱ．x, y の関係式を求める

　　すなわち，x, y 以外の変数（ここでは t）を消去する．

Ⅲ．x や y に範囲がつかないか調べる

注　変数 t のことを媒介変数，または，パラメータといいます．

解答

(1) $\begin{cases} x = 2t+1 & \cdots\cdots① \\ y = 6t+2 & \cdots\cdots② \end{cases}$

①×3−② より

$3x - y = 1$

よって，求める軌跡は

　直線 $y = 3x - 1$

また，グラフは右図．

◀ t を消去

注　t がすべての実数値をとるとき，x はすべての実数値をとるので x には範囲はつきません．だから，精講 のⅢは解答に現れません．

(2) $\begin{cases} x = |t|+2 & \cdots\cdots① \\ y = t^2 & \cdots\cdots② \end{cases}$

①より，$x - 2 = |t|$　……①′

②より　$y = |t|^2$

①′ を代入して

$y = (x-2)^2$

◀ t を消去するための準備

◀ $|t|^2 = t^2$ を利用して t を消去

また，①' において，$|t|≧0$ だから，$x≧2$
よって，求める軌跡は

放物線の一部 $y=(x-2)^2$ $(x≧2)$

また，グラフは右図．

注 放物線は x に範囲がつけば，y の範囲を考える必要はありません．

(3) $\begin{cases} x=\cos t-1 \\ y=\sin t+1 \end{cases}$ より $\begin{cases} x+1=\cos t &\cdots\cdots① \\ y-1=\sin t &\cdots\cdots② \end{cases}$

$①^2+②^2$ より

$(x+1)^2+(y-1)^2=\cos^2 t+\sin^2 t$

$\therefore$ $(x+1)^2+(y-1)^2=1$ $(\because \cos^2 t+\sin^2 t=1)$ ◀かくれた条件

また，$0≦\cos t≦1$, $0≦\sin t≦1$ より，

$-1≦x≦0$, $1≦y≦2$

よって，求める軌跡は

円弧 $(x+1)^2+(y-1)^2=1$
$(-1≦x≦0,\ 1≦y≦2)$

また，グラフは右図．

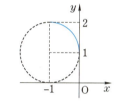

注 円は x の範囲だけでは不十分です．
y の範囲も考えなければなりません．

また，(3)のように，媒介変数 t を消去するときには，かくれた条件 $(\sin^2 t+\cos^2 t=1)$ を使うことがあります．気をつけましょう．

> **ポイント** 軌跡を求めるときは，媒介変数の消去がメインの作業だが，x，y に範囲がつく可能性を忘れてはいけない

演習問題 45

t が実数値をとって変化するとき，次の関係式をみたす点 $P(x,\ y)$ の軌跡を求め，図示せよ．

(1) $\begin{cases} x=-t+2 \\ y=2t+1 \end{cases}$ (2) $\begin{cases} x=1-|t| \\ y=t^2-1 \end{cases}$

(3) $\begin{cases} x=1-\sin t \\ y=1+\cos t \end{cases}$ $(30°≦t≦120°)$

46 軌跡（Ⅳ）

放物線 $y = x^2 - 2x + 1$ と直線 $y = mx$ について，次の問いに答えよ．

(1) 上の放物線と直線が異なる2点 P, Q で交わるための m の範囲を求めよ．

(2) 線分 PQ の中点 M の座標を m で表せ．

(3) m が(1)で求めた範囲を動くとき，点 M の軌跡を求めよ．

(1) 放物線と直線の位置関係は，連立させて y を消去した2次方程式の**判別式**を考えます．

異なる2点とかいてあるので，判別式≧0 ではありません．

(2) (1)の2次方程式の2解が P と Q の x 座標ですが，m を含んだ式になるので2解を α，β とおいて，**解と係数の関係を利用**した方が計算がラクです．

(3) (1)において，m に範囲がついている点に注意します．

（⇨ 45 精講 Ⅲ）

解答

$y = x^2 - 2x + 1$ ……①，$y = mx$ ……②

(1) ①，②より，y を消去して，$x^2 - (m+2)x + 1 = 0$ ……③

③は異なる2つの実数解をもつので，

判別式を D とすると，$D > 0$

よって $D = (m+2)^2 - 4 > 0$ ∴ $m^2 + 4m > 0$

∴ $m(m+4) > 0$

∴ $m < -4, \ 0 < m$

(2) ③の2解を α, β とすれば，

P$(\alpha, m\alpha)$, Q$(\beta, m\beta)$ とおける．

このとき，M(x, y) とすれば，

$x = \dfrac{\alpha + \beta}{2}, \ y = \dfrac{m(\alpha + \beta)}{2} = mx$ ……④

ここで，解と係数の関係より

$\alpha + \beta = m + 2$ だから

$$\frac{\alpha+\beta}{2}=\frac{m+2}{2} \quad \therefore \quad x=\frac{m+2}{2} \quad \cdots\cdots ⑤$$

$$\therefore \quad M\left(\frac{m+2}{2}, \frac{m^2+2m}{2}\right)$$

(3) ⑤より $m=2x-2$

④に代入して，$y=x(2x-2)$

ここで，(1)より，$m<-4$，$0<m$ だから，

$2x-2<-4$，$0<2x-2$

すなわち，$x<-1$，$1<x$

以上のことより，求める軌跡は**放物線の一部**で，

$$y=2x^2-2x \quad (x<-1, \ 1<x)$$

いつでも x に範囲がつくわけではありません．
たとえば，与えられた放物線が $y=x^2-2x-1$ であったら，
判別式$=(m+2)^2+4>0$ となり，m に範囲はつきません．
すなわち，軌跡の x にも範囲がつかないということです．

ポイント 軌跡が放物線のとき，範囲は x につければよい
y につける必要はない

演習問題 46

放物線 $y=x^2-2tx+\dfrac{1}{2}t^2+4t-4 \ \cdots\cdots ①$ がある．

(1) ①が放物線 $y=-x^2+3x-2$ と共有点をもつような t の範囲を求めよ．

(2) t が(1)で求めた範囲を動くとき，①の頂点のえがく軌跡を求めよ．

47 軌跡（V）

m を実数とする．xy 平面上の 2 直線
$$mx-y=0 \quad \cdots\cdots ①, \qquad x+my-2m-2=0 \quad \cdots\cdots ②$$
について，次の問いに答えよ．

(1) ①，② は m の値にかかわらず，それぞれ定点 A，B を通る．A，B の座標を求めよ．

(2) ①，② は直交することを示せ．

(3) ①，② の交点の軌跡を求めよ．

精講

(1) 37 で勉強しました．「m の値にかかわらず」とあるので，「m について整理」して，恒等式です．

(2) 36 で勉強しました．② が「$y=$」の形にできません．

(3) ①，② の交点の座標を求めておいて，45 の要領でやっていこうとするとかなり大変です．したがって，(1)，(2) をうまく利用することになりますが，45 の 精講 III を忘れてはいけません．

解答

(1) m の値にかかわらず $mx-y=0$ が成りたつとき，$x=y=0$
∴ **A(0, 0)**

② より $(y-2)m+(x-2)=0$ だから　　◀ m について整理
∴ **B(2, 2)**

(2) $m\cdot 1+(-1)\cdot m=0$ だから，　　◀ 36
①，② は直交する．

(3) (1)，(2) より，①，② の交点を P とすると ①⊥② より，∠APB = 90°

よって，円周角と中心角の関係より P は 2 点 A，B を直径の両端とする円周上にある．この円の中心は AB の中点で (1, 1)

また，AB = $2\sqrt{2}$ より，半径は $\sqrt{2}$

よって，$(x-1)^2+(y-1)^2=2$

ここで，① は y 軸と一致することはなく，② は直線 $y=2$ と一致する

ことはないので，点 $(0, 2)$ は含まれない．

よって，求める軌跡は

円 $(x-1)^2+(y-1)^2=2$ から，点 $(0, 2)$ を除いたもの．

注　一般に，$y=mx+n$ 型直線は，y 軸と平行な直線は表せません．それは，y の頭に文字がないので，y が必ず残って，$x=k$ の形にできないからです．逆に，x の頭には文字 m がついているので，$m=0$ を代入すれば，$y=n$ という形にでき，x 軸に平行な直線を表すことができます．

45 の要領で①，②の交点を求めてみると，
$$x=\frac{2(1+m)}{1+m^2},\ y=\frac{2m(1+m)}{1+m^2}$$

となり，まともに m を消去しようとすると容易ではなく，除外点を見つけることもタイヘンです．しかし，誘導がなければ次のような解答ができます．

$x \neq 0$ のとき，①より $m=\dfrac{y}{x}$

②に代入して，$x+\dfrac{y^2}{x}-\dfrac{2y}{x}-2=0$

∴　$x^2+y^2-2y-2x=0$　　∴　$(x-1)^2+(y-1)^2=2$

次に，$x=0$ のとき，①より，$y=0$

これを②に代入すると，$m=-1$ となり実数 m が存在するので，点 $(0, 0)$ は適する．

以上のことより，①，②の交点の軌跡は円 $(x-1)^2+(y-1)^2=2$ から点 $(0, 2)$ を除いたもの．

ポイント　定点を通る 2 直線が直交しているとき，その交点は，ある円周上にある．その際，除外点に注意する

演習問題 47

t を実数とする．xy 平面上の 2 直線 $l : tx-y=t$，$m : x+ty=2t+1$ について，次の問いに答えよ．

(1)　t の値にかかわらず，l, m はそれぞれ，定点 A, B を通る．A, B の座標を求めよ．

(2)　l, m の交点 P の軌跡を求めよ．

48 一般の曲線の移動

(1) (i) 点 (x, y) を x 軸方向に p，y 軸方向に q だけ平行移動した点を (X, Y) とするとき，x, y を X, Y で表せ．

(ii) 曲線 $y = f(x)$ を x 軸方向に p，y 軸方向に q だけ平行移動した曲線の方程式は $y - q = f(x - p)$ で表せることを示せ．

(2) (i) 点 (x, y) を直線 $x = a$ に関して対称移動した点を (X, Y) とするとき，x, y を X, Y で表せ．

(ii) 曲線 $y = f(x)$ を直線 $x = a$ に関して対称移動した曲線の方程式は $y = f(2a - x)$ と表せることを示せ．

精講

(1) (ii) 軌跡の考え方によれば，X と Y の関係式を求めることが目標ですから，x と y を消去すればよいことになりますが，最後に，X を x に，Y を y に書きかえることを忘れないようにしましょう．それなら，はじめから移動後の点を (x, y) とおけばよいと思うかもしれませんが，それでは移動前の点 (x, y) と区別がつかなくなります．このような理由でおかれた (X, Y) を**流通座標**といいます．

解答

(1) (i) $\begin{cases} X = x + p \\ Y = y + q \end{cases}$ だから

$x = X - p, \ y = Y - q$

(ii) (x, y) は $y = f(x)$ をみたすので，
$Y - q = f(X - p)$
(X, Y) を (x, y) に書きかえて
$y - q = f(x - p)$

(2) (i) 右図より
$\dfrac{x + X}{2} = a, \ Y = y$

∴ $x = 2a - X, \ y = Y$

(ii) (x, y) は $y = f(x)$ をみたすので，

$Y = f(2a - X)$

(X, Y) を (x, y) に書きかえて

$y = f(2a - x)$

 (2)の(i)において，点 (X, Y) を直線 $y = b$ に関して対称移動すると，点 $(X, 2b - Y)$ に移ります．

すなわち，点 $(2a - x, 2b - y)$ に移り，この点と最初の点 (x, y) を結ぶ線分の中点は (a, b) になります．

これは，「ある点を直線 $x = a$ に関して対称移動し，そのあと直線 $y = b$ に関して対称移動することは，もとの点の点 (a, b) に関する対称点を求めることと同じ」ということです．図からわかるように「点対称とは，対称の中心のまわりに 180° 回転することと同じ」です．

> **ポイント**
> ・曲線 $y = f(x)$ を x 軸方向に p，y 軸方向に q だけ平行移動した曲線の方程式は
> $$y - q = f(x - p)$$
> ・曲線 $y = f(x)$ を直線 $x = a$ に関して対称移動した曲線の方程式は
> $$y = f(2a - x)$$

注 平行移動の公式は「x に $x - p$ を，y に $y - q$ を代入する」ことだから，曲線が $f(x, y) = 0$ の形のときは，$f(x - p, y - q) = 0$ が平行移動した曲線になります．(⇨ **演習問題 48**)

演習問題 48

$|x - 1| + |y - 2| = 1$ で表される図形を図示せよ．

49 不等式の表す領域（Ⅰ）

次の不等式の表す領域を図示せよ．

(1) $\begin{cases} x+y<3 \\ 2x-y<6 \end{cases}$

(2) $1 \leq x^2+y^2 \leq 4$

(3) $(3x+4y-12)(x-2y+4)>0$

不等式の表す領域は以下の手順で考えます．

Ⅰ．境界の曲線（直線）をえがく

Ⅱ．境界線に対して，どちら側かを判断する

Ⅲ．境界を含むかどうかを判断する

解答

(1) $x+y<3 \iff y<-x+3$

よって，$y=-x+3$ より下側を表す．

$2x-y<6 \iff y>2x-6$

よって，$y=2x-6$ より上側を表す．

ゆえに，求める領域は右図の色の部分．

ただし，境界は含まない．

(2) $1 \leq x^2+y^2 \leq 4 \iff \begin{cases} x^2+y^2 \geq 1^2 \quad \cdots\cdots ① \\ x^2+y^2 \leq 2^2 \quad \cdots\cdots ② \end{cases}$

①は，円 $x^2+y^2=1^2$ の周，および外側を表す．

②は，円 $x^2+y^2=2^2$ の周，および内側を表す．

よって，求める領域は右図の色の部分．

ただし，境界も含む．

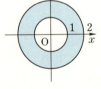

(3) $(3x+4y-12)(x-2y+4)>0$

$\iff$ (ⅰ) $\begin{cases} 3x+4y-12>0 \\ x-2y+4>0 \end{cases}$ または (ⅱ) $\begin{cases} 3x+4y-12<0 \\ x-2y+4<0 \end{cases}$

(ⅰ)のとき

$\begin{cases} y>-\dfrac{3}{4}x+3 \\ y<\dfrac{1}{2}x+2 \end{cases}$ から，$y=-\dfrac{3}{4}x+3$ より上側にあり，

かつ，$y=\frac{1}{2}x+2$ より下側にある部分．

(ⅱ)のとき

$\begin{cases} y < -\frac{3}{4}x+3 \\ y > \frac{1}{2}x+2 \end{cases}$ から，$y=-\frac{3}{4}x+3$ より

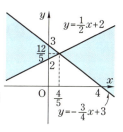

下側にあり，かつ，$y=\frac{1}{2}x+2$ より上側にある部分．

(ⅰ)，(ⅱ)をあわせた部分が求める領域だから，上図の色の部分．
ただし，境界は含まない．

注 32 で直線の方程式を学習しましたが，ここで，もう1つ，「**切片公式**」と呼ばれるものを勉強しておきましょう．

> $\frac{x}{a}+\frac{y}{b}=1$ の表す直線は，**2点 $(a, 0)$，$(0, b)$ を通る直線**

この公式を利用すると，(3)の $3x+4y-12=0$ は $\frac{x}{4}+\frac{y}{3}=1$ と変形できることより，$(4, 0)$，$(0, 3)$ を通る直線であることがすぐにわかります．

ポイント

Ⅰ．$y>f(x)$ は，曲線 $y=f(x)$ の上側を表し，
　　$y<f(x)$ は，下側を表す　（境界は含まない）

Ⅱ．$x^2+y^2<r^2$ は円 $x^2+y^2=r^2$ の内側を表し，
　　$x^2+y^2>r^2$ は円 $x^2+y^2=r^2$ の外側を表す
　　　　　　　　　　　　　　　　　　（境界は含まない）

演習問題 49

次の不等式の表す領域を図示せよ．

(1) $\begin{cases} x-y<2 \\ x-2y>1 \end{cases}$　　　　(2) $\begin{cases} x^2+y^2-2x+4y \leqq 4 \\ y \geqq x \end{cases}$

基礎問

50 不等式の表す領域（Ⅱ）

次の不等式の表す領域を図示せよ．
(1) $y > |x^2 - 4|$ 　　　(2) $|x| + |y| \leq 1$

精講

本質的には 49 と同じですが，境界の曲線をかくときに，絶対値記号の処理を正しく行えなければ，第1段階でつまずくことになります．そこで，絶対値記号のついた関数の処理方法を学びましょう．

数学Ⅰで，$|a| = \begin{cases} a & (a \geq 0) \\ -a & (a < 0) \end{cases}$ という公式を勉強しましたが，これを利用するのが基本です．すなわち，

$$|f(x)| = \begin{cases} f(x) & (f(x) \geq 0) \\ -f(x) & (f(x) < 0) \end{cases}$$

しかし，これを使わなくてもうまくできる場合があります．(1),(2)がともにそれにあたります．(解Ⅰ)で公式を使った解答を，(解Ⅱ)でそれを使わなかった解答を紹介します．

解答

(1) (解Ⅰ)

$|x^2 - 4| = \begin{cases} x^2 - 4 & (x^2 - 4 \geq 0) \\ -(x^2 - 4) & (x^2 - 4 < 0) \end{cases}$

$= \begin{cases} x^2 - 4 & (x \leq -2,\ 2 \leq x) \\ -x^2 + 4 & (-2 < x < 2) \end{cases}$

◀数学Ⅰ・A 48

よって，$y > |x^2 - 4|$ の表す領域は $y = |x^2 - 4|$ の上側の部分，すなわち，右図の色の部分で境界は含まない．

(解Ⅱ)

$y = |x^2 - 4|$ のグラフは，$y = x^2 - 4$ のグラフのうち x 軸より下側にある部分を折り返したもので，

$y > |x^2 - 4|$ の表す領域は，$y = |x^2 - 4|$ の上側の部分を表す．

よって，求める領域は図の色の部分で境界は含まない．

(2) （解Ⅰ）

(i) $x \geq 0, \ y \geq 0$ のとき

$|x|+|y| \leq 1 \Longleftrightarrow x+y \leq 1 \Longleftrightarrow y \leq -x+1$

(ii) $x < 0, \ y \geq 0$ のとき

$|x|+|y| \leq 1 \Longleftrightarrow -x+y \leq 1 \Longleftrightarrow y \leq x+1$

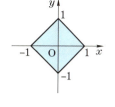

(iii) $x \geq 0, \ y < 0$ のとき

$|x|+|y| \leq 1 \Longleftrightarrow x-y \leq 1 \Longleftrightarrow y \geq x-1$

(iv) $x < 0, \ y < 0$ のとき

$|x|+|y| \leq 1 \Longleftrightarrow -x-y \leq 1 \Longleftrightarrow y \geq -x-1$

以上のことより，求める領域は図の色の部分で境界も含む．

（解Ⅱ）

$x \geq 0, \ y \geq 0$ のとき $|-x|=x, \ |-y|=y$ だから，
$|x|+|y| \leq 1$ は，$x+y \leq 1 \ (x \geq 0, \ y \geq 0)$ の部分と，それを x 軸，y 軸，原点で対称移動した部分をあわせたもの．

◀数学Ⅰ・A 33

よって，求める領域は図の色の部分で境界も含む．

注　x 軸，y 軸，原点に関する対称移動は右図を参照．

> **ポイント**
> $y=|f(x)|$ のグラフは，$y=f(x)$ のグラフの
> 　Ⅰ．x 軸より上側はそのままで
> 　Ⅱ．x 軸より下側を x 軸で折り返した
> 2つのグラフをあわせたもの

演習問題 50

次の不等式の表す領域を図示せよ．

(1) $y \leq |x^2-2x|$ 　　(2) $y \geq |x^2-2|+1$

(3) $|x-1|+|y-2| \leq 1$

51 領域内の点に対する最大・最小

実数 x, y が, $3x+y \geq 6$, $2x-y \leq 4$, $x+2y \leq 7$ を同時にみたすとき，次の問いに答えよ．
(1) $3x-y$ のとりうる値の最大値，最小値を求めよ．
(2) x^2+y^2 のとりうる値の最大値，最小値を求めよ．

精講

領域 D 内を点 (x, y) が動くとき，$x+y$ のとりうる値はどのように考えればよいのでしょうか．

たとえば，$(x, y)=(1, 1)$ としたときの $x+y$ は2ですが，この「2」はどこに現れているかというと，$x+y=2$ だから，**直線の y 切片**として現れています．（右図参照）

だから，$x+y=k$ とおいて，この直線が D と共有点をもちながら動くときの y 切片 k のとりうる値の範囲を考えればよいのです．
（右図で，$x+y=k$ は D と共有点をもっています）

たとえば，右図では点 $(1, 1)$ だけではなく，$x+y=k$ 上の太線部分の点をすべて代入したことになっているのです．

連立不等式 $\begin{cases} 3x+y \geq 6 \\ 2x-y \leq 4 \\ x+2y \leq 7 \end{cases}$ の表す領域は

〈図Ⅰ〉の色の部分（境界も含む）．

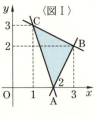

注 境界になる3つの直線の交点を先に求めておくと，領域がかきやすくなります．

(1) $3x-y=k$ とおくと，　　　　◀ポイント
$y=3x-k$ となり，これは，傾き3, y 切片 $-k$ の直線を表す．
よって，この直線が，〈図Ⅰ〉の色の部分と共有点をもつように動くときの, y 切片のとりうる値の範囲を考えればよい．

〈図Ⅱ〉より，$y=3x-k$ が B(3, 2) を通るとき，$-k$ は最小で，C(1, 3) を通るとき，$-k$ は最大

すなわち，B(3, 2) を通るとき，k は **最大値 7** をとり

C(1, 3) を通るとき，k は **最小値 0** をとる．

(2) $x^2+y^2=r^2$ $(r>0)$ とおくと，これは原点中心，半径 r の円を表し，この図形が〈図Ⅰ〉の色の部分と共有点をもちながら動くときの，r^2 のとりうる値の範囲を考えればよい．

〈図Ⅲ〉

(ⅰ) 最大値

円がBを通るとき，r^2 は最大で，**最大値は**

$3^2+2^2=\mathbf{13}$

(ⅱ) 最小値

円が直線 CA，すなわち，$3x+y-6=0$ と接するときを考える．

このとき，接点は，直線 CA と $y=\dfrac{1}{3}x$ の交点で $\left(\dfrac{9}{5}, \dfrac{3}{5}\right)$

この点は線分 CA 上にあるので，この点が r^2 の最小値を与え，

最小値は $\left(\dfrac{9}{5}\right)^2+\left(\dfrac{3}{5}\right)^2=\dfrac{\mathbf{18}}{\mathbf{5}}$

注 x^2+y^2 は，$(0, 0)$ と (x, y) との距離の平方と考えることもできます．

ポイント 不等式が表す領域内の点 (x, y) に対して，x, y の関数 $f(x, y)$ の最大値，最小値は

Ⅰ．$f(x, y)=k$ とおき

Ⅱ．k が図形的に何を意味するかを考えて

Ⅲ．$f(x, y)=k$ が領域と共有点をもつように動かし，k の最大，最小を考える

演習問題 51

x, y が4つの不等式

$x \geqq 0, \ y \geqq 0, \ 2x+3y \leqq 12, \ 2x+y \leqq 8$

をみたすとき，次の問いに答えよ．

(1) $x+3y$ の最大値，最小値を求めよ．

(2) x^2-y の最大値，最小値を求めよ．

第4章 三角関数

52 一般角

(1) 次の方程式を解け．
　(ア) $\sin\theta = \dfrac{1}{2}$　(イ) $\cos\theta = -\dfrac{\sqrt{3}}{2}$　(ウ) $\tan\theta = \sqrt{3}$

(2) 45°の動径の表す角の中で，500°から1500°の間にあるものを求めよ．

(1)で「数学Ⅰでやった問題だ‼」と思った人はアサハカです．よく見てください．θの範囲がありません．数学Ⅰでは $0° \leqq \theta \leqq 180°$ の範囲で考えていましたが，これからは，θは**180°より大きい角**も，**負の角も考える**ことになります．

たとえば，右図を見てみましょう．動径 OP は 30° の位置にあります．動径が x 軸上の正の部分からグルッと1回転すると 360° といえることはわかると思いますが，もし回転しすぎて 30° だけすぎてしまった状態が右図とすればどうなるでしょう？

このとき「30° だけ 360° より大きい」と考えれば，390° といえます．もし，2回転して図の位置にあれば，360°×2+30°=750° といえそうです．だから，いくらでも大きい角を考えることができます．

それでは，負の角はどう考えればよいのでしょうか．これは，**反時計まわりが正の方向**だから，**時計まわりに動径が動けば負の角**と考えればよいことになります．すると，図の動径は −330° を表している，ともいえます．

実際の問題では，1回転の範囲で角 α を求めておいて，n 回転分加えて

$$\theta = \alpha + 360° \times n \quad (n：整数)$$

と書けばよいのです．これを動径 OP の表す**一般角**といいます．

解　答

(1) (ア) $0° \leqq \theta < 360°$ において，

$\sin\theta = \dfrac{1}{2}$ を解くと，$\theta = 30°,\ 150°$

よって，$\theta = 30° + 360° \times n,\ 150° + 360° \times n$

　　　　　　　　　　　　　　(n：整数)

(イ) $0° \leqq \theta < 360°$ において，

$\cos\theta = -\dfrac{\sqrt{3}}{2}$ を解くと，$\theta = 150°,\ 210°$

よって，$\theta = 150° + 360° \times n,\ 210° + 360° \times n$

　　　　　　　　　　　　　　(n：整数)

(ウ) $0° \leqq \theta < 360°$ において，

$\tan\theta = \sqrt{3}$ を解くと，$\theta = 60°,\ 240°$

よって，$\theta = 60° + 360° \times n,\ 240° + 360° \times n$

　　　　　　　　　　　　　　(n：整数)

注　(ウ)は，$\theta = 60° + 180° \times n$ とすることもできます．

(2) $45°$ の動径の表す角は，n を整数として

$45° + 360° \times n$ と表せる．

$\quad \therefore\ 500° < 45° + 360° \times n < 1500°\quad \therefore\ 455° < 360° \times n < 1455°$

これをみたす整数 n は，2, 3, 4 だから，求める角は，**765°, 1125°, 1485°**

ポイント

角 $\alpha\ (0° \leqq \alpha < 360°)$ の動径の表す一般角は
$\alpha + 360° \times n\ (n:整数)$ と表せる

演習問題 52

(1) 次の方程式を解け．

(ア) $\sin\theta = \dfrac{\sqrt{3}}{2}$　　(イ) $\cos\theta = -\dfrac{1}{2}$　　(ウ) $\tan\theta = \dfrac{1}{\sqrt{3}}$

(2) $60°$ の動径の表す角の中で，$500°$ から $5000°$ の間にあるものはいくつあるか．

53 弧度法

(1) 次のそれぞれの角を弧度法で表せ．
 (ア) $30°$ (イ) $45°$ (ウ) $120°$
 (エ) $-60°$ (オ) $-135°$

(2) 半径 2，中心角が $\dfrac{2}{3}\pi$ の扇形について，弧の長さ l と面積 S を求めよ．

精講

角度を測るとき，今までは「度」という単位を使ってきました．この測り方を「**度数法**」といいますが，ここでは，新しい単位「**ラジアン**」を勉強します．

右図のように，半径 1 の扇形で，その弧の長さが 1 であるものを考えたとき，その中心角を **1 ラジアン** と呼ぶことにします．これが定義ですが，実際に必要なことは「度」と「ラジアン」の間を自由に行ったり来たりできる換算式を知っていることです．その換算式とは，「**180° ＝ π ラジアン**」で，あとは比例計算で換算します．

このような角度の測り方を「**弧度法**」と呼んでいます．

また，これにより，扇形の弧の長さと面積を求める公式が新たに登場してきます．右図において

$$l = r\theta, \quad S = \dfrac{1}{2}rl = \dfrac{1}{2}r^2\theta$$

が成りたちます．

（証明）

中心角が $\alpha°$ のとき，$180° : \pi = \alpha° : \theta$ だから，$\theta = \dfrac{\alpha°}{180°}\pi$ ∴ $\dfrac{\alpha°}{360°} = \dfrac{\theta}{2\pi}$

$l = 2\pi r \times \dfrac{\alpha°}{360°} = 2\pi r \times \dfrac{\theta}{2\pi} = r\theta$，　また，$S = \pi r^2 \times \dfrac{\alpha°}{360°} = \pi r^2 \cdot \dfrac{\theta}{2\pi} = \dfrac{1}{2}r^2\theta$

注 弧度法では，単位「ラジアン」を省略するのが普通です．たとえば，sin 1 とあったら，「1 ラジアン」のことで「1 度」ではありません．「1 度」ならば，sin 1° と書きます．（⇨ **演習問題 53**）

解　答

(1) $180° = \pi$ ラジアン だから，

(ア) $30° = \dfrac{180°}{6}$ より　$\dfrac{\pi}{6}$

(イ) $45° = \dfrac{180°}{4}$ より　$\dfrac{\pi}{4}$

(ウ) $120° = 180° \times \dfrac{2}{3}$ より　$\dfrac{2\pi}{3}$

(エ) $-60° = -180° \times \dfrac{1}{3}$ より　$-\dfrac{\pi}{3}$

(オ) $-135° = -180° \times \dfrac{3}{4}$ より　$-\dfrac{3\pi}{4}$

(2) $l = 2 \times \dfrac{2\pi}{3} = \dfrac{4\pi}{3}$　　　◀ $l = r\theta$

$S = \dfrac{1}{2} \cdot 2 \cdot l = \dfrac{4\pi}{3}$　　　◀ $S = \dfrac{1}{2}rl$

注　$\dfrac{2}{3}\pi = 120°$ ですから，右図のような扇形です．

ポイント

$180° = \pi$ ラジアン

演習問題 53

次の問いに答えよ．

(1) 半径 4，面積 π の扇形について，

(ア) 弧の長さ l を求めよ．

(イ) 中心角 θ を弧度法で表せ．

(2) 3つの値 $\sin 1$，$\sin 2$，$\sin 3$ の大小を比較せよ．

54 三角関数の加法定理

$\sin\alpha = \dfrac{2}{3}$, $\sin\beta = \dfrac{2}{7}$ $\left(0 < \alpha < \dfrac{\pi}{2},\ \dfrac{\pi}{2} < \beta < \pi\right)$ のとき,

(1) $\cos\alpha$, $\cos\beta$ の値を求めよ.
(2) $\sin(\alpha+\beta)$, $\cos(\alpha+\beta)$ の値を求めよ.

2つの角 α と β の和 $\alpha+\beta$ や差 $\alpha-\beta$ の三角関数は, α, β の三角関数で表すことができます. この関係を**加法定理**といいます.

解 答

(1) $\cos^2\alpha = 1 - \sin^2\alpha = \dfrac{5}{9}$, $\cos^2\beta = 1 - \sin^2\beta = \dfrac{45}{49}$

$0 < \alpha < \dfrac{\pi}{2}$, $\dfrac{\pi}{2} < \beta < \pi$ より, $\cos\alpha > 0$, $\cos\beta < 0$

よって, $\cos\alpha = \dfrac{\sqrt{5}}{3}$, $\cos\beta = -\dfrac{3\sqrt{5}}{7}$

(2) $\sin(\alpha+\beta) = \sin\alpha\cos\beta + \cos\alpha\sin\beta$ ◀これが加法定理

$\quad = \dfrac{2}{3}\cdot\left(-\dfrac{3\sqrt{5}}{7}\right) + \dfrac{\sqrt{5}}{3}\cdot\dfrac{2}{7} = -\dfrac{4\sqrt{5}}{21}$

$\cos(\alpha+\beta) = \cos\alpha\cos\beta - \sin\alpha\sin\beta$ ◀これも加法定理

$\quad = \dfrac{\sqrt{5}}{3}\cdot\left(-\dfrac{3\sqrt{5}}{7}\right) - \dfrac{2}{3}\cdot\dfrac{2}{7} = -\dfrac{19}{21}$

ポイント

・$\sin(\alpha\pm\beta) = \sin\alpha\cos\beta \pm \cos\alpha\sin\beta$
・$\cos(\alpha\pm\beta) = \cos\alpha\cos\beta \mp \sin\alpha\sin\beta$

(複号同順)

注 なお, tangent の加法定理は, 58 で学びます.

演習問題 54

$\sin\alpha = \dfrac{4}{5}$, $\sin\beta = \dfrac{3}{5}$ $\left(0 < \alpha < \dfrac{\pi}{2},\ \dfrac{\pi}{2} < \beta < \pi\right)$ のとき,
$\sin(\alpha-\beta)$, $\cos(\alpha-\beta)$ の値を求めよ.

55　2倍角・半角の公式

$\tan\theta = 3 \left(0 < \theta < \dfrac{\pi}{2}\right)$ のとき,

(1) $\sin\theta$, $\cos\theta$ の値を求めよ.　(2) $\sin 2\theta$, $\cos 2\theta$ の値を求めよ.

　(2) 54 の加法定理の式に, $\alpha = \beta = \theta$ を代入すると, $\sin 2\theta$, $\cos 2\theta$ に関する公式が導けます. これが, **2倍角の公式**です.

解　答

(1) $\tan\theta = 3$ のとき, $0 < \theta < \dfrac{\pi}{2}$ だから,

右図より, $\sin\theta = \dfrac{3}{\sqrt{10}}$, $\cos\theta = \dfrac{1}{\sqrt{10}}$

注　$1 + \tan^2\theta = \dfrac{1}{\cos^2\theta}$ や $\sin\theta = \cos\theta \tan\theta$ を用いても計算できます.

(2) $\sin 2\theta = 2\sin\theta\cos\theta$
$= 2 \cdot \dfrac{3}{\sqrt{10}} \cdot \dfrac{1}{\sqrt{10}} = \dfrac{3}{5}$

◀ $\sin(\theta + \theta) = \sin\theta\cos\theta + \cos\theta\sin\theta$ より導ける

$\cos 2\theta = \cos^2\theta - \sin^2\theta$
$= \dfrac{1}{10} - \dfrac{9}{10} = -\dfrac{4}{5}$

◀ $\cos(\theta + \theta) = \cos\theta\cos\theta - \sin\theta\sin\theta$ より導ける

ポイント

〈2倍角の公式〉
- $\sin 2\theta = 2\sin\theta\cos\theta$
- $\cos 2\theta = \begin{cases} \cos^2\theta - \sin^2\theta \\ 2\cos^2\theta - 1 \\ 1 - 2\sin^2\theta \end{cases}$

〈半角の公式〉
- $\cos^2\dfrac{\theta}{2} = \dfrac{1 + \cos\theta}{2}$
- $\sin^2\dfrac{\theta}{2} = \dfrac{1 - \cos\theta}{2}$

注　なお, tangent の2倍角の公式, 半角の公式は 58 で学びます.

$\sin\theta = \dfrac{1}{3} \left(\dfrac{\pi}{2} < \theta < \pi\right)$ のとき, $\sin 2\theta$, $\cos 2\theta$ の値を求めよ.

56 3倍角の公式

> $\sin\theta = \dfrac{1}{3}$ $\left(0<\theta<\dfrac{\pi}{2}\right)$ のとき，$\sin 3\theta$，$\cos 3\theta$ の値を求めよ．

精講

$\sin 3\theta = \sin(\theta + 2\theta)$ と考えて，加法定理（⇨54）と2倍角の公式（⇨55）を用いて計算すると，$\sin 3\theta = 3\sin\theta - 4\sin^3\theta$ が導けます．これを「3倍角の公式」といいます．

同様に考えると，$\cos 3\theta = 4\cos^3\theta - 3\cos\theta$ も導けます．

解答

$\sin 3\theta = 3\sin\theta - 4\sin^3\theta$
$\quad = 3\cdot\dfrac{1}{3} - 4\left(\dfrac{1}{3}\right)^3 = \dfrac{23}{27}$

◀ $\sin(\theta+2\theta) = \sin\theta\cos 2\theta + \cos\theta\sin 2\theta$
より導ける

また，$\cos^2\theta = 1 - \sin^2\theta = \dfrac{8}{9}$

$0 < \theta < \dfrac{\pi}{2}$ より，$\cos\theta = \dfrac{2\sqrt{2}}{3}$

よって，$\cos 3\theta = 4\cos^3\theta - 3\cos\theta$
$\quad = 4\cdot\dfrac{8}{9}\cdot\dfrac{2\sqrt{2}}{3} - 3\cdot\dfrac{2\sqrt{2}}{3} = \dfrac{10\sqrt{2}}{27}$

◀ $\cos(\theta+2\theta) = \cdots\cdots$
より導ける

ポイント

〈3倍角の公式〉
・$\sin 3\theta = 3\sin\theta - 4\sin^3\theta$
・$\cos 3\theta = 4\cos^3\theta - 3\cos\theta$

注 三角関数の分野は，公式の数が多いことが特徴です．こういうときは，公式をどんどん使うことによって，**頭にしみ込ませていくのがよい覚え方**です．そして，「もしも」に備えて，いつでも導けるようにしておくと万全です．

演習問題 56

$\tan\theta = -2$ $\left(\dfrac{\pi}{2}<\theta<\pi\right)$ のとき，$\sin 3\theta$，$\cos 3\theta$ の値を求めよ．

57 和積・積和の公式

加法定理 $\sin(\alpha+\beta)=\sin\alpha\cos\beta+\cos\alpha\sin\beta$ ……①
$\sin(\alpha-\beta)=\sin\alpha\cos\beta-\cos\alpha\sin\beta$ ……②

を用いて,

$\sin A+\sin B=2\sin\dfrac{A+B}{2}\cos\dfrac{A-B}{2}$ を示せ.

精講 ここで学ぶ公式は，**ポイント**を見たらわかるようにとてもよく似ているので，作り方を頭に入れておいて，その場で作るようにした方がよいでしょう．

解答

①＋② より, $\sin(\alpha+\beta)+\sin(\alpha-\beta)=2\sin\alpha\cos\beta$

$\alpha+\beta=A,\ \alpha-\beta=B$ とおくと, $\alpha=\dfrac{A+B}{2},\ \beta=\dfrac{A-B}{2}$

よって, $\sin A+\sin B=2\sin\dfrac{A+B}{2}\cos\dfrac{A-B}{2}$ が成りたつ．

ポイント 〈和積の公式〉

・$\sin A+\sin B=2\sin\dfrac{A+B}{2}\cos\dfrac{A-B}{2}$

・$\sin A-\sin B=2\cos\dfrac{A+B}{2}\sin\dfrac{A-B}{2}$

・$\cos A+\cos B=2\cos\dfrac{A+B}{2}\cos\dfrac{A-B}{2}$

・$\cos A-\cos B=-2\sin\dfrac{A+B}{2}\sin\dfrac{A-B}{2}$

注 $\sin\alpha\cos\beta=\dfrac{1}{2}\{\sin(\alpha+\beta)+\sin(\alpha-\beta)\}$ を「**積和の公式**」といいます．

演習問題 57

$0\leqq\theta\leqq\dfrac{\pi}{2}$ のとき, $\sin3\theta+\sin2\theta=0$ をみたす θ を求めよ．

58 直線の傾きと tangent

(1) x 軸の正方向と $75°$ をなす直線の傾きを求めよ．
(2) 2直線 $y=0$（x軸）と $y=2x$ のなす角を2等分する直線のうち，第1象限を通るものを求めよ．

精講

(1) 直線の傾き m と，直線が x 軸の正方向となす角 θ の間には $m=\tan\theta$ の関係があります．とても大切な関係式ですが，本問はこれだけでは答えがでてきません．それは $\tan 75°$ の値を知らないからです．しかし，$\sin 75°$ や $\cos 75°$ ならば，$75°=45°+30°$ と考えれば 54 の加法定理が使えます．だから，ここでは **tangent の加法定理**（⇒ポイント）を利用します．

(2) 求める直線を $y=mx$，$m=\tan\theta$ とおいて，図をかくと，$\tan 2\theta=2$ をみたす m（または $\tan\theta$）を求めればよいことがわかります．このとき，**2倍角の公式**（⇒ポイント）が必要です．

解答

(1) $\tan 75° = \dfrac{\tan 45° + \tan 30°}{1 - \tan 45° \tan 30°}$

$= \dfrac{1 + \tan 30°}{1 - \tan 30°}$

$= \dfrac{1 + \dfrac{1}{\sqrt{3}}}{1 - \dfrac{1}{\sqrt{3}}} = \dfrac{\sqrt{3}+1}{\sqrt{3}-1}$

$= 2 + \sqrt{3}$

◀ $\tan(\alpha+\beta)$
$= \dfrac{\tan\alpha + \tan\beta}{1 - \tan\alpha \tan\beta}$
に $\alpha=45°$，$\beta=30°$ を代入

注 $75°=120°-45°$ と考えることもできます．

(2) 求める直線を $y=mx$，この直線が x 軸の正方向となす角を θ とすると
$\left(0<\theta<\dfrac{\pi}{2},\ m>0\right)$

$\tan 2\theta = 2$ ∴ $\dfrac{2\tan\theta}{1-\tan^2\theta} = 2$

ゆえに，$m=1-m^2$

$\therefore \quad m^2+m-1=0$

$m>0$ だから

$$m=\frac{-1+\sqrt{5}}{2}$$

よって，$y=\dfrac{\sqrt{5}-1}{2}x$

（別解） A$(1,\ 0)$，B$(1,\ m)$，C$(1,\ 2)$ とおくと，

$y=mx$ は $\angle$AOC を 2 等分するので

OA : OC＝AB : BC が成りたつ． ◀数学Ⅰ・A 52

$\therefore \quad 1:\sqrt{5}=m:(2-m) \quad \therefore \quad (\sqrt{5}+1)m=2$ 「角の 2 等分線の

よって，$m=\dfrac{2}{\sqrt{5}+1}=\dfrac{\sqrt{5}-1}{2}$　性質」

第4章

🌙 **ポイント**

〈加法定理〉

・$\tan(\alpha\pm\beta)=\dfrac{\tan\alpha\pm\tan\beta}{1\mp\tan\alpha\tan\beta}$

（複号同順）

〈2 倍角の公式〉

・$\tan 2\theta=\dfrac{2\tan\theta}{1-\tan^2\theta}$

〈半角の公式〉

・$\tan^2\dfrac{\theta}{2}=\dfrac{1-\cos\theta}{1+\cos\theta}$

注　これらの公式はすべて，$\tan\theta=\dfrac{\sin\theta}{\cos\theta}$ の関係と，sin，cos のそれぞれの

公式から導かれます．

演習問題 58

直線 $y=x$ と $y=2x$ のなす角を 2 等分する直線 $y=mx$ $(m>0)$
を求めよ．

59 三角関数の合成（Ⅰ）

次の各式を $r\sin(x+\theta)$ $(r>0,\ 0\leq\theta<2\pi)$ の形に表せ．
(1) $\sin x+\cos x$ (2) $\sin x-\sqrt{3}\cos x$ (3) $\cos x-\sqrt{3}\sin x$

精講

$a\sin x+b\cos x$ の形は次の手順で $r\sin(x+\theta)$ の形に変形できます．（この手順を「**三角関数を合成する**」といいます）
使う考え方は，加法定理（⇨ 54 ）です．

（手順Ⅰ） $\sqrt{a^2+b^2}\ (=r)$ で式全体をくくる．

（手順Ⅱ） $\dfrac{a}{\sqrt{a^2+b^2}}=\cos\theta,\ \dfrac{b}{\sqrt{a^2+b^2}}=\sin\theta$ とおく．

（手順Ⅲ） 加法定理を逆方向に使って，
$\sin x\cos\theta+\cos x\sin\theta=\sin(x+\theta)$

解　答

(1) $\sin x+\cos x$ ◀ $a=1,\ b=1$

$=\sqrt{2}\left(\sin x\cdot\dfrac{1}{\sqrt{2}}+\cos x\cdot\dfrac{1}{\sqrt{2}}\right)$ ◀ $\sqrt{a^2+b^2}$ でくくる

$=\sqrt{2}\left(\sin x\cos\dfrac{\pi}{4}+\cos x\sin\dfrac{\pi}{4}\right)$ ◀ $\cos\theta=\dfrac{1}{\sqrt{2}},\ \sin\theta=\dfrac{1}{\sqrt{2}}$ の θ は $\dfrac{\pi}{4}$

$=\sqrt{2}\sin\left(x+\dfrac{\pi}{4}\right)$ ◀ 加法定理を逆方向に使う

(2) $\sin x-\sqrt{3}\cos x$ ◀ $a=1,\ b=-\sqrt{3}$

$=2\left\{\sin x\cdot\dfrac{1}{2}+\cos x\cdot\left(-\dfrac{\sqrt{3}}{2}\right)\right\}$

$=2\left(\sin x\cos\dfrac{5}{3}\pi+\cos x\sin\dfrac{5}{3}\pi\right)$

$=2\sin\left(x+\dfrac{5}{3}\pi\right)$

参考

(2)において $\cos\theta=\dfrac{1}{2},\ \sin\theta=-\dfrac{\sqrt{3}}{2}$ となる θ は $0\leq\theta<2\pi$ さえなければ，$\theta=-\dfrac{\pi}{3}$ と表すこともできます．（⇨ 52 **一般角**）

だから，$2\sin\left(x-\dfrac{\pi}{3}\right)$ と書き表すことも可能です．

(3) $\cos x - \sqrt{3}\sin x$

◀ $a=-\sqrt{3}$, $b=1$

$= 2\left\{\sin x \cdot \left(-\dfrac{\sqrt{3}}{2}\right) + \cos x \cdot \dfrac{1}{2}\right\}$

$= 2\left(\sin x \cos \dfrac{5}{6}\pi + \cos x \sin \dfrac{5}{6}\pi\right)$

$= 2\sin\left(x + \dfrac{5}{6}\pi\right)$

一般に合成の手段は1通りではありません．
ここでは，(3)の式を cos にまとめてしまうことをやってみましょう．使う道具は

「$\cos(\alpha+\beta) = \cos\alpha\cos\beta - \sin\alpha\sin\beta$」です．

$$\begin{aligned}
&\cos x - \sqrt{3}\sin x \\
&= 2\left(\cos x \cdot \dfrac{1}{2} - \sin x \cdot \dfrac{\sqrt{3}}{2}\right) \\
&= 2\left(\cos x \cos \dfrac{\pi}{3} - \sin x \sin \dfrac{\pi}{3}\right) \\
&= 2\cos\left(x + \dfrac{\pi}{3}\right)
\end{aligned}$$

注 合成のメリットは，$a\sin x + b\cos x$ の2か所にある変数 x が1か所になることです（⇨60）．これと同じ考え方が2次関数の平方完成です．

$y = x^2 - 4x + 3$ を $y = (x-2)^2 - 1$ とすると，2か所にあった x が1か所になっています．これで，変化を追いやすくなるのです．

◎ポイント $a\sin x + b\cos x$ 型の式は，合成することによって $r\sin(x+\theta)$ 型に変形できて，x が1か所になる

演習問題 59

$\sqrt{3}\sin x + \cos x$ について，次の問いに答えよ．

(1) $r\sin(x+\theta)$ $(r>0, 0\leqq\theta<2\pi)$ の形に表せ．

(2) $0\leqq x<2\pi$ のとき，$\sqrt{3}\sin x + \cos x \geqq 1$ となる x の範囲を求めよ．

60 三角関数の合成（Ⅱ）

(1) $\dfrac{\pi}{4} \leqq x \leqq \dfrac{5}{6}\pi$ のとき，$f(x)=\sqrt{3}\cos x+\sin x$ の最大値，最小値を求めよ．

(2) $y=3\sin x\cos x-2\sin x+2\cos x$ $\left(0\leqq x\leqq \dfrac{\pi}{2}\right)$ について，

　(ア) $t=\sin x-\cos x$ とおくとき，t のとりうる値の範囲を求めよ．

　(イ) y を t の式で表せ．　(ウ) y の最大値，最小値を求めよ．

精講

(1) $\sin x=t$（または，$\cos x=t$）とおいても仕方がありません．合成して，x を1か所にまとめましょう．

(2) 数学Ⅰ・Aの **70** でやりましたが，ここで，もう一度復習しておきましょう．

> $\sin x$, $\cos x$ の和，差，積は，$\sin^2 x+\cos^2 x=1$
> を用いると，つなぐことができる．

解答

(1) $f(x)=2\left(\sin x\cdot\cos\dfrac{\pi}{3}+\cos x\cdot\sin\dfrac{\pi}{3}\right)$ ◀合成する

$\qquad =2\sin\left(x+\dfrac{\pi}{3}\right)$

$\dfrac{7}{12}\pi\leqq x+\dfrac{\pi}{3}\leqq \dfrac{7}{6}\pi$ だから，

(i) 最大値

$\quad x+\dfrac{\pi}{3}=\dfrac{7}{12}\pi$，すなわち，$x=\dfrac{\pi}{4}$ のとき

$\qquad f\left(\dfrac{\pi}{4}\right)=\sqrt{3}\cdot\dfrac{\sqrt{2}}{2}+\dfrac{\sqrt{2}}{2}=\dfrac{\sqrt{6}+\sqrt{2}}{2}$

(ii) 最小値

$\quad x+\dfrac{\pi}{3}=\dfrac{7}{6}\pi$，すなわち，$x=\dfrac{5}{6}\pi$ のとき

$$f\left(\frac{5}{6}\pi\right)=\sqrt{3}\left(-\frac{\sqrt{3}}{2}\right)+\frac{1}{2}=-1$$

注 (i)は，$2\sin\frac{7}{12}\pi$ を計算してもよい．この場合は，加法定理を利用します．$\left(\Rightarrow \frac{7}{12}\pi=\frac{\pi}{3}+\frac{\pi}{4}\ \text{など}\right)$

(ii)は，$2\sin\frac{7}{6}\pi$ を計算した方が早いです．

(2) (ア) $t=\sin x-\cos x=\sqrt{2}\sin\left(x-\frac{\pi}{4}\right)$

◀この程度の合成は，すぐに結果がだせるまで練習すること

$-\frac{\pi}{4}\leqq x-\frac{\pi}{4}\leqq\frac{\pi}{4}$ だから，

$-\frac{1}{\sqrt{2}}\leqq\sin\left(x-\frac{\pi}{4}\right)\leqq\frac{1}{\sqrt{2}}$

∴ $-1\leqq t\leqq 1$

(イ) $t^2=1-2\sin x\cos x$ だから

$3\sin x\cos x=\frac{3}{2}(1-t^2)$

∴ $y=\frac{3}{2}(1-t^2)-2t=-\frac{3}{2}t^2-2t+\frac{3}{2}$

(ウ) $y=-\frac{3}{2}\left(t+\frac{2}{3}\right)^2+\frac{13}{6}\ (-1\leqq t\leqq 1)$

右のグラフより，最大値 $\frac{13}{6}$，最小値 -2

ポイント 合成によって，2か所にばらまかれている変数が1か所に集まる

演習問題 60

$y=\cos^2 x-2\sin x\cos x+3\sin^2 x\ (0\leqq x\leqq\pi)$ ……① について，次の問いに答えよ．

(1) ①を $\sin 2x$, $\cos 2x$ で表せ．

(2) ①の最大値，最小値とそのときの x の値を求めよ．

61 三角関数の合成（Ⅲ）

$-\dfrac{\pi}{2} \leqq \theta \leqq 0$ のとき，関数

$y = \cos 2\theta + \sqrt{3}\sin 2\theta - 2\sqrt{3}\cos\theta - 2\sin\theta \quad \cdots\cdots ①$ について，次の問いに答えよ．

(1) $\sin\theta + \sqrt{3}\cos\theta = t$ とおくとき，t のとりうる値の範囲を求めよ．

(2) ① を t で表せ．

(3) ① の最大値，最小値とそれを与える θ の値を求めよ．

60 (2)の式と似ていますが，60 (2)は $\sin x$ と $\cos x$ の2種類の式で，61 は $\sin\theta$, $\cos\theta$, $\sin 2\theta$, $\cos 2\theta$ の4種類の式である点が異なっています．しかし，誘導がついているので，それに従えばよいでしょう．ヤマは(2)で，$\sin\theta$, $\cos\theta$ から，$\cos 2\theta$, $\sin 2\theta$ を導く手段が見つけられるかどうかです．

解　答

(1) $t = \sin\theta + \sqrt{3}\cos\theta$

$\quad = 2\left(\sin\theta \cdot \dfrac{1}{2} + \cos\theta \cdot \dfrac{\sqrt{3}}{2}\right)$

$\quad = 2\left(\sin\theta\cos\dfrac{\pi}{3} + \cos\theta\sin\dfrac{\pi}{3}\right) = 2\sin\left(\theta + \dfrac{\pi}{3}\right)$

◀合成して θ を1か所にする

$-\dfrac{\pi}{2} \leqq \theta \leqq 0$ より，$-\dfrac{\pi}{6} \leqq \theta + \dfrac{\pi}{3} \leqq \dfrac{\pi}{3}$ だから，

$-\dfrac{1}{2} \leqq \sin\left(\theta + \dfrac{\pi}{3}\right) \leqq \dfrac{\sqrt{3}}{2}$

$\therefore \quad -1 \leqq t \leqq \sqrt{3}$

(2) $t^2 = (\sin\theta + \sqrt{3}\cos\theta)^2$

$\quad = \sin^2\theta + 2\sqrt{3}\sin\theta\cos\theta + 3\cos^2\theta$

$\quad = \dfrac{1-\cos 2\theta}{2} + \sqrt{3}\sin 2\theta + 3 \cdot \dfrac{1+\cos 2\theta}{2}$

◀2倍角，半角の公式

$$= \cos 2\theta + \sqrt{3} \sin 2\theta + 2$$

$$\therefore \quad \cos 2\theta + \sqrt{3} \sin 2\theta = t^2 - 2$$

よって，$y = t^2 - 2 - 2t$

$$= t^2 - 2t - 2$$

注　$\sin^2\theta$，$\cos^2\theta$ がでてくると，**$\cos 2\theta$ に変わる**ことを覚えておきましょう．

(3)　(2)より，$y = (t-1)^2 - 3$

　(1)より，$-1 \leqq t \leqq \sqrt{3}$ だから

　　　　$t = -1$ のとき，最大値 1

　　　　$t = 1$ のとき，最小値 -3

　次に，$t = -1$ のとき

　　　　$2\sin\left(\theta + \dfrac{\pi}{3}\right) = -1$ だから，$\sin\left(\theta + \dfrac{\pi}{3}\right) = -\dfrac{1}{2}$

　よって，$\theta + \dfrac{\pi}{3} = -\dfrac{\pi}{6}$　　$\therefore$　$\theta = -\dfrac{\pi}{2}$

　また，$t = 1$ のとき

　　　　$2\sin\left(\theta + \dfrac{\pi}{3}\right) = 1$ だから，$\sin\left(\theta + \dfrac{\pi}{3}\right) = \dfrac{1}{2}$

　よって，$\theta + \dfrac{\pi}{3} = \dfrac{\pi}{6}$　　$\therefore$　$\theta = -\dfrac{\pi}{6}$

　以上のことより，

　　最大値 1 $\left(\theta = -\dfrac{\pi}{2}\right)$，**最小値 -3** $\left(\theta = -\dfrac{\pi}{6}\right)$

◉ ポイント

　　・$\sin\theta \Longrightarrow \sin^2\theta \Longrightarrow \cos 2\theta$
　　・$\cos\theta \Longrightarrow \cos^2\theta \Longrightarrow \cos 2\theta$ 　だから
　　$(a\sin\theta + b\cos\theta)^2 \Longrightarrow \sin 2\theta$，$\cos 2\theta$ の式

演習問題 61

　　$0 \leqq \theta \leqq \pi$ のとき，関数

　　　　$y = 2\sin\theta - 2\sqrt{3} \cos\theta + \cos 2\theta - \sqrt{3} \sin 2\theta$

　　の最大値，最小値を求めよ．

62 三角関数のグラフ

次の関数のグラフを $0 \leqq x \leqq 2\pi$ の範囲でかけ．
(1) $y = 2\sin\left(x + \dfrac{\pi}{4}\right)$ (2) $y = \cos\left(2x - \dfrac{\pi}{3}\right)$ (3) $y = \tan x + 1$

精講　三角関数のグラフをかくときは，$y = \sin x$, $y = \cos x$, $y = \tan x$ のグラフを基準にして，どのような作業によって求めるグラフになるかを考えます．基準になる3つのグラフは下のようになります．

注　$y = \sin x$ のグラフを x 軸の負の方向に $\dfrac{\pi}{2}$ 平行移動すると，$y = \cos x$ のグラフになります．

次に，グラフをかく際に必要な知識をまとめます．
$y = A\sin a(x - b)$ $(A > 0)$ が基本で，このとき
① A を**振幅**といい，グラフは2直線 $y = A$, $y = -A$ の間におさまる．
② $\dfrac{2\pi}{|a|}$ を**周期**といい，この幅ごとに同じグラフがつながっている．
③ まず，$y = \sin ax$ のグラフの周期を考え，それを y 軸方向に A 倍し，できあがったグラフ $(y = A\sin ax)$ を，x 軸方向に b だけ平行移動する．

注　sin が cos であっても同様で，tan は周期が π に変わるだけです．

解　答

(1) $y=2\sin\left(x+\dfrac{\pi}{4}\right)$ のグラフは，

$y=\sin x$ のグラフを，x 軸をもとに y 軸方向に 2 倍 ($y=2\sin x$) に拡大し，それを x 軸方向に $-\dfrac{\pi}{4}$ だけ平行移動したもの．よって，求めるグラフは，$0\leqq x\leqq 2\pi$ の範囲で右図のようになる．

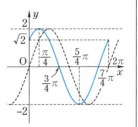

(2) $y=\cos 2\left(x-\dfrac{\pi}{6}\right)$ のグラフは　　（⇐ 2 でくくるところが大切!!）

$y=\cos 2x$ のグラフを x 軸方向に $\dfrac{\pi}{6}$ だけ平行移動したもの．また，$y=\cos 2x$ の周期は $\dfrac{2\pi}{2}=\pi$ よって，$0\leqq x\leqq 2\pi$ の範囲でグラフは右図のようになる．

(3) $y=\tan x+1$ のグラフは，$y=\tan x$ のグラフを y 軸方向に 1 だけ平行移動したもの．よって，$0\leqq x\leqq 2\pi$ の範囲でグラフは右図のようになる．

参考　平行移動の考え方 (⇒ 48) によれば $y=f(x)$ のグラフを x 軸方向に p，y 軸方向に q だけ平行移動すると

$$y-q=f(x-p)$$

ポイント
三角関数のグラフは，基本のグラフに対して
Ⅰ．振幅　Ⅱ．周期　Ⅲ．平行移動
を考える　（ただし，tan では Ⅰ は不要）

演習問題 62

次の関数のグラフを $0\leqq x\leqq 2\pi$ の範囲でかけ．

(1) $y=\sin\left(2x-\dfrac{2}{3}\pi\right)$　(2) $y=2\cos\left(x-\dfrac{\pi}{6}\right)$　(3) $y=\tan\left(x-\dfrac{\pi}{6}\right)$

63 三角方程式

$0 \leq \alpha < \dfrac{\pi}{2}$, $0 \leq \beta \leq \pi$ とするとき
$\cos\left(\dfrac{\pi}{2}-\alpha\right)=\sin\alpha$ を用いて，$\sin\alpha=\cos 2\beta$ ……① をみたす β を α で表せ．

精講

この問題は数学Ⅰの範囲で解けますが，弧度法の利用になれることも含めて，ここで勉強します．

この方程式は三角方程式の中では一番難しいタイプで，種類（⇨sin, cos）も角度（⇨α, β）も異なります．このタイプは，まず種類を統一することです．そのための道具が $\cos\left(\dfrac{\pi}{2}-\alpha\right)=\sin\alpha$ で，これで cos に統一できます．そのあとは2つの考え方があります．

解答

$\cos\left(\dfrac{\pi}{2}-\alpha\right)=\sin\alpha$ より，①は，

$$\cos 2\beta = \cos\left(\dfrac{\pi}{2}-\alpha\right)$$

ここで，

$$0 \leq 2\beta \leq 2\pi,\quad 0 < \dfrac{\pi}{2}-\alpha \leq \dfrac{\pi}{2}$$

だから右の単位円より，

$$2\beta = \dfrac{\pi}{2}-\alpha,\ \dfrac{3\pi}{2}+\alpha$$

◀ 注 参照

$$\therefore\ \beta = \dfrac{\pi}{4}-\dfrac{\alpha}{2},\ \dfrac{3\pi}{4}+\dfrac{\alpha}{2}$$

注 $\dfrac{3\pi}{2}+\alpha$ を $-\left(\dfrac{\pi}{2}-\alpha\right)$ と表現してはいけません．それは $0 \leq 2\beta$ だからです．$-\left(\dfrac{\pi}{2}-\alpha\right)+2\pi=\dfrac{3\pi}{2}+\alpha$ がこの範囲においては正しい表現です．

たとえば，右図の位置に動径があるとき，角度の呼び方は，与えられた範囲によって変わります．
もし，$0 \leq \theta < 2\pi$ ならば $\frac{11}{6}\pi$ だし，$-\pi \leq \theta < \pi$ ならば $-\frac{\pi}{6}$ になります．この問題では

$0 \leq 2\beta \leq 2\pi$, $0 < \frac{\pi}{2} - \alpha \leq \frac{\pi}{2}$ となっているので，$2\beta = \frac{\pi}{2} - \alpha$ と

$2\pi - \left(\frac{\pi}{2} - \alpha\right)$ になります．$\frac{\pi}{2} - \alpha$ を $\frac{\pi}{6}$ と考えてみたらわかるはずです．

(別解) $\cos 2\beta = \cos\left(\frac{\pi}{2} - \alpha\right)$ より，$\cos 2\beta - \cos\left(\frac{\pi}{2} - \alpha\right) = 0$

和積の公式より， ◀57 参照

$$-2\sin\left(\beta + \frac{\pi}{4} - \frac{\alpha}{2}\right)\sin\left(\beta - \frac{\pi}{4} + \frac{\alpha}{2}\right) = 0$$

$$\therefore \quad \sin\left(\beta + \frac{\pi}{4} - \frac{\alpha}{2}\right) = 0 \quad \text{または，} \quad \sin\left(\beta - \frac{\pi}{4} + \frac{\alpha}{2}\right) = 0$$

$0 < \frac{\pi}{4} - \frac{\alpha}{2} \leq \frac{\pi}{4}$, $0 \leq \beta \leq \pi$ より

$$0 < \beta + \frac{\pi}{4} - \frac{\alpha}{2} \leq \frac{5\pi}{4}, \quad -\frac{\pi}{4} \leq \beta - \frac{\pi}{4} + \frac{\alpha}{2} < \pi$$

$$\therefore \quad \beta + \frac{\pi}{4} - \frac{\alpha}{2} = \pi, \quad \beta - \frac{\pi}{4} + \frac{\alpha}{2} = 0$$

よって，$\beta = \frac{3\pi}{4} + \frac{\alpha}{2}, \quad \frac{\pi}{4} - \frac{\alpha}{2}$

注 どちらの解答がよいかという勉強ではなく，どちらともできるようにしておきましょう．特に，数学Ⅲが必要な人は，和積の公式を頻繁に使うことになるので，その意味でも**(別解)**は必要です．

> **ポイント** 種類も角度も異なる三角方程式は
> まず，種類を統一する

演習問題 63

$\frac{\pi}{2} \leq \alpha \leq \pi$, $0 \leq \beta \leq \pi$ とするとき，$\sin\alpha = \cos 2\beta$ をみたす β を α で表せ．

第5章 指数関数と対数関数

64 指数の計算

$2^{2x}=3$ のとき，次の式の値を求めよ．

(1) $(2^x+2^{-x})^2$

(2) $\dfrac{2^{3x}+2^{-3x}}{2^x+2^{-x}}$

精講

与えられた条件は，「$2^{2x}=3$」ですが，これから

Ⅰ．$2^x=\sqrt{3}$ として使う （⇨(解Ⅰ)）
　（↳ $2^x>0$ ですから，$2^x=-\sqrt{3}$ は不適当です）

Ⅱ．$2^{2x}=3$ のまま使う （⇨(解Ⅱ)）

以上，2通りの手段がありそうです．しかし，(2)では，2^{3x} があるので，Ⅱの手段ではできないような気もしますが……．

解答

(解Ⅰ) $2^{2x}=3$ より $(2^x)^2=3$ ∴ $2^x=\sqrt{3}$ （∵ $2^x>0$）

(1) $(2^x+2^{-x})^2=\left(2^x+\dfrac{1}{2^x}\right)^2=\left(\sqrt{3}+\dfrac{1}{\sqrt{3}}\right)^2=3+2\sqrt{3}\cdot\dfrac{1}{\sqrt{3}}+\dfrac{1}{3}=\dfrac{16}{3}$

注 できるものなら，下のように計算してほしいものです．

$$\left(\sqrt{3}+\dfrac{1}{\sqrt{3}}\right)^2=\left\{\dfrac{1}{\sqrt{3}}(3+1)\right\}^2=\dfrac{1}{3}\cdot 4^2=\dfrac{16}{3}$$

(2) $2^x+2^{-x}=\sqrt{3}+\dfrac{1}{\sqrt{3}}=\dfrac{4\sqrt{3}}{3}$

$2^{3x}+2^{-3x}=(2^x)^3+(2^{-x})^3=3\sqrt{3}+\dfrac{1}{3\sqrt{3}}=\dfrac{28\sqrt{3}}{9}$

∴ $\dfrac{2^{3x}+2^{-3x}}{2^x+2^{-x}}=\dfrac{28\sqrt{3}}{9}\cdot\dfrac{3}{4\sqrt{3}}=\dfrac{7}{3}$

(別解) （$2^x\cdot 2^{-x}=1$ に着目すると…）（⇦**重要**）

$2^{3x}+2^{-3x}=(2^x+2^{-x})^3-3\cdot 2^x\cdot 2^{-x}\cdot(2^x+2^{-x})$ ◀ x^3+y^3
$\phantom{2^{3x}+2^{-3x}=}$ $=(x+y)^3-3xy(x+y)$

$$= (2^x+2^{-x})^3 - 3(2^x+2^{-x})$$
$$= (2^x+2^{-x})\{(2^x+2^{-x})^2-3\}$$
$$\therefore \quad \frac{2^{3x}+2^{-3x}}{2^x+2^{-x}} = (2^x+2^{-x})^2 - 3 = \frac{16}{3} - 3 = \frac{7}{3} \quad \blacktriangleleft (1)の結果が使える$$

（解Ⅱ）　(1)　$(2^x+2^{-x})^2 = 2^{2x} + 2 \cdot 2^x \cdot 2^{-x} + 2^{-2x}$
$$= 3 + 2 + \frac{1}{3} = \frac{16}{3} \quad \blacktriangleleft a^x \cdot a^{-x} = 1$$

(2)　$2^{3x}+2^{-3x} = (2^x)^3 + (2^{-x})^3$
$$= (2^x+2^{-x})(2^{2x} - 2^x \cdot 2^{-x} + 2^{-2x}) \quad \blacktriangleleft x^3 + y^3$$
$$= (2^x+2^{-x})(2^{2x} + 2^{-2x} - 1) \quad = (x+y)(x^2 - xy + y^2)$$
$$\therefore \quad \frac{2^{3x}+2^{-3x}}{2^x+2^{-x}} = 2^{2x} + 2^{-2x} - 1 = 3 + \frac{1}{3} - 1 = \frac{7}{3}$$

● ポイント　　a は $a>0$ をみたす実数，m，n も実数として，次の式が成りたつ

Ⅰ．$a^m \times a^n = a^{m+n}$　　　Ⅱ．$a^m \div a^n = a^{m-n}$

Ⅲ．$a^{-m} = \dfrac{1}{a^m}$　　Ⅳ．$a^0 = 1$

参考　ポイントに書いてある公式のⅠ〜Ⅳは，指数の問題を扱うための基本中の基本です．意識しなくても使えるようになるまで訓練しなければなりません．

(1)　$a^{\frac{1}{2}} + a^{-\frac{1}{2}} = 3$ のとき，$a^{\frac{3}{2}} + a^{-\frac{3}{2}}$ の値を求めよ．

(2)　$2^x - 2^{-x} = 1$ のとき，次の式の値を求めよ．

　(ア)　$4^x + 4^{-x}$　　(イ)　$2^x + 2^{-x}$　　(ウ)　$8^x - 8^{-x}$

(3)　$x = \dfrac{1}{2}(a^{\frac{1}{2}} + a^{-\frac{1}{2}})$ $(a>0, a \neq 1)$ のとき，$(x + \sqrt{x^2-1})^2$ の値を求めよ．

65 指数関数のグラフ

次の各関数のグラフは，$y=2^x$ のグラフをどのように移動したものか．また，それぞれのグラフもかけ．

(1) $y=-2^x$　　(2) $y=\dfrac{1}{2^x}$　　(3) $y=2^{x-1}$

精講

$y=a^x$（ただし，$a \neq 1$，$a>0$）のグラフについて，次のことを知っていなければなりません．

(ⅰ) $1<a$ のとき
① $(0, 1)$ を通る
② 単調増加
③ x 軸は漸近線
④ 値域は $y>0$

(ⅱ) $0<a<1$ のとき
① $(0, 1)$ を通る
② 単調減少
③ x 軸は漸近線
④ 値域は $y>0$

[概形] 　[概形]

注　a のことを「底」といいます．

また，現実には「図形と式」で学んだ次の公式を使えないとグラフはかけません．

〈平行移動〉（⇦ 48）

　$y=f(x)$ のグラフを x 軸方向に p，y 軸方向に q だけ平行移動したグラフは，
$$y-q=f(x-p)$$
となる．

〈対称移動〉

　$y=f(x)$ のグラフを
① x 軸に関して対称移動すると，$-y=f(x)$ となる．
② y 軸に関して対称移動すると，$y=f(-x)$ となる．

③ 原点に関して対称移動すると，$-y=f(-x)$ となる．
④ $y=x$ に関して対称移動すると，$x=f(y)$ となる．

解答

(1) $y=-2^x \rightleftarrows -y=2^x$ ◀ $-y=f(x)$

よって，$y=2^x$ のグラフを x 軸に関して対称移動すると，$y=-2^x$ のグラフとなる．
ゆえに，$y=-2^x$ のグラフは右図．

(2) $y=\dfrac{1}{2^x} \rightleftarrows y=2^{-x}$ ◀ $y=f(-x)$

よって，$y=2^x$ のグラフを y 軸に関して対称移動すると，$y=2^{-x}$ のグラフとなる．
ゆえに，$y=\dfrac{1}{2^x}$ のグラフは右図．

(3) $y=2^{x-1}$ のグラフは，$y=2^x$ のグラフを x 軸方向に 1 だけ平行移動したもの．   ◀ $y=f(x-1)$
よって，そのグラフは右図．

注 漸近線とは，曲線がだんだん近づいていく直線のことです．「ぜんきんせん」と読みます．

> **ポイント** 指数関数 $y=a^x$ のグラフは，
> $0<a<1$ のときと，$1<a$ のときで，形が異なる

演習問題 65

$y=2^{-x+1}+1$ のグラフは，$y=2^{-x}$ のグラフをどのように移動したものか．また，そのグラフもかけ．

110 第5章 指数関数と対数関数

基礎問

66 指数方程式（Ⅰ）

次の方程式を解け.

(1) $4^3 = 8^{x(x-1)}$ 　　　 (2) $9^{x+1} + 8 \cdot 3^x - 1 = 0$

精講 指数方程式は最終的に, $a^{x_1} = a^{x_2}$ の形 を目指します.

もしこの形になっていなければ, $a^x = t$ とおいて既知の方程式にもちこみ t の値を決定します. このとき, a はできるだけ小さい自然数にしておく方が無難です.

解　答

(1) $4^3 = 8^{x(x-1)}$ より $(2^2)^3 = (2^3)^{x(x-1)}$

∴ $2^6 = 2^{3x(x-1)}$ （⇦指数法則 $(a^m)^n = a^{mn}$） ◀目標形にする

よって $6 = 3x(x-1)$ ∴ $x^2 - x - 2 = 0$

∴ $(x+1)(x-2) = 0$

∴ $x = -1, 2$

(2) $3^x = t \ (t > 0)$ とおくと 　　 （⇦「$t > 0$」が大切!!）

$9^{x+1} = 9^x \cdot 9^1 = 9 \cdot (3^2)^x = 9(3^x)^2$ だから, ◀指数法則 $a^{m+n} = a^m \cdot a^n$, $a^{mn} = (a^m)^n$

与えられた方程式は, ◀既知の方程式へ

$9t^2 + 8t - 1 = 0$ ∴ $(9t-1)(t+1) = 0$

∴ $t = \dfrac{1}{9}$ （∵ $t > 0$）

よって, $3^x = \dfrac{1}{9} = 3^{-2}$ より, $x = -2$

💡 ポイント

　Ⅰ. $a^{x_1} = a^{x_2} \Longleftrightarrow x_1 = x_2$ 　（$a > 0$, $a \neq 1$ のとき）

　Ⅱ. $a^x = t$ とおくとき, $t > 0$ に注意

演習問題 66

$2^{2x+3} + 7 \cdot 2^x - 1 = 0$ をみたす x を求めよ.

67 指数方程式（Ⅱ）

次の連立方程式を解け．
$$\begin{cases} 2^{x+1}+3^y=11 & \cdots\cdots① \\ 4^x-3^{y+1}=7 & \cdots\cdots② \end{cases}$$

精講

連立の形になっていても，基本的な考え方は 66 と同じです．すなわち，$2^x=X$，$3^y=Y$ とおいて，普通の連立方程式にすればよいのですが，このとき，次の2つがポイントになります．

Ⅰ．$X>0$, $Y>0$
Ⅱ．正しく指数法則を使えるか？

解答

$2^x=X$, $3^y=Y$ $(X>0, Y>0)$ とおく．

① より，$2 \cdot 2^x + 3^y = 11$　　　◀ $2^{m+n}=2^m \cdot 2^n$
　　∴　$2X+Y=11$　……①′

② より，$(2^2)^x - 3 \cdot 3^y = 7$
　　∴　$(2^x)^2 - 3 \cdot 3^y = 7$　　　◀ $(2^m)^n = (2^n)^m$
　　∴　$X^2 - 3Y = 7$　……②′

①′，②′ より，Y を消去して，
　　$X^2 + 6X - 40 = 0$　　∴　$(X+10)(X-4)=0$
$X>0$ より，$X=4$　このとき，$Y=3$
すなわち，$2^x=4$, $3^y=3$　　∴　$x=2$, $y=1$

ポイント　指数に関する問題を解けるための最低条件は，無意識のうちに指数法則を正しく使えること

演習問題 67

次の連立方程式を解け．$\begin{cases} 2^x+3^y=17 \\ 2^x \cdot 3^y = 72 \end{cases}$　（ただし，$2^x < 3^y$ とする）

68 指数不等式

次の不等式を解け．

(1) $4^3 < 8^{x(x-1)}$　(2) $\left(\dfrac{1}{2}\right)^x > \dfrac{1}{4}$　(3) $2^{2x} - 2^{x+1} - 8 < 0$

指数不等式は，最終的に $a^{x_1} < a^{x_2}$ の形を目指します．また，指数方程式を解けることが必要ですが，それだけでは十分ではありません．それは，次のような重要な性質があるからです．

$$a^{x_1} < a^{x_2} \iff \begin{cases} x_1 < x_2 & (1 < a \text{ のとき}) \\ x_1 > x_2 & (0 < a < 1 \text{ のとき}) \end{cases}$$

要するに，底が1より大きいか小さいかによって，**不等号の向きが変化してしまう**ことがあるからです．このことは，グラフをかいてみるとよくわかります．

$1 < a$ のとき

$0 < a < 1$ のとき

解答

(1) $2^6 < 2^{3x(x-1)}$

底 $= 2 \ (>1)$ だから，
$6 < 3x(x-1)$　∴ $(x+1)(x-2) > 0$
∴ $x < -1,\ 2 < x$

(2) $\left(\dfrac{1}{2}\right)^x > \dfrac{1}{4}$　∴ $\left(\dfrac{1}{2}\right)^x > \left(\dfrac{1}{2}\right)^2$

底 $= \dfrac{1}{2} \ (<1)$ だから，$x < 2$

注 底が1より小さいことがイヤならば，
$\left(\dfrac{1}{a}\right)^x = (a^{-1})^x = a^{-x}$ を利用すれば

◀途中経過は
66 と同じ

◀2次不等式の解法は
数学Ⅰ・A 43 参照

◀不等号の向きが変わることに注意！

次のようにすることもできます．

(別解) $\left(\dfrac{1}{2}\right)^x=2^{-x}$, $\dfrac{1}{4}=2^{-2}$ だから

$\qquad 2^{-x}>2^{-2}$

底$=2$ (>1) だから，$-x>-2$

$\qquad \therefore\ x<2$

(3) $2^x=t$ ($t>0$) とおくと

$2^{2x}=(2^x)^2=t^2$, $2^{x+1}=2^1\cdot 2^x=2t$ だから

与えられた不等式は

$\quad t^2-2t-8<0 \quad \therefore\ (t-4)(t+2)<0$

$\quad \therefore\ 0<t<4$ $(\because\ t>0)$ ◀ $t>0$ だから

よって，$0<2^x<4$ より $2^x<2^2$ $\quad -2<t<4$ ではない

底$=2$ (>1) だから，$\boldsymbol{x<2}$

注 $0<2^x$ は，つねに成立しているので考える必要はありません．

このことは，$y=2^x$ のグラフをかいてみるとわかります．(右図)

ポイント

$a^{x_1}<a^{x_2} \iff \begin{cases} x_1<x_2 & (1<a \text{ のとき}) \\ x_1>x_2 & (0<a<1 \text{ のとき}) \end{cases}$

演習問題 68

次の不等式を解け．

(1) $9^2<3^{x(x-3)}$

(2) $4^x-2^{x+1}+16<2^{x+3}$

基礎問

114 第5章 指数関数と対数関数

69 対数の計算（Ⅰ）

次の各式の値を計算せよ.

(1) $\log_2 \dfrac{10}{9} + \log_2 \dfrac{3}{5} - \log_2 \dfrac{2}{3}$

(2) $2\log_2 12 - \dfrac{1}{4}\log_2 \dfrac{8}{9} - 5\log_2 \sqrt{3}$

(3) $(\log_{10} 2)^3 + (\log_{10} 5)^3 + \log_{10} 5 \cdot \log_{10} 8$

精講 　対数は，1とか2とか普通に使っている数字を「$\log_a x$」の形で表す新しい数の表現方法です.

　なぜ，このようなワケのわからない表し方をする必要があるのかと思う人もいるでしょうが，まずは慣れることです. そのためには，ある程度の量をこなすことが必要です. 何度も何度も間違いながら演習をくりかえし，自然に使えるようになるまでがんばることです.

〈**基本性質**〉　$a > 0$, $a \neq 1$, $x > 0$ のとき，

　Ⅰ．$y = \log_a x \iff x = a^y$　（定義）

　Ⅱ．$\log_a a = 1$, $\log_a 1 = 0$

　注　$y = \log_a x$ において，a を**底**，x を **真数** と呼びます.

〈**計算公式**〉　$a > 0$, $a \neq 1$, $M > 0$, $N > 0$ のとき，

　Ⅰ．$\log_a M + \log_a N = \log_a MN$

　Ⅱ．$\log_a M - \log_a N = \log_a \dfrac{M}{N}$

　Ⅲ．$\log_a M^p = p \log_a M$　（p：実数）

解　答

(1) $\log_2 \dfrac{10}{9} + \log_2 \dfrac{3}{5} - \log_2 \dfrac{2}{3}$ 　◀底はすでにそろっている

$= \log_2 \left(\dfrac{10}{9} \times \dfrac{3}{5} \div \dfrac{2}{3} \right)$ 　◀計算公式 Ⅰ，Ⅱ

$= \log_2 \left(\dfrac{10}{9} \times \dfrac{3}{5} \times \dfrac{3}{2} \right) = \log_2 1 = 0$ 　◀基本性質Ⅱ

(2) $2\log_2 12 - \dfrac{1}{4}\log_2 \dfrac{8}{9} - 5\log_2 \sqrt{3}$ 　◀このままでは計算公式Ⅰ，Ⅱは使えない

115

$$= 2\log_2 2^2 \cdot 3 - \frac{1}{4}(\log_2 8 - \log_2 9) - \frac{5}{2}\log_2 3$$

$$= 2(2\log_2 2 + \log_2 3) - \frac{1}{4}(3 - 2\log_2 3) - \frac{5}{2}\log_2 3 \qquad \blacktriangleleft \log_2 8 = 3$$

$$= 4 + 2\log_2 3 - \frac{3}{4} + \frac{1}{2}\log_2 3 - \frac{5}{2}\log_2 3$$

$$= 4 - \frac{3}{4} = \frac{13}{4}$$

注 このように，真数を素数の積の形で表し，計算公式Ⅰを利用して できるだけ小さくするところがコツです．

(3) $\log_{10} 2 = a$, $\log_{10} 5 = b$ とおくと

与式 $= a^3 + b^3 + 3ab$ $\blacktriangleleft \log_{10} 8 = 3\log_{10} 2$

      $= (a+b)^3 - 3ab(a+b) + 3ab$

ここで，$a + b = \log_{10} 2 + \log_{10} 5 = 1$ だから

与式 $= 1 - 3ab + 3ab = 1$

注 対数計算には，積に関する公式がありません． たとえば，$\log_{10} 3 \cdot \log_{10} 2$ はこれ以上簡単になりません．

第5章

◯ ポイント

対数計算は，

① 底をそろえて   ② 真数を小さくして

次の公式を用いる

Ⅰ．$\log_a M + \log_a N = \log_a MN$

Ⅱ．$\log_a M - \log_a N = \log_a \dfrac{M}{N}$

Ⅲ．$\log_a M^p = p \log_a M$

注 底がそろっていないときは，次の**70**で学びます．

演習問題 69

次の各式の値を計算せよ．

(1) $(\log_{10} 2)^2 + (\log_{10} 5)(\log_{10} 4) + (\log_{10} 5)^2$

(2) $\log_2 (\sqrt{2 + \sqrt{3}} - \sqrt{2 - \sqrt{3}})$

70 対数の計算（Ⅱ）

(1) $\log_2 3 = a$, $\log_3 7 = b$ とするとき，$\log_{56} 42$ を a, b で表せ．
(2) 次の各式の値を計算せよ．
　(ア) $(\log_2 3 + \log_4 9)(\log_3 4 + \log_9 2)$　　(イ) $2^{\log_2 x}$

精講

(1), (2)の(ア)　今回は底がそろっていないときの処理方法を学びます．69 の計算公式Ⅰ，Ⅱはいずれも底がそろっていないと使えません．そこで，底をそろえるための公式を覚えておかなければなりません．

〈底変換の公式〉
$a > 0$, $a \neq 1$, $b > 0$, $b \neq 1$, $M > 0$ のとき，

$$\log_a M = \frac{\log_b M}{\log_b a}$$

(2)の(イ)　これはいったい何なのでしょう？
指数の位置に対数がすわっているとき，特殊な処理をします．ここでは，その処理方法と，そこから導かれる公式を覚えてもらいます．

解答

(1) まず，$\log_{56} 42$
$$= \frac{\log_2 42}{\log_2 56} = \frac{\log_2 2 \cdot 3 \cdot 7}{\log_2 2^3 \cdot 7}$$
$$= \frac{\log_2 2 + \log_2 3 + \log_2 7}{3\log_2 2 + \log_2 7}$$
$$= \frac{1 + \log_2 3 + \log_2 7}{3 + \log_2 7}$$

◀ 底はできるだけ小さい数にするので，ここでは 2 にそろえるために，底変換の公式を使う

◀ $\log_2 7$ の値がわからない

ここで　$b = \log_3 7 = \frac{\log_2 7}{\log_2 3} = \frac{\log_2 7}{a}$

◀ 底変換の公式

∴　$\log_2 7 = ab$

よって，与式 $= \dfrac{1 + a + ab}{3 + ab}$

(2) (ア)　$\log_4 9 = \dfrac{\log_2 9}{\log_2 4} = \dfrac{\log_2 3^2}{\log_2 2^2} = \dfrac{2\log_2 3}{2\log_2 2} = \log_2 3$　　◀ 底をそろえる

$\log_3 4 = \dfrac{\log_2 4}{\log_2 3} = \dfrac{2}{\log_2 3}$

$$\log_9 2 = \frac{\log_2 2}{\log_2 9} = \frac{1}{2\log_2 3}$$

$$\therefore \text{与式} = (\log_2 3 + \log_2 3)\left(\frac{2}{\log_2 3} + \frac{1}{2\log_2 3}\right)$$

$$= 2\log_2 3 \times \frac{5}{2} \cdot \frac{1}{\log_2 3} = 5$$

注 対数記号も含めて，対数全体で約分すること．
次のようなことをしてはダメ!!

［誤答例］ $\log_2 \overset{2}{6} \times \frac{1}{\log_2 3} = \log_2 2 = 1$

(イ) $A = 2^{\log_2 x}$ とおく．　　　　　　　　　◀ポイント
両辺の対数（底＝2）をとると，　　　　　　　　◀注 参照
$\log_2 A = \log_2 2^{\log_2 x}$
　∴ $\log_2 A = \log_2 x \cdot \log_2 2$
　∴ $\log_2 A = \log_2 x$　（∵ $\log_2 2 = 1$）
　∴ $A = x$
よって，$2^{\log_2 x} = x$

注 ある式（または数字）に「$\log_a$ をつける」作業を「**底が a の対数をとる**」といいます．

(2)の(イ)も，公式の形にすると次のようになります．
$$a^{\log_a x} = x$$

 ポイント
・ $\log_a M = \dfrac{\log_b M}{\log_b a}$

・ $a^{\log_a x} = x$

(1) 次の式の値を計算せよ．
　　$(\log_3 6 - 1)\log_2 6 - \log_2 3 - \log_3 2$

(2) $\log_2 3 = A$，$\log_{72} 6 = B$，$\log_{144} 12 = C$ とおくとき，B と C を A を用いて表せ．

71 対数関数のグラフ

> 次の各関数のグラフは，$y=\log_2 x$ のグラフをどのように移動したものか．また，そのグラフをかけ．
> (1) $y=\log_{\frac{1}{2}} x$ (2) $y=\log_2(x-1)$ (3) $y=\log_2 2x$

$y=\log_a x$（ただし，$a>0$，$a\ne 1$）のグラフについて，次のことを知っていなければなりません．

(i) **$1<a$ のとき**
① $(1,\ 0)$ を通る
② 単調増加
③ y 軸は漸近線
④ 定義域は $x>0$
⑤ $y=a^x$ $(1<a)$ のグラフと $y=x$ に関して対称

[概形]

(ii) **$0<a<1$ のとき**
① $(1,\ 0)$ を通る
② 単調減少
③ y 軸は漸近線
④ 定義域は $x>0$
⑤ $y=a^x$ $(0<a<1)$ のグラフと $y=x$ に関して対称

[概形]

解答

(1) $y=\log_{\frac{1}{2}} x = \dfrac{\log_2 x}{\log_2 \dfrac{1}{2}}$ ◀ 70〈底変換の公式〉

$\phantom{y=\log_{\frac{1}{2}} x}= -\log_2 x$ ◀ $-y=f(x)$

$(\because\ \log_2 \dfrac{1}{2} = \log_2 2^{-1} = -\log_2 2 = -1)$

$y=-\log_2 x$ のグラフは，$y=\log_2 x$ のグラフを x 軸に関して対称移動したものだから，グラフは右図．

注 $(1, 0)$ 以外に $(2, -1)$ か $\left(\dfrac{1}{2}, 1\right)$ をとっておくべきでしょう．

(2) $y=\log_2(x-1)$ のグラフは，$y=\log_2 x$ のグラフを x 軸方向に 1 だけ平行移動したものだから，グラフは右図．

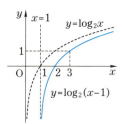

注 $(2, 0)$ 以外に $(3, 1)$ をとっておいた方がよいでしょう．

(3) $y=\log_2 2x$
$=\log_2 2+\log_2 x$
（⇨ 69 計算公式Ⅰ）
$=\log_2 x+1 \quad (\because \ \log_2 2=1)$

$y=\log_2 x+1$ のグラフは，$y=\log_2 x$ のグラフを y 軸方向に 1 だけ平行移動したものだから，グラフは右図．

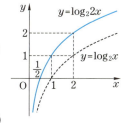

注 $\left(\dfrac{1}{2}, 0\right)$ はもちろんのこと，もう 1 点 $(1, 1)$ あるいは，$(2, 2)$ をとっておいた方がよいでしょう．

◎ ポイント　$y=\log_a x$ のグラフは，
$0<a<1$ のときと，$1<a$ のときで，
形が異なる点に注意

演習問題 71

次の式で表される関数のグラフをかけ．

(1) $y=\log_{\frac{1}{3}}\dfrac{1}{x}$ 　　(2) $y=\log_2(2x-4)$

72 対数方程式（Ⅰ）

次の方程式を解け．
(1) $\log_{10}(2-x)+\log_{10}(x+1)=\log_{10}x$
(2) $(\log_2 x)^2-3\log_2 x+2=0$

精講　対数方程式は，最終的に $\log_a A=\log_a B$ の形 にしますが，その際，計算公式（⇨ 69 ）を使えることは当然で，式変形を始める前に

　Ⅰ．真数条件　　（→正）
　Ⅱ．底条件　　　（→正かつ1でない）

をおさえておかなければなりません．

解答

(1) 真数条件より，$2-x>0,\ x+1>0,\ x>0$　◀大切!!
　∴　$0<x<2$　……①
　このとき，$\log_{10}(2-x)(x+1)=\log_{10}x$　◀$\log_a M+\log_a N$
　∴　$(2-x)(x+1)=x$　　　　　　　　　　　　$=\log_a MN$
　∴　$x^2=2$
　①より，$x=\sqrt{2}$

(2) $\log_2 x=t$ とおく．　　　　　　　　　　◀指数をおいたときと
　$t^2-3t+2=0$ より $(t-1)(t-2)=0$　　　　は違って，t に範囲
　∴　$t=1,\ 2$　　　　　　　　　　　　　　　　はつかない
　∴　$\log_2 x=1,\ 2$　　よって，$x=2,\ 4$

ポイント　Ⅰ．真数条件，底条件を忘れずに
　　　　　　Ⅱ．$\log_a A=\log_a B \iff A=B$

演習問題 72

(1) $\log_x(5x^2-6)=4$ を解け．
(2) $\log_2 x+2\log_x 2-3=0$ を解け．

121

73 対数方程式（Ⅱ）

連立方程式 $\begin{cases} \log_4 x + \log_3 y = 5 \\ \log_2 x + \log_9 y = 4 \end{cases}$ を解け.

精講 未知数は x と y の2つ，式も2つだからこの連立方程式は解けるはずですが，含まれている対数の底は 2, 3, 4, 9 とすべて異なっています．このとき，底をそろえる必要があるといっても，4つを1つに統一しようというのは考えものです．ここでは，$4=2^2$，$9=3^2$ と書けることに着目して，$\log_2 x = X$，$\log_3 y = Y$ とおいて普通の連立方程式にすべきです．

解答

$\log_2 x = X$，$\log_3 y = Y$ とおくと

$$\log_4 x = \frac{\log_2 x}{\log_2 4} = \frac{\log_2 x}{2} = \frac{1}{2}X$$ ◀底変換の公式

$$\log_9 y = \frac{\log_3 y}{\log_3 9} = \frac{\log_3 y}{2} = \frac{1}{2}Y$$

よって，与えられた連立方程式は

$$\begin{cases} X + 2Y = 10 & \cdots\cdots① \\ 2X + Y = 8 & \cdots\cdots② \end{cases}$$

①，②より，$X=2$，$Y=4$ すなわち，$\log_2 x = 2$，$\log_3 y = 4$

$\therefore\quad x = 2^2 = \mathbf{4}$，$y = 3^4 = \mathbf{81}$ ◀$x=4$，$y=81$ は真数条件をみたしている

🌙 **ポイント** 底を1つにそろえて式が繁雑になるとき，1つにそろえないこともある

演習問題 73

連立方程式 $\begin{cases} \log_2 xy = 3 \\ \log_2 x \cdot \log_4 y = 1 \end{cases}$ を解け.

74 対数不等式

次の不等式を解け．
(1) $\log_2 x + \log_2 (x-1) \leq 1$ (2) $2\log_{0.1}(x-1) < \log_{0.1}(7-x)$
(3) $(\log_3 x)^2 - 3\log_3 x + 2 < 0$

対数不等式は，最終的に $\log_a x_1 < \log_a x_2$ の形を作ります．また，**69** の基本性質，計算公式，**70** の底変換の公式，**72** の対数方程式の知識と次の性質を利用します．

$$\log_a x_1 < \log_a x_2 \iff \begin{cases} x_1 < x_2 & (1 < a) \\ x_1 > x_2 & (0 < a < 1) \end{cases}$$

これは，グラフをかいてみるとよくわかります．

1<a のとき   0<a<1 のとき

解　答

(1) 真数条件より，$x > 0$, $x-1 > 0$
　　∴　$1 < x$　……①
　このとき，$\log_2 x(x-1) \leq \log_2 2$　（∵　$1 = \log_2 2$）　◀目標形にする
　底 $= 2\ (>1)$ だから，$x(x-1) \leq 2$
　　$(x+1)(x-2) \leq 0$
　　∴　$-1 \leq x \leq 2$
　①とあわせて，$1 < x \leq 2$

(2) 真数条件より，$x-1 > 0$, $7-x > 0$
　　∴　$1 < x < 7$　……①
　このとき，$2\log_{0.1}(x-1) < \log_{0.1}(7-x)$
　　$\log_{0.1}(x-1)^2 < \log_{0.1}(7-x)$

底$=0.1$ (<1) だから

$$(x-1)^2>7-x$$
$$(x-1)^2+(x-1)-6>0$$
$$(x-1+3)(x-1-2)>0$$
$$(x+2)(x-3)>0$$
$$\therefore \quad x<-2, \ 3<x$$

◀ $(x-1)^2$ を展開して もかまわない

①とあわせて, $3<x<7$

(3) $\log_3 x=t$ とおくと,

$$t^2-3t+2<0 \quad \therefore \quad (t-1)(t-2)<0$$
$$\therefore \quad 1<t<2$$

よって,

$$1<\log_3 x<2 \quad \therefore \quad \log_3 3<\log_3 x<\log_3 3^2 \quad ◀ 1=\log_3 3$$

底$=3$ (>1) だから,

$$3<x<3^2$$

すなわち, $3<x<9$

◀ これは真数条件をみ たしている

注 (3)は真数条件を考えても同じ結果です.

第5章

🌙 **ポイント**

$$\log_a x_1<\log_a x_2 \Longleftrightarrow \begin{cases} x_1<x_2 & (1<a) \\ x_1>x_2 & (0<a<1) \end{cases}$$

注 (1)において, $x+(x-1)\leqq 2$ としてはいけません. 一般に,
$\log_a A+\log_a B\leqq\log_a C$ $(a>1)$ は $A+B\leqq C$ ではありません.
また, (2)において, $(x-1)^2<7-x$ としてはいけません.
とにかく,

$\log_a A\leqq\log_a B$ の形にして a が 1 より大きいか小さいかに注意する

というスタイルを守ることです.

演習問題 74

(1) $12(\log_2\sqrt{x})^2-7\log_4 x-10>0$ をみたす最小の自然数 x を求めよ.

(2) 不等式 $1<2^{-2\log_{\frac{1}{2}}x}<16$ を解け.

75 対数の応用（Ⅰ）

次の問いに答えよ．ただし，$\log_{10}2=0.3010$, $\log_{10}3=0.4771$ とする．
(1) 4^{50} は何桁の整数か．
(2) $\left(\dfrac{8}{45}\right)^5$ は小数第何位に初めて 0 でない数字が現れるか．

精講

対数の応用としてよく出題されるのがこの 2 問．きちんと公式を覚えてしまえば問題はありませんが，この公式はなかなか覚えにくいようです．では，どのようにすればよいのでしょうか？
このことについては，を読んでください．

〈公式Ⅰ〉
　　A が n 桁の整数 $\iff n-1 \leqq \log_{10}A < n$

〈公式Ⅱ〉
　　$A\,(<1)$ が小数で表されるとき，
　　小数第 n 位に初めて 0 でない数字が現れる
　　　$\iff -n \leqq \log_{10}A < -n+1$

解答

(1) $\log_{10}4^{50} = \log_{10}2^{100}$　　◀指数法則
　　　　　　$= 100\log_{10}2 = 30.10$
　∴　$30 < \log_{10}4^{50} < 31$
よって，4^{50} は **31 桁** の整数．

(2) $\log_{10}\left(\dfrac{8}{45}\right)^5 = \log_{10}\left(\dfrac{16}{90}\right)^5$　　◀注 参照

　　　　　　$= \log_{10}\left(\dfrac{2^4}{3^2\cdot 10}\right)^5 = \log_{10}(2^{20}\cdot 3^{-10}\cdot 10^{-5})$　　◀指数法則
　　　　　　$= 20\log_{10}2 - 10\log_{10}3 - 5\log_{10}10$
　　　　　　$= 20\times 0.3010 - 10\times 0.4771 - 5$
　　　　　　$= 6.020 - 4.771 - 5 = -3.751$
　∴　$-4 < \log_{10}\left(\dfrac{8}{45}\right)^5 < -3$

よって，$\left(\dfrac{8}{45}\right)^5$ は **小数第 4 位** に初めて 0 でない数字が現れる．

注 1行目で $\dfrac{8}{45}$ を $\dfrac{16}{90}$ に変形していますが，なぜでしょう．

次の式変形をよく見てください．
$$\log_{10}\left(\dfrac{8}{45}\right)^5 = \log_{10}\dfrac{2^{15}}{3^{10}\cdot 5^5} = 15\log_{10}2 - 10\log_{10}3 - 5\underline{\log_{10}5}$$

$\log_{10}5$ がでてきましたが，問題文には，$\log_{10}5$ の値が与えられていません．どうしたらよいのでしょう？

このようなときは，下のワク内の考え方をします．頭に入れておきましょう．これは入試では頻出です．

$$\log_{10}5 = \log_{10}\dfrac{10}{2} = \log_{10}10 - \log_{10}2 = 1 - \log_{10}2$$

結局，**解答**は $\log_{10}5$ がでてこないように最初に工夫をしておいたということです．

 ポイント
- A が n 桁の整数 $\Longleftrightarrow$ $n-1 \leqq \log_{10}A < n$
- $A\ (<1)$ が小数で表されるとき，小数第 n 位に初めて 0 でない数字が現れる
  $\Longleftrightarrow$ $-n \leqq \log_{10}A < -n+1$

参考 この公式は覚えるよりも**簡単な具体例**をその場で考えた方が確実です．たとえば，x が2桁の数ならば，$10 \leqq x < 100$ だから
$10^1 \leqq x < 10^2$　　よって，$1 \leqq \log_{10}x < 2$（大きい方が桁数を示している）
また，y が小数第2位に初めて0でない数字が現れるならば，
$0.01 \leqq y < 0.1$ だから　$10^{-2} \leqq y < 10^{-1}$　　よって，$-2 \leqq \log_{10}y < -1$
　　　　　　　　　（小さい方の絶対値が小数第何位かを示している）

演習問題 75

$\log_{10}2 = 0.3010$，$\log_{10}3 = 0.4771$ とするとき，18^{20} は何桁の整数か．また，$\left(\dfrac{1}{6}\right)^{30}$ を小数で表すと小数第何位に初めて 0 でない数字が現れるか．

76 対数の応用（Ⅱ）

次の手順にしたがって，3^{30} の最高位の数字を求めよ．
ただし，$\log_{10}2=0.3010$，$\log_{10}3=0.4771$ とする．

(1) $A=3^{30}$ とおくとき，$\log_{10}A$ の値を求めよ．
(2) A の桁数 l を求めよ．
(3) $A'=A\times 10^{-(l-1)}$ とおくとき，$\log_{10}A'$ の値を求めよ．
(4) $\log_{10}m \leqq \log_{10}A' < \log_{10}(m+1)$ をみたす自然数 m を求めよ．
(5) A の最高位の数字を求めよ．

(1)は 69 の復習です．
(3)，(4)がこの **基礎問** のテーマ「3^{30} の最高位の数字」を求めるための準備になっていますが，意味がわからない人は，参考 を見ながら **解答**を読みなおしましょう．大切なことは，「(3)の作業の意味を理解すること」です．

解 答

(1) $\log_{10}A = \log_{10}3^{30} = 30\log_{10}3$
$\qquad = 30 \times 0.4771$
$\qquad = \mathbf{14.313}$

(2) (1)より，$14 < \log_{10}A < 15$ $\qquad \therefore\ 10^{14} < A < 10^{15}$
よって，A は 15 桁の整数．
すなわち，$l=\mathbf{15}$

(3) $A'=A\times 10^{-14}$ より，
$\qquad \log_{10}A' = \log_{10}A + \log_{10}10^{-14}$
$\qquad\qquad = 14.313 + (-14) = \mathbf{0.313}$

(4) $\log_{10}2=0.3010$，$\log_{10}3=0.4771$ より
$\qquad \log_{10}2 \leqq \log_{10}A' < \log_{10}3$
$\qquad \therefore\ m=\mathbf{2}$

(5) (4)より，$2 \leqq A' < 3$
$\qquad \therefore\ 2\times 10^{14} \leqq A' \times 10^{14} < 3\times 10^{14}$

$$\therefore \quad 2 \times 10^{14} \leq A < 3 \times 10^{14}$$

よって，A の最高位の数字は **2**

参考

(2)より，A は 15 桁の数だから，A と $A'(=A \times 10^{-14})$ との関係は図のようになります．

◀15 個の数字の並びは変わらず小数点の位置がずれているだけ

この図からわかるように，(3)以降で 10^{-14} を A にかけてあるのは「**小数点の位置を自分のほしい数字のすぐ右側にもってくる**」ことが目的なのです．こうすることによって，不要な数字 14 個を小数点以下にもっていき無視することで，最高位の数字だけを残そうということです．

一般的にまとめると次のようになります．

> 実数 $A(>1)$ に対して，$\log_{10} A = n + \alpha$
> (n：整数，$0 \leq \alpha < 1$) と表せるとき，
> A の整数部分の桁数は，$\boldsymbol{n+1}$
> 最高位の数字 m は，$\log_{10} m \leq \alpha < \log_{10}(m+1)$ をみたす

この考え方と対数表を利用すれば大きな数が，たとえば 6.02×10^{23}（アボガドロ数）のような形に表せることがわかります．

ポイント | 具体的な値がわからない数でも，小数点の位置をずらせば，最高位の数字を知ることができる

演習問題 76

$A = \log_3 2$ について，次の問いに答えよ．ただし，$\log_{10} 2 = 0.3010$，$\log_{10} 3 = 0.4771$ を用いないものとする．

(1) $3^l \leq 2^{10} < 3^{l+1}$ をみたす自然数 l を求めよ．

(2) $10A$ について，一の位の数字を求めよ．

(3) A の小数第 1 位の数字を求めよ．

77 指数・対数関数の最大・最小

(A) $f(x) = 2^x + 2^{-x} - 2^{2x+1} - 2^{-2x+1}$ について，次の問いに答えよ．
(1) $t = 2^x + 2^{-x}$ とおいて，$f(x)$ を t で表せ．
(2) t の最小値を求めよ．
(3) $f(x)$ の最大値とそのときの x の値を求めよ．
(B) x，y は正の値をとり，$xy = 100$ をみたしている．このとき，
$$P = \log_{10} x \log_{10} y$$
について，次の問いに答えよ．
(1) P を x を用いて表せ．
(2) P の最大値とそのときの x，y の値を求めよ．

精講

(A) ひとまとめにおいて，既知の関数にもちこむという意味では，指数方程式や指数不等式と同じ感覚ですが，(2)がポイントで，$2^x > 0$，$2^{-x} > 0$ から，ある公式を頭に浮かべてほしいのですが……．

(B) (1) 69 の **基本性質**，**計算公式** をフルに活用します．
(2) ひとまとめにおいて既知の関数へもちこみます．

解答

(A) (1) $f(x) = 2^x + 2^{-x} - 2 \cdot 2^{2x} - 2 \cdot 2^{-2x}$

ここで，
$$t^2 = (2^x + 2^{-x})^2$$
$$= (2^x)^2 + 2 \cdot 2^x \cdot 2^{-x} + (2^{-x})^2$$
$$= 2^{2x} + 2^{-2x} + 2 \qquad \blacktriangleleft 2^x \cdot 2^{-x} = 1$$

∴ $2^{2x} + 2^{-2x} = t^2 - 2$

よって，$f(x) = -2t^2 + t + 4$

(2) $2^x > 0$，$2^{-x} > 0$ だから，相加平均≧相乗平均より
$$t = 2^x + 2^{-x} \geq 2\sqrt{2^x \cdot 2^{-x}} = 2$$

等号は $2^x = 2^{-x}$，すなわち，$x = 0$ のとき成立する．

よって，t の最小値は 2

(3) $y = -2t^2 + t + 4$ とおくと，

$$y = -2\left(t - \frac{1}{4}\right)^2 + \frac{33}{8}$$

右のグラフより，$t \geqq 2$ において，$t=2$ のとき，すなわち **$x=0$ のとき，最大値 -2**

(B) (1) $y = \dfrac{100}{x}$ だから，

$$\log_{10} y = \log_{10} \frac{10^2}{x} = \log_{10} 10^2 - \log_{10} x = 2 - \log_{10} x$$

∴ $P = \log_{10} x (2 - \log_{10} x)$

(2) $\log_{10} x = t$ とおくと，
$$P = t(2-t) = -t^2 + 2t = -(t-1)^2 + 1$$

右のグラフより，$t=1$，すなわち，
$x=10,\ y=10$ のとき，最大値 1

> **ポイント** 指数・対数関数の最大・最小はひとまとめにおいて既知の関数へ

参考 (B) P の最大値は次のようにしても求まります．
$xy = 100$ より $\log_{10} xy = 2$ ∴ $\log_{10} x + \log_{10} y = 2$ ……①
$\log_{10} x = X,\ \log_{10} y = Y$ とおくと，$X,\ Y$ のとりうる値の範囲は実数全体であり，①は $X+Y=2$，$P = \log_{10} x \log_{10} y$ は $XY=P$ となる．
したがって，P のとりうる値の範囲は 2 つの実数解 $X,\ Y$ をもつ条件より，
　$P \leqq 1$
よって，最大値は 1

(A) (1) $49^x + 49^{-x} = a$ とおくとき，$7^{8x} + 2401^{-2x}$ を a で表せ．

(2) $7^{8x} + 2401^{-2x}$ の最小値を求めよ．

(B) $1 \leqq x \leqq 81$ として，次の問いに答えよ．

(1) $t = \log_3 x$ とおくとき，t のとりうる値の範囲を求めよ．

(2) $f(x) = (\log_3 x)\left(\log_3 \dfrac{1}{9}x\right)$ の最大値を求めよ．

78 大小比較（Ⅰ）

(1) 2数 $a=2^{\frac{1}{2}}$, $b=3^{\frac{1}{3}}$ の大小を比べよ．

(2) 3数 $a=2^{\frac{1}{2}}$, $b=3^{\frac{1}{3}}$, $c=5^{\frac{1}{5}}$ を小さい順に並べよ．

精講

(1)で $2^{\frac{1}{2}}$, $3^{\frac{1}{3}}$ の値が具体的にわからないのは，指数のせいです．もし，2^3, 3^2 ならすぐにわかります．

だから a と b ではなく，a^6 と b^6 で比べればよいのです．

(2)を同様に考えると，a^{30} と b^{30} と c^{30}，すなわち，2^{15} と 3^{10} と 5^6 の大小比較になりますが，3^{10} がとてもタイヘンな計算になるので一工夫必要です．

解 答

(1) $a^6 = (2^{\frac{1}{2}})^6 = 2^3 = 8$,

$b^6 = (3^{\frac{1}{3}})^6 = 3^2 = 9$

よって，$a^6 < b^6$，すなわち，

$$a < b$$

(2) $a^{10} = (2^{\frac{1}{2}})^{10} = 2^5 = 32$,

$c^{10} = (5^{\frac{1}{5}})^{10} = 5^2 = 25$

よって，$c^{10} < a^{10}$，すなわち，$c < a$

(1)の結果とあわせて，$c < a < b$

よって，小さい順に並べると，

$$c, \ a, \ b$$

ポイント 値が具体的にわからない数の大小を比べるときわからない理由が排除される方向で考える

演習問題 78

3数 $a=2^{\frac{4}{5}}$, $b=3^{\frac{1}{2}}$, $c=4^{\frac{1}{3}}$ を小さい順に並べよ．

79 大小比較（Ⅱ）

$1 < a < b$ とし，$P = \log_b a$，$Q = \log_b(\log_b a)$，$R = (\log_b a)^2$ を考える．このとき，次の問いに答えよ．
(1) P のとりうる値の範囲を求めよ． (2) Q, R を P で表せ．
(3) P, Q, R を小さい順に並べよ．

精講

(1) $1 < a < b$ に対数記号 $\log_b$ をつければ P がでてきます．
(3) (1)で P のとりうる値の範囲がわかっているので，(2)を利用すれば Q, R のとりうる値の範囲がわかります．

のポイントの応用です．

解答

(1) $b > 1$ だから，
$1 < a < b$ より $\log_b 1 < \log_b a < \log_b b$
よって，$\mathbf{0 < P < 1}$

◀ 底が b の対数をとる

(2) $\mathbf{Q = \log_b P, \ R = P^2}$

(3) $0 < P < 1$ だから，$P^2 < P$
∴ $0 < R < P$ ……①
次に，$0 < P < 1$，$1 < b$ だから，
$\log_b P < 0$ ∴ $Q < 0$ ……②

◀ グラフから

①，②より，小さい順に並べると
$\mathbf{Q, \ R, \ P}$

◉ポイント 対数の大小比較は，
底をそろえて真数の大小比較をするが，
そのとき，底が1より大きいか，小さいかに注意する

演習問題 79

$\dfrac{3}{2}\log_3 2$，$2^{-0.3} \times 3^{0.2}$，1 を小さい順に並べよ．

第6章 微分法と積分法

80 極限 (I)

次の極限値を求めよ．

(1) $\displaystyle\lim_{x\to 1}\frac{x^2-1}{x-1}$ (2) $\displaystyle\lim_{x\to 2}\frac{x^2-5x+6}{x^2-3x+2}$

精講

関数 $f(x)$ において，x が a と異なる値をとりながら a に限りなく近づくとき，$f(x)$ が一定の値 b に近づくことを $\displaystyle\lim_{x\to a}f(x)=b$ と表し，この b を $f(x)$ の**極限値**といいます．

しかし，(1)も(2)もこのままだと分母 $\to 0$，分子 $\to 0$ となって，$\dfrac{0}{0}$ という形になるので，値を考えることができません．この状態を「**不定形**」といいますが，これは極限値が存在しないのではなく，かくれているだけなのです．

解答

(1) $\displaystyle\lim_{x\to 1}\frac{(x+1)(x-1)}{x-1}$
$=\displaystyle\lim_{x\to 1}(x+1)=\mathbf{2}$

(2) $\displaystyle\lim_{x\to 2}\frac{(x-2)(x-3)}{(x-1)(x-2)}$ ◀約分をする
$=\displaystyle\lim_{x\to 2}\frac{x-3}{x-1}=\mathbf{-1}$

ポイント 不定形を解消するとき，分子，分母を0にしている因数を，約分によってとり除く

演習問題 80

次の極限値を求めよ．

(1) $\displaystyle\lim_{x\to 0}\frac{1}{x}\left(2-\frac{x+2}{x+1}\right)$ (2) $\displaystyle\lim_{x\to a}\frac{x^2-(2a-1)x+a^2-a}{x^2-ax}$ $(a\neq 0)$

81 極限（Ⅱ）

> 次の等式が成りたつような定数 a, b の値を求めよ．
> $$\lim_{x \to 2} \frac{x^2+ax+b}{x-2} = 6$$

精講 $x \to 2$ のとき，$\dfrac{2a+b+4}{0}$ となりますが，「それでは6にならないじゃないか!!」と思うのは早計．たった1つだけ可能性が残されています．それは「**不定形**」($\Rightarrow$) です．だから $2a+b+4=0$ となれば，6になるかもしれないのです．ただし，これは必要条件ですから，あとで吟味をしなければなりません．

解 答

$x \to 2$ のとき，分母 $\to 0$ だから，極限値が6になるためには，少なくとも $x \to 2$ のとき，分子 $\to 0$ でなければならない．◀不定形

よって，$2a+b+4=0$ $\therefore$ $b=-2a-4$

このとき，$x^2+ax+b = x^2+ax-2(a+2)$ ◀分子に $x-2$ をつくりにいく
$= (x-2)(x+a+2)$

$\therefore$ $\displaystyle\lim_{x \to 2}\frac{x^2+ax+b}{x-2} = \lim_{x \to 2}(x+a+2) = a+4 = 6$

よって，$a=2$, $b=-8$

逆に，このとき，
$\displaystyle\lim_{x \to 2}\frac{x^2+2x-8}{x-2} = \lim_{x \to 2}\frac{(x-2)(x+4)}{x-2} = \lim_{x \to 2}(x+4) = 6$ となり，適する．

◯ポイント 不定形は極限値が存在しないのではなく，かくれている状態

演習問題 81

> $\displaystyle\lim_{x \to 1}\frac{x^2-(a+b)x-2}{x^2+(a-1)x-a} = -\frac{1}{3}$ となるような定数 a, b の値を求めよ．

82 導関数

次のそれぞれの関数について，導関数を求めよ．
(1) $y = x^2$　　(2) $y = x^3 + 2x^2 + 4x + 1$　　(3) $y = (2x+1)^3$

精講

「定義に従って」と書いてありませんから，$(x^n)' = nx^{n-1}$ を使って計算をすればよいのですが，問題は(2), (3)です．
(2)は $\{f(x) + g(x)\}' = f'(x) + g'(x)$ を使います．
(3)は展開してから微分するのでしょうか．

解答

(1) $y' = 2x$

(2) $y' = (x^3)' + (2x^2)' + (4x)' + (1)' = 3x^2 + 4x + 4$　　◀ (定数)$' = 0$

(3) (解Ⅰ)（展開してから微分する）
$y = (2x+1)^3 = 8x^3 + 12x^2 + 6x + 1$　だから
$y' = (8x^3)' + (12x^2)' + (6x)' + (1)' = 24x^2 + 24x + 6$

(解Ⅱ)（下の□内の性質を利用すると）

> $y = (ax+b)^3 = a^3x^3 + 3a^2bx^2 + 3ab^2x + b^3$　だから，
> $y' = 3a^3x^2 + 6a^2bx + 3ab^2 = 3a(a^2x^2 + 2abx + b^2)$
> $\quad = 3a(ax+b)^2$　　∴　$y' = 3a(ax+b)^2$

$y' = 3 \cdot 2(2x+1)^2 = 6(2x+1)^2$

ポイント
- $(x^n)' = nx^{n-1}$
- $\{(ax+b)^n\}' = na(ax+b)^{n-1}$　（n は自然数）

注　「$\{(ax+b)^n\}' = na(ax+b)^{n-1}$」は数学Ⅲにでてくる公式ですが，数学Ⅱの段階で使えるようにしておくとたいへん便利です．

演習問題 82

次のそれぞれの関数を微分せよ．
(1) $y = x^3 - 2x^2 + 4x - 2$　　(2) $y = (3x+2)^4$

83 微分係数

$f(x) = x^2 + 3x + 2$ について，次に与えられた x における微分係数をそれぞれ求めよ．
(1) $x = 1$ (2) $x = -1$ (3) $x = a$

「定義に従って」とは書いてありませんから，導関数 $f'(x)$ を求めておいて，それぞれの x の値を代入すればよいことになります．ここでは参考のために，(3)について定義に従って微分係数を求める手順を示しておきます．

解答

$f'(x) = 2x + 3$ だから， ◀まず，導関数を求める

(1) $f'(1) = \mathbf{5}$
(2) $f'(-1) = \mathbf{1}$
(3) $f'(a) = \mathbf{2a + 3}$

参考 定義に従うと次のようになります．
$$f(a+h) - f(a) = (a+h)^2 + 3(a+h) + 2 - (a^2 + 3a + 2)$$
$$= h(2a + 3 + h)$$
$$\therefore \quad f'(a) = \lim_{h \to 0} \frac{f(a+h) - f(a)}{h} \quad (\Leftarrow これが定義の式)$$
$$= \lim_{h \to 0}(2a + 3 + h) = 2a + 3$$

注 $f'(a) = \lim_{x \to a} \dfrac{f(x) - f(a)}{x - a}$ を利用してもよい．

◎ポイント $x = a$ における微分係数は，導関数 $f'(x)$ に $x = a$ を代入したもの

演習問題 83

$f(x) = x^3 + ax^2 + bx + a$ が，$f'(1) = 2$，$f'(2) = 11$ をみたすように a，b を定めよ．

84 平均変化率と微分係数

$f(x)=x^2-2x+4$ について，x が 1 から 3 まで変化するときの平均変化率と $x=t$ における微分係数が等しくなるという．このような t の値を求めよ．

精講 x が a から b まで変化するときの**平均変化率**は，$\dfrac{f(b)-f(a)}{b-a}$ で表されます．

右図でいえば，直線 AB の**傾き**です．

解答

$\dfrac{f(3)-f(1)}{3-1}=f'(t)$ より $\dfrac{7-3}{2}=2t-2$ ◀平均変化率

∴ $t=2$

参考 85 で学びますが，$f'(t)$ は，$y=f(x)$ 上の点 $\mathrm{T}(t,\ f(t))$ における**接線の傾き**を表しています．だから，この問題は次のような図形的意味をもっています．

> 放物線 $y=x^2-2x+4$ 上の 2 点 A(1, 3)，B(3, 7) を通る直線 AB と傾きが等しくなるような接線の接点の x 座標は t

ポイント x が a から b まで変化するとき，平均変化率は
$$\dfrac{f(b)-f(a)}{b-a}$$

演習問題 84

$f(x)=ax^2+bx+c\ (a\neq 0)$ について，x が x_1 から $x_2\ (x_1\neq x_2)$ まで変化するときの平均変化率と $f'(x_3)$ が等しいとき，x_3 を x_1，x_2 で表せ．

85 接線（Ⅰ）

放物線 $f(x)=x^2-3x+4$ について，次に与えられた x における接線の方程式を求めよ．
(1) $x=1$ 　　(2) $x=t$

接線を求める公式なんてあったかな？と思う人もいるでしょうが，次の2つの公式を組み合わせれば，**ポイント** の接線の方程式を求めることができるのです．

Ⅰ．**傾き m で点 (x_0, y_0) を通る直線は，**
  $y-y_0=m(x-x_0)$
Ⅱ．$y=f(x)$ 上の点 $(t, f(t))$ における**接線の傾きは，$f'(t)$**

解答

$f'(x)=2x-3$ である．
(1) $f(1)=2$ より，接点は $(1, 2)$
　また，$f'(1)=-1$ より，接線の傾きは -1　　◀傾き $f'(1)$
　よって，接線は，$y-2=-1\cdot(x-1)$
　$\therefore\ y=-x+3$
(2) $f(t)=t^2-3t+4$ より，接点は (t, t^2-3t+4)
　また，$f'(t)=2t-3$ より，接線の傾きは，$2t-3$　　◀傾き $f'(t)$
　よって，接線は，
　　$y-(t^2-3t+4)=(2t-3)(x-t)$　　◀$y-f(t)$
　$\therefore\ y=(2t-3)x-t^2+4$　　　　　　$=f'(t)(x-t)$

ポイント　$y=f(x)$ 上の $x=t$ における接線の傾きは $f'(t)$ で，接線の方程式は，$y-f(t)=f'(t)(x-t)$

演習問題 85
放物線 $f(x)=x^2-4x+5$ 上の点 $(1, f(1))$ における接線と点 $(3, f(3))$ における接線の交点の座標を求めよ．

86 接線（Ⅱ）

放物線 $f(x)=x^2-3x+4$ に，点 $(0, 0)$ から引いた接線の方程式を求めよ．

精講

本問と 85 が同じに見えるとヤバイ!!

実は，85 の接線公式は，接点がわかっていないと使えないのです．

そして，点 $(0, 0)$ は曲線上にはありませんし，「から引いた」とも書いてあるわけですから，点 $(0, 0)$ は接点ではありません．だから，**接点をおくところからスタート**することになります．

解答

接点を $T(t, t^2-3t+4)$ とおくと，　◀接点をおく
T における接線は，$y=(2t-3)x-t^2+4$　◀85 (2)の問題なので，途中は省略した
これが，点 $(0, 0)$ を通るので
　$-t^2+4=0$
　$\therefore\ t=\pm 2$
よって，接線は2本存在し，
　$y=x,\ y=-7x$　（右図参照）

（**別解**）接線を $y=mx$ とおく．
放物線の方程式と連立させて
　$x^2-(m+3)x+4=0$
これが重解をもつので，判別式 $=(m+3)^2-16=0$　◀別解は数学Ⅰ・Aの 42 を参照
　$\therefore\ m=1,\ -7$
よって，接線は，$y=x,\ y=-7x$

ポイント　接線公式は接点がわからないと使えない

演習問題 86

放物線 $f(x)=x^2-4x+5$ に，点 $(1, 0)$ から引いた接線の方程式を求めよ．

87 関数決定（Ⅰ）

2次式 $f(x)$ は，等式 $(x+1)f'(x)=2f(x)+7x-7$ をみたしているとする．

このとき，$f(x)$ を求めよ．ただし，x^2 の係数は1とする．

x^2 の係数が1の2次式ということから，$f(x)=x^2+ax+b$ とおけます．これで $f'(x)$ を求められますから，あとは，これを与式に代入して**恒等式**（⇒ 11）の考え方を利用することになります．

解答

$f(x)=x^2+ax+b$ とおくと， ◀ $f(x)=\cdots\cdots$ とおく

$f'(x)=2x+a$ だから，与式に代入して

$(x+1)(2x+a)=2(x^2+ax+b)+7x-7$

∴ $2x^2+(a+2)x+a=2x^2+(2a+7)x+2b-7$

これは，x についての恒等式だから，

係数を比較して $\begin{cases} a+2=2a+7 \\ a=2b-7 \end{cases}$ ∴ $a=-5,\ b=1$

よって，$\boldsymbol{f(x)=x^2-5x+1}$

参考　与えられた式に，$x=-1$ を代入してみると
$0\cdot f'(-1)=2f(-1)-14$ となり，$f(-1)=7$ となることがわかります．これは，**解答**の $f(x)$ が正解であるかどうかの検算として利用できます．

ポイント

$f'(x)$ を含んだ等式は，
$f(x)=\cdots\cdots$ とおいて，恒等式にもちこむ

2次式 $f(x)$ は，次の2つの等式をみたしているとする．

$(x-1)f'(x)=f(x)+(x-1)^2,\ f'(1)=-1$

このとき，$f(x)$ を求めよ．

88 3次関数のグラフ

関数 $f(x)=x^3-3x^2-9x+15$ について，増減を調べ，極値を求め，グラフをかけ．

 精講

極値とはグラフをかいたとき，**山や谷になっているところの y 座標**のことで，山のところは**極大値**，谷のところは**極小値**と呼ばれます．

たとえば，右図のようなグラフであれば，極大値も極小値も2つずつ存在することになります．ところで，このような点の x 座標は，どのように考えれば求められるのでしょうか？

図に引いてある横線がポイントです．この横線は接線です．「横線＝傾きが0」ということから，「接線の傾き＝0」となる点が求める点ということです．

ここで **85** によれば，接線の傾きは $f'(x)$ で与えられるわけですから，$f'(x)=0$ となる点ということになりそうです．しかし，$f(x)=x^3$ のときを考えてみると，$f'(x)=0$ となるのは $x=0$ ですが，点をいくつかとってだいたいのグラフをかいてみると，$x=0$ では山でも谷でもありません (右図参照)．

結局，接線の傾き ($f'(x)$) が
 $-\to 0 \to +$ と変化すれば，**谷 (極小)**，
 $+\to 0 \to -$ と変化すれば，**山 (極大)**，
を示していることになるのです．

したがって極値を調べるときは，$f'(x)=0$ となる x を求めるだけでなく，その x の前後での $f'(x)$ の符号の変化も追わなければなりません．そして，その様子を**増減表**という形式で表します．

解　答

$f(x) = x^3 - 3x^2 - 9x + 15$ より，

$f'(x) = 3x^2 - 6x - 9 = 3(x-3)(x+1)$

よって，$f'(x)$ の符号の変化と $f(x)$ の値の変化は表のようになる．

x	$\cdots$	-1	$\cdots$	3	$\cdots$
$f'(x)$	$+$	0	$-$	0	$+$
$f(x)$	↗	20	↘	-12	↗

◀ 符号の変化を表にする

よって，**極大値　20**　（$x = -1$ のとき）

極小値　-12　（$x = 3$ のとき）

また，グラフは右図．

注　「↗」は増加を表す記号で，「↘」は減少を表す記号です．

3次関数が極値をもつとき，そのグラフのかき方にはコツがあります．実は，このときのグラフは極大点と極小点の中点（この点を**変曲点**といいます）に関して**点対称になっている**のです．だから，右図のような**合同な 8 個の長方形のワク内に必ず納まっています**．ただし，個々の長方形のタテ，ヨコの長さの比は関数によって変わります．

この事実は検算として利用することができます．

たとえば，もし極大値と極小値の計算が正しければ，

$f\left(\dfrac{-1+3}{2}\right) = \dfrac{20+(-12)}{2}$，すなわち，$f(1) = 4$ のはずです．

実際，$f(1) = 1 - 3 - 9 + 15 = 4$ です．

ポイント
- $y = f(x)$ の増減は，$f'(x)$ の符号の変化を追う
- $f'(x) = 0$ となる x のうち，前後で符号が変化すれば，その x で極値をとる

演習問題 88

関数 $f(x) = -2x^3 + 6x + 2$ について，増減を調べ，極値を求め，グラフをかけ．

89 共通接線

2つの曲線 $C: y=x^3$, $D: y=x^2+px+q$ がある.
(1) C 上の点 $P(a, a^3)$ における接線 l を求めよ.
(2) 曲線 D は P を通り, D の P における接線は l と一致する. このとき, p, q を a で表せ.
(3) (2)のとき, D が x 軸に接するような a の値を求めよ.

(2) 2つの曲線 C, D が共通の接線 l をもっているということですが, 共通接線には次の **2つの形** があります.

違いは, **接点が一致しているか, 一致していないか**で, この問題は接点がPで一致しているので(I型)になります.

どちらの型も, 接線をそれぞれ求めて傾きと y 切片がともに一致すると考えれば答をだせますが, (I型)については**ポイント**の公式を覚えておいた方がよいでしょう. **解答**は, この公式を知らないという前提で作ってあります.

解答

(1) $y=x^3$ より, $y'=3x^2$ だから, $P(a, a^3)$ における接線は,
$$y-a^3=3a^2(x-a)$$
∴ $l: \boldsymbol{y=3a^2x-2a^3}$ ……㋐

(2) P は D 上にあるので, $a^2+pa+q=a^3$ ……①
また, $y=x^2+px+q$ より $y'=2x+p$ だから,
P における接線は, $y-a^3=(2a+p)(x-a)$
∴ $l: y=(2a+p)x+a^3-2a^2-pa$
$y=(2a+p)x+q-a^2$ ……㋑ (∵ ①より)

㋐, ㋑は一致するので，$3a^2=2a+p$，$-2a^3=q-a^2$

よって，$p=3a^2-2a$，$q=-2a^3+a^2$

(3) $D: y=\left(x+\dfrac{p}{2}\right)^2+q-\dfrac{p^2}{4}$ だから，曲線 D が x 軸に接するとき，頂点の y 座標は 0

◀ $x^2+px+q=0$ の判別式$=0$ でもよい

$\therefore \quad q-\dfrac{p^2}{4}=0 \quad \therefore \quad 4q-p^2=0$

よって，$4(-2a^3+a^2)-(3a^2-2a)^2=0$

◀ 展開しないで共通因数でくくる

$4a^2(-2a+1)-a^2(3a-2)^2=0$

$a^2\{-8a+4-(9a^2-12a+4)\}=0$

$a^3(9a-4)=0$

$\therefore \quad a=0, \ \dfrac{4}{9}$

注 $a=0$ が答の 1 つになることは，図をかけば x 軸が共通接線であることから予想がつきます．

(2)は**ポイント**を使うと次のようになります．

$f(x)=x^3$，$g(x)=x^2+px+q$ とおくと

$f'(x)=3x^2$，$g'(x)=2x+p$

$\therefore \quad \begin{cases} a^3=a^2+pa+q \\ 3a^2=2a+p \end{cases}$ よって，$\begin{cases} p=3a^2-2a \\ q=-2a^3+a^2 \end{cases}$

> **ポイント**
> 2 つの曲線 $y=f(x)$ と $y=g(x)$ が点 $(t, f(t))$ を共有し，その点における接線が一致する
> $\iff f(t)=g(t)$ かつ $f'(t)=g'(t)$

演習問題 89

関数 $f(x)=x^2+2$ と $g(x)=-x^2+ax$ のグラフが点 P を共有し，点 P における接線が一致する．このとき，a の値と P の座標を求めよ．

90 関数決定（Ⅱ）

> 関数 $f(x)=x^3+ax^2+bx+c$ は，$x=2$ で極小値 0 をとり，$x=1$ における接線の傾きは -3 である．このとき，a, b, c の値と，極大値を求めよ．

精講

「$x=2$ で極小値 $\Longrightarrow f'(2)=0$」は正しいのですが，「$f'(2)=0 \Longrightarrow x=2$ で極小値」は正しくありません．ですから，a, b, c を求めたあと**吟味が必要**になります．

解答

$f(x)=x^3+ax^2+bx+c$ より，$f'(x)=3x^2+2ax+b$

$x=2$ で極小値 0 をとるので，$f'(2)=0$, $f(2)=0$

また，$x=1$ における接線の傾きは -3 だから，$f'(1)=-3$

$\therefore \begin{cases} 12+4a+b=0 & \cdots\cdots\text{①} \\ 8+4a+2b+c=0 & \cdots\cdots\text{②} \\ 6+2a+b=0 & \cdots\cdots\text{③} \end{cases}$ ◀連立方程式を作る

①，③より，$a=-3$, $b=0$

②に代入して，$c=4$

このとき，$f(x)=x^3-3x^2+4$

$\therefore f'(x)=3x^2-6x=3x(x-2)$

よって，増減は表のようになり，この $f(x)$ は適する． ◀吟味

x	$\cdots$	0	$\cdots$	2	$\cdots$
$f'(x)$	$+$	0	$-$	0	$+$
$f(x)$	↗	4	↘	0	↗

また，このとき，**極大値 4**（$x=0$ のとき）

ポイント　「$x=\alpha$ で極値」という条件を「$f'(\alpha)=0$」として使うときは吟味が必要

演習問題 90

関数 $f(x)=x^3+3ax^2+3bx$ が，$x=2$ で極大，$x=3$ で極小となるような定数 a, b の値を求めよ．また，極大値，極小値を求めよ．

91 極値をもつための条件

関数 $f(x)=x^3+3(a-1)x^2+3(a+1)x+2$ が極値をもつような a の値の範囲を求めよ．

極値をもつ状態の1例として，88 を見てください．増減表の一番上の欄に x の値が2つでてきています．これが3次関数が極値をもっている状態です．いいかえると，$f'(x)=0$ が異なる2つの実数解をもてばよいということです．

解答

$f'(x)=3x^2+6(a-1)x+3(a+1)=3\{x^2+2(a-1)x+(a+1)\}$

よって，$f(x)$ が極値をもつ条件は，

$x^2+2(a-1)x+(a+1)=0$ が異なる2つの実数解をもつことである．

判別式を D とすると $\dfrac{D}{4}=(a-1)^2-(a+1)=a^2-3a=a(a-3)$

であるから $a(a-3)>0$ より　　　　◀ $D>0$ が必要十分

$a<0,\ 3<a$

たとえば，$a=0$ のとき
($f'(x)=0$ が重解をもつとき)
増減は右表のようになり，

x	$\cdots$	1	$\cdots$
$f'(x)$	$+$	0	$+$
$f(x)$	↗	3	↗

極値をもっていません．
だから，極値をもたない条件は，$D\leqq0$ です．

> **ポイント**　3次関数 $y=f(x)$ が極値をもつ
> $\iff f'(x)=0$ が異なる2つの実数解をもつ

演習問題 91

3次関数 $f(x)=x^3-3ax^2+3x-1$ について，次の問いに答えよ．
(1) 極値をもつような a の値の範囲を求めよ．
(2) $x=2$ で極小となるとき，a の値と極値を求めよ．

92 最大・最小

関数 $f(x)=x^3-6x^2+9x$ $(-1 \leqq x \leqq 4)$ について，最大値，最小値とそのときの x の値を求めよ．

最大値，最小値を求めるとき，範囲の両端の y の値だけ調べても意味がありません（⇨数学Ⅰ・A 34）．極値も調べなければなりません．3次関数であれば増減表をかくのが一番よいでしょう．

解答

$f(x)=x^3-6x^2+9x$ より，
$f'(x)=3x^2-12x+9=3(x-1)(x-3)$

よって，$-1 \leqq x \leqq 4$ において，$f(x)$ の増減は表のようになる．

x	-1	$\cdots$	1	$\cdots$	3	$\cdots$	4
$f'(x)$			$+$	0	$-$	0	$+$
$f(x)$	-16	↗	4	↘	0	↗	4

◀両端の値と極値を比べる

よって，$-1 \leqq x \leqq 4$ において

最大値 　4　$(x=1,\ 4$ のとき$)$
最小値 　-16　$(x=-1$ のとき$)$

参考 88 の参考にあるグラフの特徴を考えれば，$x=1$，$x=4$ で最大になり，$x=-1$ で最小になるという予想がつきます．

ポイント　範囲のついた3次関数の最大，最小は増減表をかいて考える

演習問題 92

関数 $f(x)=(x+1)^2(x-2)$ $(-1 \leqq x \leqq 4)$ について，最大値，最小値とそのときの x の値を求めよ．

93 最大値・最小値の図形への応用

右図のように，1辺の長さが$2a(a>0)$の正三角形から，斜線を引いた四角形をきりとり，底面が正三角形のフタのない容器を作り，この容積をVとおく．

(1) 容器の底面の正三角形の1辺の長さと容器の高さをxで表せ．
(2) xのとりうる値の範囲を求めよ．
(3) Vをxで表し，Vの最大値とそのときのxの値を求めよ．

精講

最大値，最小値の考え方を図形に応用するとき，変数に**範囲がつく**ことを忘れてはいけません．この設問では(2)ですが，考え方は「容器ができるために必要な条件は？」です．

解 答

(1) 底面の1辺の長さは $2a-2x$，また，きりとられる部分は右図のようになるので，高さは $\dfrac{x}{\sqrt{3}}$

(2) 容器ができるとき $2a-2x>0$，$\dfrac{x}{\sqrt{3}}>0$ だから

$$0 < x < a$$

◀範囲がつく

(3) $V = \dfrac{1}{2}\{2(a-x)\}^2 \sin 60° \times \dfrac{x}{\sqrt{3}}$

$= x(x-a)^2 = x^3 - 2ax^2 + a^2 x$

$V' = (x-a)(3x-a)$ より，

$x = \dfrac{a}{3}$ のとき，最大値 $\dfrac{4a^3}{27}$ をとる．

x	0	...	$\dfrac{a}{3}$	...	a
V'		+	0	−	0
V		↗		↘	

ポイント　図形の問題で，最大，最小を考えるとき，範囲に注意

演習問題 93

底面の半径rと高さhが $r+h=a$ $(a>0)$ をみたす円すいの体積をVとするとき，Vの最大値を求めよ．

94 微分法の方程式への応用

a は実数とする．3次方程式 $x^3+5x^2+3x-a=0$ の異なる実数解の個数は，a の値によって変化する．この方程式が異なる3つの実数解をもつような a の値の範囲を求めよ．

精講

定数を含んだ方程式の解について議論するとき，
$f(x)=a$ と変形して，$y=f(x)$ と $y=a$ のグラフの共有点の x 座標がもとの方程式の解である

ことを利用するのが基本方針です．この考え方は**定数分離**といわれますが，3次方程式以外の方程式でも通用します．また，定数分離の考え方が使えない問題 95 もありますから，(**別解**) の考え方も知っておきましょう．

解答

（a を x と分離して求める方法）

$x^3+5x^2+3x-a=0 \iff x^3+5x^2+3x=a$

より $\begin{cases} y=x^3+5x^2+3x & \cdots\cdots① \\ y=a & \cdots\cdots② \end{cases}$ のグラフで考える．

①の右辺を $f(x)$ とおく．$f'(x)=3x^2+10x+3=(x+3)(3x+1)$ であるから増減は表のようになる．

x	$\cdots$	-3	$\cdots$	$-\dfrac{1}{3}$	$\cdots$
$f'(x)$	$+$	0	$-$	0	$+$
$f(x)$	↗	9	↘	$-\dfrac{13}{27}$	↗

よって，$y=f(x)$ のグラフは右図のようになり，このグラフと②のグラフが異なる3点で交わればよいので，$-\dfrac{13}{27}<a<9$

◀ x 軸に平行な直線②を動かして考える

参考 このタイプの問題は，頻出パターンですが，設問の中では，この他にも様々な要求がされています．たとえば，次のようなものです．

① 異なる2つの実数解をもつ
② 正の解1つと負の異なる解2つをもつ

　　（①の答えは，$a=-\dfrac{13}{27}$, 9　　②の答えは，$0<a<9$）

(別解)（a を x と分離しないで求める方法）

$f(x)=x^3+5x^2+3x-a$ とおくと
　　$f'(x)=3x^2+10x+3=(x+3)(3x+1)$

よって，$x=-3,\ -\dfrac{1}{3}$ で極値をとる．

$f(x)=0$ が異なる3つの実数解をもつとき
$y=f(x)$ の (極大値)×(極小値)<0　◀注

　　∴　$f(-3)f\left(-\dfrac{1}{3}\right)<0$

よって，$(-a+9)\left(-a-\dfrac{13}{27}\right)<0$　　∴　$(a-9)\left(a+\dfrac{13}{27}\right)<0$

　　∴　$-\dfrac{13}{27}<a<9$

注　この解答は，以下のことを利用しています．

　　x は $f(x)=0$ の解 $\Longleftrightarrow$ x は $y=f(x)$ と x 軸の交点の x 座標

　　3次関数 $y=f(x)$ が
　　・極値をもたない　　　　　　　　　　　　　　　　┐…実数解1個
　　　　　　　　　　　┌(極大値)×(極小値)>0　　　┘
　　・極値をもつ　　　 ┤(極大値)×(極小値)=0…実数解2個
　　　　　　　　　　　└(極大値)×(極小値)<0…実数解3個

●ポイント　定数を含んだ方程式の解は $f(x)=a$ と変形し，
$y=f(x)$ と $y=a$ のグラフの交点の x 座標を考える

演習問題 94

a を実数とする．3次方程式 $x^3-4x+a=0$ の解がすべて実数となるような a の値の範囲を求めよ．

95 接線の本数

曲線 $C: y = x^3 - x$ 上の点を $T(t, t^3 - t)$ とする.
(1) 点Tにおける接線の方程式を求めよ.
(2) 点$A(a, b)$を通る接線が2本あるとき, a, bのみたす関係式を求めよ. ただし, $a > 0$, $b \neq a^3 - a$ とする.
(3) (2)のとき, 2本の接線が直交するような a, b の値を求めよ.

(2) 3次関数のグラフに引ける**接線の本数は，接点の個数と一致し**ます．だから，(1)の接線に $A(a, b)$ を代入してできる t の3次方程式が異なる2つの実数解をもつ条件を考えますが，このときの考え方は 94 注 で学習済みです．

(3) 未知数が2つあるので，等式を2つ用意します．

1つは(2)で求めてあるので，あと1つですが，それが**「接線が直交する」**を式にしたものです．接線の傾きは接点における微分係数(⇨ 83)ですから，2つの接点における **微分係数の積=−1** と考えて式を作ります．

解答

(1) $f(x) = x^3 - x$ とおくと, $f'(x) = 3x^2 - 1$
よって，Tにおける接線は，
$$y - (t^3 - t) = (3t^2 - 1)(x - t)$$ ◀85
$$\therefore \ y = (3t^2 - 1)x - 2t^3$$

(2) (1)の接線は $A(a, b)$ を通るので
$$b = (3t^2 - 1)a - 2t^3$$
$$\therefore \ 2t^3 - 3at^2 + a + b = 0 \ \cdots\cdots(*)$$
$(*)$ が異なる2つの実数解をもつので，
$g(t) = 2t^3 - 3at^2 + a + b$ とおくとき，
$y = g(t)$ のグラフが，極大値，極小値をもち，
(極大値)×(極小値)$=0$ であればよい． ◀94 注
$$g'(t) = 6t^2 - 6at = 6t(t - a)$$
$g'(t) = 0$ を解くと，$t = 0, \ t = a$ だから

$$\begin{cases} a \neq 0 \\ g(0)g(a)=0 \end{cases} \therefore \begin{cases} a \neq 0 \\ (a+b)(b-a^3+a)=0 \end{cases}$$

◀ $a \neq 0$ は極値をもつ
ための条件

$b \neq a^3-a,\ a>0$ だから，**$a+b=0$**

(3) (2)のとき(*)より，$t^2(2t-3a)=0$

2本の接線の傾きは $f'(0),\ f'\left(\dfrac{3a}{2}\right)$ だから，直交する条件より

$$f'(0)f'\left(\dfrac{3a}{2}\right)=-1 \quad \therefore\ (-1)\left(\dfrac{27}{4}a^2-1\right)=-1$$

$$\therefore\ a^2=\dfrac{8}{27}$$

$a>0$ より，$a=\dfrac{2\sqrt{6}}{9},\ b=-\dfrac{2\sqrt{6}}{9}$

ポイント
3次関数のグラフに引ける接線の本数は
接点の個数と一致する

参考 実は，3次関数のグラフに引ける接線の本数は以下のようになることがわかっています．記述式問題の検算用やマーク式問題で有効です．

3次曲線 C の変曲点（）における接線を l とするとき，

・斜線部分と変曲点からは1本引ける
・C と l 上の点（変曲点を除く）からは2本引ける
・青アミ部分からは3本引ける

演習問題 95

曲線 $y=x^3-6x$ に点 $\mathrm{A}(2,\ p)$ から接線を引くとき，次の問いに答えよ．

(1) 曲線上の点 $\mathrm{T}(t,\ t^3-6t)$ における接線の方程式を求めよ．
(2) p を t で表せ．
(3) 点Aから接線が3本引けるような p の値の範囲を求めよ．

96 微分法の不等式への応用（Ⅰ）

$x > 1$ のとき，$x^3 - 2x^2 > x^2 - 3x + 1$ となることを示せ．

精講

不等式 $A > B$ を示すときに，$A - B > 0$ を示せばよいことはわかるでしょう．だから，A, B がこの問題のように x の式ならば，$A - B = f(x)$ とおいて，$f(x) > 0$ を示せばよいことになります．そのためには，$f(x)$ の最小値を求めればよいのです．だから，

不等式の証明は関数の最大・最小の問題のイメージで解答を作る

ことになります．

解答

$f(x) = (x^3 - 2x^2) - (x^2 - 3x + 1)$　　◀ $f(x) = A - B$
$\qquad = x^3 - 3x^2 + 3x - 1$　とおくと
$f'(x) = 3x^2 - 6x + 3 = 3(x-1)^2 \geqq 0$

よって，$f(x)$ は単調増加．

このとき，$f(1) = 0$ だから，$x > 1$ のとき，$f(x) > 0$

すなわち，$x^3 - 2x^2 > x^2 - 3x + 1$

注 右のグラフの $(1, 0)$ のあたりをよく見てください．

88 で学んだように $f'(1) = 0$ であっても，$x = 1$ の前後で $f'(x)$ の符号に変化はありません（$+ \to 0 \to +$ です）．

このような点があるとき，直線のようにストレートに $(1, 0)$ を通過してはいけません．$(1, 0)$ で x 軸に接する（傾きが 0）ような**フンイキ**にしておかなければなりません．

ポイント 不等式の証明は，
関数の最大・最小の考え方にもちこむ

演習問題 96

$x > 0$ のとき，$(x+2)^3 \geqq 27x$ となることを示せ．

97 微分法の不等式への応用（Ⅱ）

$p>0$ とする．このとき $x^3-3px^2+4 \geqq 0$ が，$x \geqq 0$ において成立するような p のとりうる値の範囲を求めよ．

精講

96 の発展型です．「$x \geqq 0$ において $f(x) \geqq 0$」とは
「**$x \geqq 0$ において関数 $f(x)$ の最小値 $\geqq 0$**」
という意味です．この読みかえができれば一本道です．

解答

$f(x)=x^3-3px^2+4$ とおくと
$f'(x)=3x^2-6px=3x(x-2p)$

◀関数のグラフで考える

$2p>0$ であることを考えれば，$f(x)$ の増減は $x \geqq 0$ において，表のようになる．

◀0 と $2p$ の大小が決まらないと増減表はかけない

x	0	$\cdots$	$2p$	$\cdots$
$f'(x)$	0	$-$	0	$+$
$f(x)$	4	↘	$4-4p^3$	↗

よって，$f(x) \geqq 0$ となるためには，最小値 $\geqq 0$ であればよいので，
$4-4p^3 \geqq 0$　　　　　　　　　　　◀ポイント
$p^3-1 \leqq 0$　　∴　$(p-1)(p^2+p+1) \leqq 0$
ゆえに，$p-1 \leqq 0$　よって，$0<p \leqq 1$　　◀$p^2+p+1=\left(p+\dfrac{1}{2}\right)^2+\dfrac{3}{4}>0$

ポイント　$f(x)$ がある区間で $f(x) \geqq 0 \iff f(x)$ の最小値 $\geqq 0$

演習問題 97

$0<a<2$ とするとき，$x \geqq 0$ において
$x^3-\dfrac{3}{2}(a+2)x^2+6ax+a \geqq 0$ が成りたつ a の値の範囲を求めよ．

98 不定積分（Ⅰ）

次の不定積分を求めよ．

(1) $\int (x^2+2x+3)dx$ (2) $\int (x-1)^2 dx$ (3) $\int (2x+1)^2 dx$

不定積分の公式は，

$$\int x^n dx = \frac{x^{n+1}}{n+1} + C \quad (C：積分定数)$$

ですが，(2)，(3)の型にそなえて，**ポイント**にある公式も覚えておきましょう．

解答

(1) $\int (x^2+2x+3)dx = \dfrac{1}{3}x^3 + x^2 + 3x + C$

(2) $\int (x-1)^2 dx = \int (x^2-2x+1)dx = \dfrac{1}{3}x^3 - x^2 + x + C$

(3) $\int (2x+1)^2 dx = \int (4x^2+4x+1)dx = \dfrac{4}{3}x^3 + 2x^2 + x + C$

（C はいずれも積分定数）

（別解）（ポイントの公式を使うと……）

(2) $\int (x-1)^2 dx = \dfrac{1}{3}(x-1)^3 + C$

(3) $\int (2x+1)^2 dx = \dfrac{1}{2} \cdot \dfrac{1}{3}(2x+1)^3 + C = \dfrac{1}{6}(2x+1)^3 + C$

◉ ポイント　$\int x^n dx = \dfrac{x^{n+1}}{n+1} + C,\quad \int (ax+b)^n dx = \dfrac{(ax+b)^{n+1}}{a(n+1)} + C$

演習問題 98

次の不定積分を求めよ．

(1) $\int (x^2-x+3)dx$ (2) $\int (x+2)^2 dx$ (3) $\int (3x-1)^2 dx$

155

99 不定積分（Ⅱ）

曲線 $y=f(x)$ 上の点 $(x,\ y)$ における接線の傾きが，x^2+x+1 で与えられている．このような曲線のうち，点 $(1,\ 2)$ を通るものを求めよ．

精講 接線の傾きは $f'(x)$ で与えられます（⇨ 85 ）から $f'(x)=x^2+x+1$ という式が与えられたことになります．

だから，$f'(x)$ から $f(x)$ を導きだすことになります．ここで，不定積分が微分の逆計算であることに気付けば解決です．「**点 $(1,\ 2)$ を通る**」というのは，**積分定数 C を決定するための条件**です．

解 答

$f'(x)=x^2+x+1$ だから， ◀ 傾きは $f'(x)$

$$f(x)=\int(x^2+x+1)dx$$

$$=\frac{1}{3}x^3+\frac{1}{2}x^2+x+C \quad (C：積分定数)$$ ◀ 微分して検算する

ここで，点 $(1,\ 2)$ を通るので，

$$f(1)=2$$

$$\therefore \quad \frac{1}{3}+\frac{1}{2}+1+C=2 \quad \therefore \quad C=\frac{1}{6}$$

よって，$y=\dfrac{1}{3}x^3+\dfrac{1}{2}x^2+x+\dfrac{1}{6}$

第6章

🔘 **ポイント**

不定積分を求めることは微分の逆の計算にあたる

演習問題 99

$f'(x)=3x^2-2x+1,\ f(-1)=3$ をみたす $f(x)$ を求めよ．

100 定積分

次の定積分を計算せよ．

(1) $\int_1^2 (x^2 - 3x + 2) dx$

(2) $\int_\alpha^\beta (x - \alpha)(x - \beta) dx$

精講

定積分は分数計算を正しくできるかどうかがポイント．少しでも工夫して計算量を減らしましょう．

工夫というのは，確かに，いろいろな公式を利用することも含まれていますが，基本的には分数のさわり方が身についているかどうかです．

なお，定積分の計算公式は次のとおりです．

$f(x)$ の不定積分の1つを $F(x)$（不定積分において積分定数を0としたもの）とするとき

$$\int_a^b f(x) dx = \Big[F(x) \Big]_a^b = F(b) - F(a)$$

解答

(1) $\int_1^2 (x^2 - 3x + 2) dx = \left[\dfrac{1}{3}x^3 - \dfrac{3}{2}x^2 + 2x \right]_1^2$

$= \left(\dfrac{8}{3} - 6 + 4 \right) - \left(\dfrac{1}{3} - \dfrac{3}{2} + 2 \right)$

$= \dfrac{2}{3} - \left(\dfrac{1}{3} + \dfrac{1}{2} \right) = \dfrac{1}{3} - \dfrac{1}{2} = -\dfrac{1}{6}$

◀ 仮分数のまま．通分しない方がよい

(2) $\int_\alpha^\beta (x - \alpha)(x - \beta) dx$

$= \int_\alpha^\beta (x - \alpha)\{(x - \alpha) - (\beta - \alpha)\} dx$

$= \int_\alpha^\beta \{(x - \alpha)^2 - (\beta - \alpha)(x - \alpha)\} dx$

$= \left[\dfrac{1}{3}(x - \alpha)^3 - \dfrac{\beta - \alpha}{2}(x - \alpha)^2 \right]_\alpha^\beta$

$= \dfrac{1}{3}(\beta - \alpha)^3 - \dfrac{1}{2}(\beta - \alpha)^3$

$= -\dfrac{1}{6}(\beta - \alpha)^3$

◀ $x - \beta$ の中に強引に $x - \alpha$ を作る

◀ 98 ポイント 参照

> **注** $x-\alpha$ について式を整理するメリットは，**下端の数字を代入したとき，0 になる**ところにあります．これは計算量を減らすために有効な手段の1つです．
>
> **参考** お気付きでしょうか？
> (1)は(2)において $\alpha=1$, $\beta=2$ とおいたものです．
> だから，(2)の結果を覚えておくと(1)の計算まちがいを防ぐことができます．また，(2)の形は，このあと面積計算（⇨ 104 ～ 107 ）のところで再び登場します．
>
> 客観式ならそのまま使えますし，記述式でも検算として十分に通用します．また，証明もよく出題されますので，結果を覚えておくだけでなく，証明手順までしっかりと頭に入れておきましょう．

ポイント 分数の和，差の計算は次の手順で

Ⅰ．正の数と負の数を組み合わせて打消し合いをねらう
　　（⟹ 扱う数字の絶対値が小さくなるから）

Ⅱ．同じ分母どうし集める
　　（⟹ うまくいくと整数になるから）

Ⅲ．通分を考える

演習問題 100

次の定積分を計算せよ．

(1) $\displaystyle\int_{-1}^{1}(6x^2-x+2)dx$

(2) $\displaystyle\int_{0}^{2}(x-3)^2 dx$

(3) $\displaystyle\int_{-2}^{3}(x-1)(x+2)dx$

(4) $\displaystyle\int_{1-\sqrt{2}}^{1+\sqrt{2}}(x^2-2x-1)dx$

101 絶対値記号のついた関数の定積分

次の定積分を計算せよ．

(1) $\int_0^2 |x^2-1|\,dx$ (2) $\int_0^1 |x^2-a^2|\,dx \quad (0<a\leqq 1)$

精講　絶対値記号のついた関数は，そのままでは積分できません．次の公式を利用して絶対値記号をはずしますが，このとき，

$$\int_a^b f(x)\,dx = \int_a^c f(x)\,dx + \int_c^b f(x)\,dx$$

を利用して定積分を分けます．あとは普通の定積分です．

$$|f(x)| = \begin{cases} f(x) & (f(x)\geqq 0 \text{ のとき}) \\ -f(x) & (f(x)\leqq 0 \text{ のとき}) \end{cases}$$

解答

(1) $|x^2-1| = \begin{cases} x^2-1 & (1\leqq x\leqq 2) \\ -(x^2-1) & (0\leqq x\leqq 1) \end{cases}$

◀積分の範囲は $0\leqq x\leqq 2$ だから，その範囲だけ考えればよい

$\therefore \int_0^2 |x^2-1|\,dx = -\int_0^1 (x^2-1)\,dx + \int_1^2 (x^2-1)\,dx$

$= -\left[\dfrac{1}{3}x^3 - x\right]_0^1 + \left[\dfrac{1}{3}x^3 - x\right]_1^2$

$= -2\left(\dfrac{1}{3}-1\right) + \left(\dfrac{8}{3}-2\right) = -\dfrac{2}{3} + \dfrac{8}{3} = 2$

(2) $|x^2-a^2| = \begin{cases} x^2-a^2 & (a\leqq x\leqq 1) \\ -(x^2-a^2) & (0\leqq x\leqq a) \end{cases} \quad (\because\ 0<a\leqq 1)$

$\therefore \int_0^1 |x^2-a^2|\,dx$

$= -\int_0^a (x^2-a^2)\,dx + \int_a^1 (x^2-a^2)\,dx$

$= -\left[\dfrac{1}{3}x^3 - a^2 x\right]_0^a + \left[\dfrac{1}{3}x^3 - a^2 x\right]_a^1$

$= -2\left(\dfrac{1}{3}a^3 - a^3\right) + \left(\dfrac{1}{3} - a^2\right) = \dfrac{4}{3}a^3 - a^2 + \dfrac{1}{3}$

$y=|x^2-a^2|$ のグラフ

少し難しくなりますが，$a>0$ という条件に変えると $0<a\leq 1$ の場合と，$1<a$ の場合の2つに分けなければなりません．（**演習問題 101**(2)）

大学入試では，最終的にこの程度の場合分けはできるようにしておかなければなりません．$0<a\leq 1$ のときは，解答と同じなので，$1<a$ のときだけをかいておきます．

$1<a$ のとき
$$\int_0^1 |x^2-a^2|dx$$
$$=-\int_0^1 (x^2-a^2)dx$$
◀ $0\leq x\leq 1$ より
$-(x^2-a^2)$
$$=-\left[\frac{1}{3}x^3-a^2 x\right]_0^1$$
$$=a^2-\frac{1}{3}$$

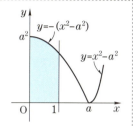

注 定積分に文字定数が入っていると場合分けになることが多いのですが，このとき，継ぎ目（ここでは $a=1$）で定積分は同じ値になることを知っておくと計算まちがいを防ぐことができます．

ポイント
絶対値記号のついた関数の定積分は
$$|f(x)|=\begin{cases} f(x) & (f(x)\geq 0) \\ -f(x) & (f(x)\leq 0) \end{cases}$$
を用いて絶対値記号をはずし，
$$\int_a^b f(x)dx=\int_a^c f(x)dx+\int_c^b f(x)dx$$
を利用して，区間を分けて積分する

演習問題 101

次の定積分を計算せよ．

(1) $\int_{-2}^{2} |x^2+x-2|dx$ (2) $\int_{-1}^{1} |(x-a)(x-1)|dx$ $(a>0)$

102 定積分で表された関数（I）

関数 $f(x)$ は等式 $\int_a^x f(t)dt = x^4 + ax^3 - 3a^2x^2 + 3a^3x - 2$ をみたしている．（ただし，a は正の定数とする）

このとき，次の問いに答えよ．

(1) 定数 a の値を求めよ．
(2) $f(x)$ を求めよ．
(3) $f(x)$ の増減を調べ，極値を求めよ．

(1) a の値を求めるには，a だけの式を作る必要があります．そこで，$\int_a^a f(t)dt = 0$ を利用するために $x = a$ を代入します．

(2) 不定積分は微分の逆の計算でしたが（⇒ 99），今回は定積分 $\int_a^x f(t)dt$ を微分するとどうなるのかを調べてみましょう．

$f(t)$ の不定積分の1つを $F(t)$ とおくと

$$\int_a^x f(t)dt = \Big[F(t)\Big]_a^x = F(x) - F(a)$$

よって，$\left(\int_a^x f(t)dt\right)'$
$= (F(x) - F(a))'$
$= F'(x) - (F(a))' = F'(x)$

◀「$'$」は「微分する」という意味

◀ $F(a)$ は定数だから微分すると 0

ここで，$F'(x) = f(x)$ だから，

$$\left(\int_a^x f(t)dt\right)' = f(x)$$

◀ t が x に変わっているところがポイント

解 答

$\int_a^x f(t)dt = x^4 + ax^3 - 3a^2x^2 + 3a^3x - 2$ ……①

(1) ①に，$x = a$ を代入すると，

$\int_a^a f(t)dt = 0$ だから，$a^4 + a^4 - 3a^4 + 3a^4 - 2 = 0$ ◀ポイント

∴ $a^4 = 1$

$a>0$ だから，$a=1$

(2) ①の両辺を x で微分すると，
$$f(x)=4x^3+3ax^2-6a^2x+3a^3$$
(1)より，$a=1$ だから，
$$f(x)=4x^3+3x^2-6x+3$$

(3) $f'(x)=12x^2+6x-6$
$\qquad =6(2x-1)(x+1)$

よって，増減は表のようになる．

x	$\cdots$	-1	$\cdots$	$\dfrac{1}{2}$	$\cdots$
$f'(x)$	$+$	0	$-$	0	$+$
$f(x)$	↗	8	↘	$\dfrac{5}{4}$	↗

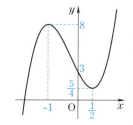

よって，

極大値 8 （$x=-1$ のとき）

極小値 $\dfrac{5}{4}$ $\left(x=\dfrac{1}{2}\ \text{のとき}\right)$

ポイント

Ⅰ．$\displaystyle\int_a^a f(t)dt=0$

Ⅱ．$\dfrac{d}{dx}\displaystyle\int_a^x f(t)dt=f(x)$

注 $\dfrac{d}{dx}\ \blacksquare$ は「■ を x で微分する」という意味の記号です．

演習問題 102

(1) $a>0$ とするとき，$\displaystyle\int_a^x f(t)dt=x^2-2x-3$ をみたす $f(x)$ と a を求めよ．

(2) $f(x)=\displaystyle\int_1^x (t^2-3t-4)dt$ をみたす $f(x)$ を求めよ．

103 定積分で表された関数（Ⅱ）

等式 $f(x)=x^2+x\int_0^1 f(t)dt$ をみたす関数 $f(x)$ を求めよ．

102 と同じではありません．積分の上端，下端が**ともに定数**です．だから，$f(t)$ の不定積分の t に 0 と 1 を代入することになるので計算結果は**定数**です．

よって，$\int_0^1 f(t)dt=a$ （a：定数）とおけば，$\int$ 記号が視界から消えて扱いやすくなります．

解答

$\int_0^1 f(t)dt=a$ （a：定数）とおくと

$f(x)=x^2+ax$

∴ $a=\int_0^1 f(t)dt$

 $=\int_0^1 (t^2+at)dt=\dfrac{1}{3}+\dfrac{1}{2}a$

◀ 区間の両端が定数の積分は定数となる

◀ おいた式にもう一度戻すところがコツ

よって，$a=\dfrac{2}{3}$

∴ $f(x)=x^2+\dfrac{2}{3}x$

> **ポイント** $\int_a^b f(t)dt$ は定数　（a, b は定数）

演習問題 103

等式 $f(x)=2x^2+x\int_0^3 f(t)dt-5$ をみたす関数 $f(x)$ を求めよ．

104 面積（I）

> 放物線 $y=x^2-2x-3$ と x 軸で囲まれた図形の面積 S を求めよ．

精講　曲線と x 軸で囲まれる部分の面積を求めるときは，次の2つを確認して定積分です．

I．x 軸より上側にあるか，下側にあるか
　（式で示すか，グラフで示すかのどちらかです）

II．交点の x 座標
　（小さい方が $\int$ の下端で，大きい方が $\int$ の上端）

解答

$x^2-2x-3=0$ となる x は
$$(x-3)(x+1)=0$$
より $x=-1,\ 3$

よって，$y=x^2-2x-3$ のグラフは
右図のようになり，S は色の部分の面積．

$$\therefore\ S=-\int_{-1}^{3}(x^2-2x-3)dx$$

（囲まれる部分が x 軸より下側にあれば，「$-$」をつけて定積分）

$$=-\left[\frac{1}{3}x^3-x^2-3x\right]_{-1}^{3}=\left(-\frac{1}{3}-1+3\right)-(9-9-9)$$

$$=11-\frac{1}{3}=\frac{32}{3}$$

◀ **100** (2)の性質を利用すると検算が可能

$$S=\frac{1}{6}(3+1)^3=\frac{32}{3}$$

ポイント　$y=f(x)$ のグラフと x 軸で囲まれた部分の面積は
$y=f(x)$ のグラフと x 軸との上下関係を確認する

演習問題 104

放物線 $y=x^2-2x-1$ と x 軸で囲まれた図形の面積 S を求めよ．

105 面積（Ⅱ）

放物線 $y=x^2-x$ と直線 $y=x+3$ で囲まれた部分の面積を求めよ．

精講

2つの曲線 $y=f(x)$ と $y=g(x)$ で囲まれた部分の面積は次の2つを確認して定積分します．

Ⅰ．**どちらのグラフが上側にあるか**
（上にある方から下にある方をひいて積分）

Ⅱ．**交点の x 座標**（小さい方が $\int$ の下端，大きい方が $\int$ の上端）

解答

$x^2-x=x+3$ を解くと，$x^2-2x-3=0$ ◀交点の座標を求める
∴ $(x-3)(x+1)=0$ ∴ $x=-1, 3$
よって，求める面積 S は図の色の部分．
∴ $S=\int_{-1}^{3}\{(x+3)-(x^2-x)\}dx$ ◀直線が上

$=-\int_{-1}^{3}(x^2-2x-3)dx=\dfrac{32}{3}$ ◀計算は 104 と同じ

参考

104 と比較してみると，与えられた状況は異なっていても定積分は同じ式になっています．これは，「(上にある式)－(下にある式)」さえわかれば，それぞれの式はわからなくてもよいことを示しています．（⇨ 108）

◉ポイント 曲線と曲線で囲まれた部分の面積は，図をかいて上から下をひいたものを，左から右へ向かって積分する

演習問題 105

放物線 $y=x^2$ と直線 $y=x+2$ について，
(1) 2つのグラフの交点の座標を求めよ．
(2) 2つのグラフで囲まれた部分の面積 S を求めよ．

106 面積(Ⅲ)

放物線 $y=x^2-3x-3$ と $y=-x^2+5x+7$ で囲まれた部分の面積 S を求めよ.

精講

105 と同じで，**上下関係と交点の確認**をして定積分です．

解答

$x^2-3x-3=-x^2+5x+7$ を解くと　◀交点の確認

$2x^2-8x-10=0$

$\therefore\ 2(x-5)(x+1)=0\quad \therefore\ x=-1,\ 5$

よって，求める面積 S は図の色の部分．

$\therefore\ S=-2\displaystyle\int_{-1}^{5}(x-5)(x+1)dx$　◀上下関係

$\quad =-2\displaystyle\int_{-1}^{5}(x+1-6)(x+1)dx$　◀100(2)

$\quad =-2\displaystyle\int_{-1}^{5}\{(x+1)^2-6(x+1)\}dx$

$\quad =-2\left[\dfrac{1}{3}(x+1)^3-3(x+1)^2\right]_{-1}^{5}$

$\quad =-2\left(\dfrac{1}{3}\cdot 6^3-3\cdot 6^2\right)=2\cdot 6^2=72$　◀累乗の部分をくくるのがコツ

注 図は上下関係を確認するためのものですから，105 のように x 軸，y 軸まできちんとかく必要はありません．

ポイント　面積 $=\displaystyle\int_{左}^{右}(上-下)$

演習問題 106

2つの曲線 $f(x)=2x^2-3x-5$ と $g(x)=|x^2-x-2|$ について，
(1) 2つのグラフの交点の x 座標を求めよ．
(2) 2つのグラフで囲まれた部分の面積を求めよ．

107 面積（Ⅳ）

m を実数とする．

放物線 $y = x^2 - 4x + 4$ ……① , 直線 $y = mx - m + 2$ ……②

について，次の問いに答えよ．

(1) ②は m の値にかかわらず定点を通る．この点を求めよ．
(2) ①，②は異なる2点で交わることを示せ．
(3) ①，②の交点の x 座標を α, β $(\alpha < \beta)$ とするとき，①，②で囲まれた部分の面積 S を α, β で表せ．
(4) S を m で表し，S の最小値とそのときの m の値を求めよ．

(1) 37 ですでに学んでいます．「m の値にかかわらず」とくれば，「式を m について整理して恒等式」と考えます．

(2) 放物線と直線の位置関係は判別式を利用して判断します．

(3) 105 ですでに学んでいますが，定積分の計算には 100 (2)を使います．

(4) 21 （解と係数の関係）を利用します．

解　答

(1) ②より $m(x-1) - (y-2) = 0$　　◀ m について整理

これが m の値にかかわらず成立するとき，

　$x - 1 = 0,\ y - 2 = 0$

よって，m の値にかかわらず②が通る点は，$(1,\ 2)$

(2) ①，②より，y を消去して，

　$x^2 - 4x + 4 = mx - m + 2$　　∴　$x^2 - (m+4)x + m + 2 = 0$

判別式を D とすると，　　◀ $D > 0$ を示せばよい

　$D = (m+4)^2 - 4(m+2)$
　　$= m^2 + 4m + 8$
　　$= (m+2)^2 + 4 > 0$

よって，①と②は異なる2点で交わる．

(3) 右図の色の部分が S を表すので

　$S = \displaystyle\int_\alpha^\beta \{(mx - m + 2) - (x^2 - 4x + 4)\} dx$

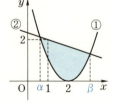

$$= -\int_\alpha^\beta \{x^2-(m+4)x+m+2\}dx$$

$\alpha,\ \beta$ は，$x^2-(m+4)x+m+2=0$ の 2 解だから

$$S = -\int_\alpha^\beta (x-\alpha)(x-\beta)dx = \frac{1}{6}(\beta-\alpha)^3$$

 紙面の都合で途中の計算は省略してありますが，100(2)のようにきちんと書いてください．

(4) 解と係数の関係より，$\alpha+\beta=m+4,\ \alpha\beta=m+2$

$\therefore\ (\beta-\alpha)^2=(\alpha+\beta)^2-4\alpha\beta=(m+4)^2-4(m+2)$ ……(∗)

$\qquad\qquad = m^2+4m+8$

$\therefore\ S=\dfrac{1}{6}\{(\beta-\alpha)^2\}^{\frac{3}{2}}=\dfrac{1}{6}(m^2+4m+8)^{\frac{3}{2}}$

$S=\dfrac{1}{6}\{(m+2)^2+4\}^{\frac{3}{2}}$ より $m=-2$ のとき 最小値 $\dfrac{4}{3}$ をとる．

 (∗) は，よく見ると(2)の D です．これは偶然ではありません．

$ax^2+bx+c=0\ (a>0)$ の 2 解を $\alpha,\ \beta\,(\alpha<\beta)$ とすると，

$$\alpha=\frac{-b-\sqrt{D}}{2a},\ \beta=\frac{-b+\sqrt{D}}{2a}$$

$$\therefore\ \beta-\alpha=\frac{-b+\sqrt{D}}{2a}-\frac{-b-\sqrt{D}}{2a}=\frac{\sqrt{D}}{a}$$

本問は $a=1$ のときですから，$(\beta-\alpha)^2=(\sqrt{D})^2=D$ となるのは当然．

　このことからわかるように，2 解の差は判別式を用いて表すことも可能で，必ずしも，$\alpha+\beta,\ \alpha\beta$ から求める必要はありません．

ポイント　$\displaystyle\int_\alpha^\beta (x-\alpha)(x-\beta)dx = -\frac{1}{6}(\beta-\alpha)^3$

演習問題 107

$y=4-x^2$ ……①，$y=a-x$ (a は実数) ……② について，次のものを求めよ．

(1) ①，②のグラフが異なる 2 点で交わるような a の値の範囲

(2) ①，②のグラフで囲まれた部分の面積が $\dfrac{4}{3}$ となるような a の値

108 面積 (V)

放物線 $y=x^2-x+3$ ……①, $y=x^2-5x+11$ ……② について，次の問いに答えよ．
(1) ①，②の交点の座標を求めよ．
(2) m, n は実数とする．直線 $y=mx+n$ ……③ が①，②の両方に接するとき，m, n の値を求めよ．
(3) ①，②，③で囲まれた部分の面積 S を求めよ．

(2) 89 によると，共通接線には2つの形があります．
(3) 図をかいてみるとわかりますが，面積を2つに分けて求める必要があります．それは，上側から下側をひくとき (⇨ 105)，上側の式が2種類あるからです．

解答

(1) ①，②より，y を消去して，
$x^2-x+3=x^2-5x+11$ ∴ $4x=8$
∴ $x=2$　このとき，$y=5$
よって，①，②の交点は $(2, 5)$

(2) (i) ①，③が接するとき
$x^2-x+3=mx+n$ より $x^2-(m+1)x+3-n=0$
判別式を D_1 とすると，$D_1=(m+1)^2-4(3-n)=0$
∴ $m^2+2m+4n-11=0$ ……④

(ii) ②，③が接するとき
$x^2-5x+11=mx+n$ より $x^2-(m+5)x+11-n=0$
判別式を D_2 とすると，$D_2=(m+5)^2-4(11-n)=0$
∴ $m^2+10m+4n-19=0$ ……⑤

④−⑤より　$-8m+8=0$ ∴ $m=1$
④より，$n=2$ ∴ $m=1$, $n=2$

(別解) (85 の考え方で……)
①上の点 (t, t^2-t+3) における接線は

169

$y-(t^2-t+3)=(2t-1)(x-t)$

$\therefore \quad y=(2t-1)x-t^2+3$

これは，②にも接しているので，

$x^2-5x+11=(2t-1)x-t^2+3$

より $x^2-2(t+2)x+t^2+8=0$

の判別式をDとすると，$\dfrac{D}{4}=(t+2)^2-(t^2+8)=0$

$\therefore \quad 4t-4=0 \qquad \therefore \quad t=1$

よって，①，②の両方に接する直線は，$y=x+2$

$\therefore \quad m=1,\ n=2$

(3) Sは右図の色の部分.

$\therefore \quad S=\displaystyle\int_1^2\{(x^2-x+3)-(x+2)\}dx$ ◀面積を

$\qquad +\displaystyle\int_2^3\{(x^2-5x+11)-(x+2)\}dx$ 分ける

$\qquad =\displaystyle\int_1^2(x-1)^2dx+\int_2^3(x-3)^2dx \quad \cdots\cdots (*)$

$\qquad =\left[\dfrac{1}{3}(x-1)^3\right]_1^2+\left[\dfrac{1}{3}(x-3)^3\right]_2^3=\dfrac{1}{3}+\dfrac{1}{3}=\dfrac{2}{3}$

注 （＊）で定積分する関数が完全平方式になるのは当然です．

105 の 参考 を見てください．

「上にある式－下にある式」という計算は，2つの式を連立させてyを消去する作業と同じことをしているので，交点のx座標がかくれていることになります．①と③の交点が，$x=1$（重解）だから，

「上にある式－下にある式」$=(x-1)^2$となるのは当然です．

ポイント

上にある式や下にある式が積分の範囲の途中で変わるときは，面積はそこで分けて考える

演習問題 108

曲線 $y=x^2-6x+4$ ……① について，次の問いに答えよ．

(1) 原点から①に引いた2本の接線の方程式を求めよ．

(2) ①と(1)で求めた2本の接線で囲まれる部分の面積を求めよ．

109 面積（Ⅵ）

放物線 $y = ax^2 - 12a + 2$ $\left(0 < a < \dfrac{1}{2}\right)$ ……① を考える．

(1) 放物線①が a の値にかかわらず通る定点を求めよ．
(2) 放物線①と円 $x^2 + y^2 = 16$ ……② の交点の y 座標を求めよ．
(3) $a = \dfrac{1}{4}$ のとき，放物線①と円②で囲まれる部分のうち，放物線の上側にある部分の面積 S を求めよ．

精講

(1) 定数 a を含んだ方程式の表す曲線が，a の値にかかわらず通る定点を求めるときは，式を a について整理して，a についての恒等式と考えます（⇨ 37 ）．

(2) 2つの曲線の交点ですから連立方程式の解を求めますが，y を消去すると x の4次方程式になるので，x 座標が必要でも，まず x を消去して y の2次方程式にして解きます．

(3) 面積を求めるとき，境界線に円弧が含まれていると，扇形の面積を求めることになるので，中心角を求めなければなりません．だから，中心 O と接点を結んだ線を引く必要があります．もちろん，境界線に放物線が含まれるので，定積分も必要になります．

解答

(1) $y = ax^2 - 12a + 2$ より

$$a(x^2 - 12) - (y - 2) = 0$$

◀ a について整理

これが任意の a について成りたつので

$$\begin{cases} x^2 - 12 = 0 \\ y - 2 = 0 \end{cases} \quad \therefore\ x = \pm 2\sqrt{3},\ y = 2$$

よって，①が a の値にかかわらず通る定点は

$$(\pm 2\sqrt{3},\ 2)$$

(2) $\begin{cases} y = ax^2 - 12a + 2 & \cdots\cdots① \\ x^2 + y^2 = 16 & \cdots\cdots② \end{cases}$

②より，$x^2 = 16 - y^2$ だから，①に代入して

$$y = a(16-y^2) - 12a + 2$$
$$\therefore \quad ay^2 + y - 2(2a+1) = 0$$
$$\therefore \quad (y-2)(ay+2a+1) = 0$$
$$\therefore \quad y = 2, \ -2 - \frac{1}{a}$$

ここで，$2 < \dfrac{1}{a}$ より，$-2 - \dfrac{1}{a} < -4$ となり，◀ 円 $x^2+y^2=16$ 上の点は $-4 \leq y \leq 4$ をみたす

$y = -2 - \dfrac{1}{a}$ は不適．よって，$y = 2$

(3) $a = \dfrac{1}{4}$ のとき，①は $y = \dfrac{1}{4}x^2 - 1$

また，(1)より，①，②の交点は
A$(2\sqrt{3},\ 2)$，B$(-2\sqrt{3},\ 2)$
∠AOB $= 120°$ だから

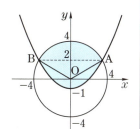

$$S = 2\int_0^{2\sqrt{3}} \left\{ 2 - \left(\frac{1}{4}x^2 - 1\right) \right\} dx$$
$$+ \left(\frac{120}{360} \cdot \pi \cdot 4^2 - \frac{1}{2} \cdot 4 \cdot 4 \cdot \sin 120° \right)$$
$$= \left[-\frac{1}{6}x^3 + 6x \right]_0^{2\sqrt{3}} + \frac{16}{3}\pi - 4\sqrt{3}$$
$$= -\frac{24\sqrt{3}}{6} + 12\sqrt{3} + \frac{16}{3}\pi - 4\sqrt{3}$$
$$= 4\sqrt{3} + \frac{16}{3}\pi$$

🌙 ポイント　境界に円弧を含む図形の面積は，中心と結んで扇形の面積を考えるので，中心角が必要

演習問題 109

2次関数 $f(x) = x^2 + ax + b$ が条件 $f(1) = 1$，$f'(1) = 0$ をみたすとする．また，方程式 $x^2 - 2x + y^2 - 2y = 0$ が表す円を C とする．
(1) $a,\ b$ の値を求めよ．
(2) $y = f(x)$ のグラフと曲線 C で囲まれる部分の面積のうち，放物線の下側にある部分の面積 S を求めよ．

第7章 数　列

110 等差数列（Ⅰ）

第5項が67，第15項が52である等差数列 $\{a_n\}$ について
(1) 初項 a，公差 d を求めよ．
(2) 各項のうち，20 と 30 の間にあるものの個数を求めよ．

精講

数列の一番最初にある数（**初項**）を決め，この数に定数（**公差**）を次々に加えていってできる数列を**等差数列**といいます．この数列の第 n 項（**一般項**）は，次の式で与えられます．

　　第 n 項＝（初項）＋$(n-1)$×（公差）　　◀ n ではなく $n-1$

解　答

(1) $a+4d=67$ ……①，$a+14d=52$ ……②

②－① より，$10d=-15$　　∴ $d=-\dfrac{3}{2}$，$a=73$

(2) $20<73+(n-1)\left(-\dfrac{3}{2}\right)<30$ より，$\dfrac{89}{3}<n<\dfrac{109}{3}$

$\dfrac{89}{3}=29.6\cdots$，$\dfrac{109}{3}=36.3\cdots$ だから　$30\leqq n\leqq 36$

よって，$36-30+1=7$ より，　　◀ 1 を加える
20 と 30 の間には，**7 個**の項がある．

> **ポイント**　初項 a，公差 d の等差数列の一般項は
> 　　　　　$a+(n-1)d$

演習問題 110

第8項が22，第20項が -14 である等差数列 $\{a_n\}$ について
(1) 初項 a，公差 d を求めよ．
(2) 一般項 a_n を n で表し，$a_n>0$ となるような n の範囲を求めよ．

111 等差数列（Ⅱ）

初項から第5項までの和が250，初項から第20項までの和が-50である等差数列$\{a_n\}$について
(1) 初項a，公差dを求めよ．
(2) 初項から第n項までの和が最大となるようなnを求めよ．

精講

初項a，公差dの等差数列の初項から第n項a_nまでの和S_nは次の式で表せます． $S_n = \dfrac{n}{2}(a+a_n) = \dfrac{n}{2}\{2a+(n-1)d\}$

また，S_nの最大（あるいは最小）を考えるときは，S_nではなく，**a_nの符号の変化**に着目します．

解答

(1) $\dfrac{5}{2}(2a+4d)=250$, $\dfrac{20}{2}(2a+19d)=-50$ より

$\begin{cases} a+2d=50 \\ 2a+19d=-5 \end{cases}$ $\therefore$ $\begin{cases} a=64 \\ d=-7 \end{cases}$

(2) $a_n = 64+(n-1)(-7) = 71-7n$

したがって，$a_1 \sim a_{10}$ までは正で，a_{11} 以降はすべて負．
よって，初項から第10項までの和が最大．
すなわち，$n=10$ のとき最大．

ポイント 等差数列の和の最大・最小は
一般項の符号の変化で考える

演習問題 111

第5項が84，第20項が-51の等差数列$\{a_n\}$について
(1) 初項a，公差dを求めよ．
(2) 初項から第n項までの和S_nをnで表せ．
(3) S_nの最大値とそのときのnの値を求めよ．

112 等差数列（Ⅲ）

> 等差数列 $\{a_n\}$ が $a_1+a_2+a_3=3$, $a_3+a_4+a_5=33$ をみたしている．
> (1) 初項 a_1 と公差 d を求めよ．
> (2) 第10項から第19項までの和を求めよ．

精講　$S_n=\dfrac{a_1+a_n}{2}\times n$ の右辺の $\dfrac{a_1+a_n}{2}$ は，a_1 と a_n の平均を表していますが，これは $a_1 \sim a_n$ の平均と同じです．普通，平均を求めるには総和を先に求めますが，等差数列の場合は逆に**平均から総和**を求めます．

特に，項が奇数個のときは　総和＝(中央の項)×(項数)　で計算できます．
(⇨演習問題 112)

解　答

(1) a_2 は $a_1 \sim a_3$, a_4 は $a_3 \sim a_5$ の平均にそれぞれ等しいから
$a_2=3\div 3=1$, $a_4=33\div 3=11$
よって，$d=(a_4-a_2)\div 2=\mathbf{5}$, $a_1=a_2-d=\mathbf{-4}$

(2) $a_{10}+a_{11}+\cdots+a_{18}+a_{19}=\dfrac{a_{10}+a_{19}}{2}\times 10$
$\phantom{a_{10}+a_{11}+\cdots+a_{18}+a_{19}}=5(a_{10}+a_{19})$　……①

ここで，(1)より，$a_n=-4+5(n-1)=5n-9$ だから，
$a_{10}=41$, $a_{19}=86$　∴　①＝$5\times(41+86)=\mathbf{635}$

◎ポイント　等差数列の和＝(平均)×(項数)

演習問題 112

初項から第5項までの和が125，初項から第9項までの和が504である等差数列について
(1) 初項と公差を求めよ．
(2) 第10項から第20項までの和を求めよ．

113 等差数列（Ⅳ）

100以下の自然数について，2でわっても3でわっても1余る数を，小さい順に並べてできる数列は等差数列になる．このとき，初項，公差，項数を求めよ．

精講 2でわっても，3でわってもわりきれる数は6の倍数ですから，求める数は6でわると1余る数（5たらない数と考えてもよい⇨ 演習問題113）でこのような数を具体的に並べてみるとわかります．

解答

2でわっても，3でわっても1余る数とは，6でわったら1余る数のことだから，1から100までの自然数で，このような数を並べると次のようになる．

　　　1，7，13，…，91，97

よって，**初項は1，公差は6**　ここで，97が第n項であるとすれば，

　　　$1+(n-1)\cdot 6=97$　　∴　$n=17$　　よって，**項数は17**

（別解）　2でわっても，3でわっても1余る数は，6でわったら1余るので $6n+1$ ($n=0, 1, 2, \cdots$) とおける． ◀ $6n-5$ でもよい

　　　$1 \leqq 6n+1 \leqq 100$ より　$0 \leqq n \leqq \dfrac{33}{2}$　　∴　$0 \leqq n \leqq 16$

よって，初項は，$n=0$ のときで，1

また，n が1増えると $6n+1$ は6増えるので，

公差6．また，項数は $16-0+1=17$　　◀ 1加える

○ポイント　　m，n が互いに素のとき，m でわっても，n でわってもわりきれる数は，mn でわりきれる

演習問題113

100以下の自然数について，2でわったら1余り，3でわったら2余る数を小さい順に並べてできる数列は等差数列になる．このとき，初項，公差，項数を求めよ．

114 等比数列（Ⅰ）

$a_2=6$, $a_5=162$ であるような等比数列 $\{a_n\}$ について
(1) 初項 a，公比 r を求めよ．
(2) $S_n=a_1+a_2+\cdots+a_n$ を求めよ．

数列の最初にある数（**初項**）を決め，この数に定数（**公比**）を次々にかけてできる数列を**等比数列**といいます．
等比数列の**一般項**は，（**初項**）×（**公比**）$^{(項数)-1}$
で表されます．等比数列では，公比が **1 か 1 でない**かによって，和の公式が異なること（⇨ポイント）に注意しましょう．

解答

(1) $ar=6$ ……①, $ar^4=162$ ……②

　②÷① より，$r^3=27$　　　◀わるところがコツ

　∴ $r=3$　このとき，$a=2$

(2) 初項 2，公比 3，項数 n の等比数列の和だから，
$$S_n=2\cdot\frac{3^n-1}{3-1}=3^n-1$$

ポイント

初項 a，公比 r の等比数列について
Ⅰ．一般項は ar^{n-1}
Ⅱ．初項から第 n 項までの和は
　ⅰ）$r=1$ のとき，na
　ⅱ）$r\neq 1$ のとき，$\dfrac{a(1-r^n)}{1-r}$ $\left(=\dfrac{a(r^n-1)}{r-1}\right)$

演習問題 114

$a_2=4$, $a_6=64$ であるような等比数列 $\{a_n\}$ について
(1) 初項 a，公比 r を求めよ．
(2) $S_n=a_1+a_2+\cdots+a_n$ を求めよ．

115 等比数列（Ⅱ）

初項から第10項までの和が3，第11項から第30項までの和が18の等比数列がある．この等比数列の第31項から第60項までの和を求めよ．

精講

第11項から第30項までの和の考え方は次の2つ．
Ⅰ．$S_{30} - S_{10}$　　Ⅱ．第11項を改めて初項と考えなおす

解答

初項を a，公比を r とおくと，$r \neq 1$ だから，

$$\frac{a(r^{10}-1)}{r-1} = 3 \quad \cdots\cdots ①, \quad \frac{a(r^{30}-1)}{r-1} = 3+18 = 21 \quad \cdots\cdots ②$$

求める和を S とすると，$S + 21 = \dfrac{a(r^{60}-1)}{r-1}$ ……③　　◀ 精講 Ⅰ

② ÷ ① より，　　　　　　　　　　　　◀ わり算をすると，a が消える
　$(r^{10})^2 + r^{10} + 1 = 7$　　∴　$(r^{10})^2 + r^{10} - 6 = 0$
　∴　$(r^{10}+3)(r^{10}-2) = 0$　　　　　◀ $r^{10}+3 > 0$
よって，$r^{10} = 2$　……④

このとき，① より，$\dfrac{a}{r-1} = 3$　……⑤

④，⑤ を ③ に代入して，$S = 3(2^6-1) - 21 = \mathbf{168}$

（別解） $\dfrac{a(r^{10}-1)}{r-1} = 3$ ……①，$\dfrac{ar^{10}(r^{20}-1)}{r-1} = 18$ ……②，

$S = \dfrac{ar^{30}(r^{30}-1)}{r-1}$ ……③　とおいても解けます．　　◀ 精講 Ⅱ

◉ポイント　数列を途中から加えるときは，項数に注意

演習問題 115

初項 a，公比 r の等比数列の，初項から第3項までの和が80，第4項から第6項までの和が640のとき，r の値を求めよ．

116 等差中項・等比中項

積が125であるような異なる3数 a, b, c がある．これらを a, b, c の順に並べると等差数列になり，b, c, a の順に並べると等比数列になる．a, b, c の値を求めよ．

精講　等差数列は公差を，等比数列は公比をおきたくなるところですが，項数が限られていればおく必要はありません．**等差＝差が等しい，等比＝比が等しい**ことより，ある関係式（⇨ポイント）が導けます．

解答

まず，$abc=125$ ……①

数列 a, b, c は等差数列だから，　　$2b=a+c$ ……②

また，数列 b, c, a は等比数列だから，$c^2=ab$ ……③

①，③より，$c^3=125$ ∴ $c=5$

このとき，②より $a=2b-5$ ……②′，③より $ab=25$ ……③′

②′を③′に代入して，$2b^2-5b-25=0$ ∴ $(b-5)(2b+5)=0$

b, c は異なるので，$b=-\dfrac{5}{2}$ ∴ $a=-10$

よって，$a=-10$, $b=-\dfrac{5}{2}$, $c=5$

ポイント　数列 a, b, c が
　Ⅰ．等差数列 $\rightleftharpoons$ $2b=a+c$ （b を等差中項という）
　Ⅱ．等比数列 $\rightleftharpoons$ $b^2=ac$ （b を等比中項という）

演習問題 116

3数 α, β, $\alpha\beta$ $(\alpha<0<\beta)$ は適当に並べると等差数列になり，また適当に並べると等比数列にもなる．α, β を求めよ．

117 ∑記号を用いた和の計算（Ⅰ）

次の数列の一般項と第 n 項までの和を求めよ．
  1, 1+2, 1+2+3, 1+2+3+4, …

精講

等差数列と等比数列にはそれぞれ和の公式がありますが，一般の数列には和の公式はありません．このようなとき，**第 k 項を求め**，∑(**第 k 項**)として計算するのですが，∑計算は，第 k 項の形によって，いくつかの計算方法（⇨ 117 ～ 120 ポイント）があります．

解答

与えられた数列の一般項は，$1+2+3+\cdots+n$
これは，初項1，公差1，項数 n の等差数列の和だから，

$$\frac{1}{2}n(n+1)$$

◀ 111, 112 参照

よって，求める和を S とすれば

$$S=\sum_{k=1}^{n}\frac{1}{2}k(k+1)=\frac{1}{2}\left(\sum_{k=1}^{n}k^2+\sum_{k=1}^{n}k\right)$$

$$=\frac{1}{2}\left\{\frac{1}{6}n(n+1)(2n+1)+\frac{1}{2}n(n+1)\right\}$$

$$=\frac{1}{12}n(n+1)\{(2n+1)+3\}=\frac{1}{6}n(n+1)(n+2)$$

◀ 展開しないで共通因数でくくるのがコツ

ポイント

$$\sum_{k=1}^{n}k=\frac{1}{2}n(n+1),\ \sum_{k=1}^{n}k^2=\frac{1}{6}n(n+1)(2n+1),$$

$$\sum_{k=1}^{n}k^3=\left\{\frac{1}{2}n(n+1)\right\}^2,\ \sum_{k=1}^{n}c=nc$$

（ただし，c は k に無関係な定数）

演習問題 117

次の数列の一般項と第 n 項までの和を求めよ．
  1, 1+3, 1+3+5, 1+3+5+7, …

180 第7章 数　列

基礎問

118 ∑記号を用いた和の計算（Ⅱ）

次の数列の一般項と第 n 項までの和を求めよ．
$$1,\ 1+2,\ 1+2+2^2,\ 1+2+2^2+2^3,\ \cdots$$

精講 117 と同様に，第 k 項を求めて ∑ 計算をすればよいのですが，第 k 項の指数部分のところに k の1次式があると，それは**等比数列の和**を意味しますので，初項，公比，項数を調べ，等比数列の和の公式 $\dfrac{a(1-r^n)}{1-r}$ $\left(\text{または}\ \dfrac{a(r^n-1)}{r-1}\right)$ を利用することになります．

解　答

与えられた数列の一般項は
$$1+2+2^2+\cdots+2^{n-1}$$

◀ 第 n 項は 2^n ではなく，2^{n-1}

すなわち，$\dfrac{1\cdot(2^n-1)}{2-1}=2^n-1$

よって，求める和を S とすれば，

$$S=\sum_{k=1}^{n}(2^k-1)=\sum_{k=1}^{n}2^k-\sum_{k=1}^{n}1$$

◀ $\displaystyle\sum_{k=1}^{n}1=n$

$\displaystyle\sum_{k=1}^{n}2^k$ は初項 2，公比 2，項数 n の等比数列の和を表すので

$$S=\dfrac{2(2^n-1)}{2-1}-n$$
$$=2^{n+1}-n-2$$

🌀 ポイント

$$\sum_{k=1}^{n}(a_k+b_k)=\sum_{k=1}^{n}a_k+\sum_{k=1}^{n}b_k$$

$\displaystyle\sum_{k=1}^{n}r^k$ は初項 r，公比 r，項数 n の等比数列の和

演習問題 118

次の数列の一般項と第 n 項までの和を求めよ．
$$1,\ 1-3,\ 1-3+9,\ 1-3+9-27,\ \cdots$$

119 $\sum$ 記号を用いた和の計算（Ⅲ）

> 次の数列の一般項と第 n 項までの和を求めよ.
>
> $$\frac{1}{1\cdot 2}, \quad \frac{1}{2\cdot 3}, \quad \frac{1}{3\cdot 4}, \quad \frac{1}{4\cdot 5}, \quad \cdots$$

精講　第 k 項が分数式の形をしている数列の $\sum$ 計算を考えます. この形は, 「**部分分数に分ける**」という作業をして, 第 k 項が $f(k)-f(k+1)$ の形に変形できれば $\sum$ 計算ができます. 実は, この形は $\sum$ 計算の基本形で, 第 k 項がこの形に変形できれば, 必ず $\sum$ 計算ができます. この考え方は, 教科書の $\displaystyle\sum_{k=1}^{n} k^2 = \frac{1}{6}n(n+1)(2n+1)$ の証明にも使われています.

解　答

与えられた数列の一般項は $\dfrac{1}{n(n+1)}$

ここで, $\dfrac{1}{k(k+1)}=\dfrac{1}{k}-\dfrac{1}{k+1}$ だから,　　◀部分分数に分ける

求める和を S とすると

$$S=\sum_{k=1}^{n}\frac{1}{k(k+1)}=\sum_{k=1}^{n}\left(\frac{1}{k}-\frac{1}{k+1}\right)$$

$$=\left(1-\frac{1}{2}\right)+\left(\frac{1}{2}-\frac{1}{3}\right)+\left(\frac{1}{3}-\frac{1}{4}\right)+\cdots+\left(\frac{1}{n}-\frac{1}{n+1}\right)$$

$$=1-\frac{1}{n+1}=\frac{n}{n+1}$$

◀途中が消えてしまうところがポイント

ポイント

$$\sum_{k=1}^{n}\{f(k)-f(k+1)\}=f(1)-f(n+1)$$

演習問題 119

> 次の数列の一般項と第 n 項までの和を求めよ.
>
> $$\frac{1}{1\cdot 3}, \quad \frac{1}{3\cdot 5}, \quad \frac{1}{5\cdot 7}, \quad \frac{1}{7\cdot 9}, \quad \cdots$$

第7章

基礎問

182 第7章 数　列

120 ∑記号を用いた和の計算（Ⅳ）

> 一般項が $a_n = n \cdot 2^{n-1}$ $(n=1,\ 2,\ 3,\ \cdots)$ と表される数列 $\{a_n\}$ について $S = a_1 + a_2 + \cdots + a_n$ とおく．このとき，$S - 2S$ を計算することによって S を求めよ．

精講　一般項が，$(n$ の1次式$) \times r^{n+c}$ $(r \neq 1)$ という形をしている数列の和の求め方は2つあります．

Ⅰ．$S - rS$ を計算すると，等比数列の和になって，S を求めることができる r は，r^{n+c} が等比数列で，その公比になります．（⇨ 参考 ）

Ⅱ．**119** の

$f(k) - f(k+1)$ 　$(f(k+1) - f(k)$ でもよい$)$

の形に変形する

解答でⅠを，（別解）でⅡを学びましょう．

解　答

$$S = 1 \cdot 1 + 2 \cdot 2^1 + 3 \cdot 2^2 + \cdots + n \cdot 2^{n-1}$$

$$2S = \qquad 1 \cdot 2^1 + 2 \cdot 2^2 + \cdots + (n-1)2^{n-1} + n \cdot 2^n$$

$$\therefore \quad S - 2S = 1 + 2 + 2^2 + \cdots + 2^{n-1} - n \cdot 2^n$$

$$\therefore \quad S = n \cdot 2^n - (1 + 2 + 2^2 + \cdots + 2^{n-1})$$

$$= n \cdot 2^n - \frac{2^n - 1}{2 - 1}$$

$$= (n-1)2^n + 1$$

（別解）　$f(k) = (ak+b)2^k$ とおくと，

$$f(k-1) = (ak+b-a)2^{k-1}$$

$$f(k) - f(k-1) = (ak+b)2^k - (ak+b-a)2^{k-1}$$

$$= \{2(ak+b) - (ak+b-a)\}2^{k-1}$$

$$= (ak+b+a)2^{k-1}$$

これが，$k \cdot 2^{k-1}$ と一致するような a, b は

$a=1$, $b+a=0$ をみたすので，$a=1$, $b=-1$

よって，$f(k) = (k-1)2^k$ と定めると

$$k \cdot 2^{k-1} = f(k) - f(k-1)$$

$$\therefore \ S=\sum_{k=1}^{n}k\cdot 2^{k-1}=\sum_{k=1}^{n}(f(k)-f(k-1))$$
$$=(f(1)-f(0))+(f(2)-f(1))+\cdots+(f(n)-f(n-1))$$
$$=f(n)-f(0)=(n-1)2^{n}-(-1)$$
$$=(n-1)2^{n}+1$$

注 2つの考え方を示しましたが，まずはⅠの方法を完全にマスターしてください．その後，余力があればⅡも使えるように努力しましょう．

ちなみに，入試問題の中に $\sum_{k=1}^{n}k^2\cdot 2^{k-1}$ を計算する必要性に迫られる場面がでてくることもあります．(たいていは誘導がついていますが…)

興味のある人は，
$$k^2\cdot 2^{k-1}=f(k+1)-f(k)$$
となる $f(k)$ を考えてみるとよいでしょう．(もちろん，(**別解**)と同じように，$f(k)-f(k-1)$ でもよい)

答えは，$f(k)=(k^2-4k+6)\cdot 2^{k-1}$ とすれば，
$$k^2\cdot 2^{k-1}=f(k+1)-f(k)$$
とできます．

また，この計算をⅠの方法でやろうとすれば，同じ作業を2回くりかえすことになります．

 ポイント

$S=\sum_{k=1}^{n}(k\text{の1次式})r^{k+c}$ $(r\neq 1)$ は

$S-rS$ を計算して，等比数列の和を利用

参考 指数のところが $mk+c$ ならば，$S-r^m S$ を計算します．

 演習問題 120

次の和 S, T をそれぞれ計算せよ．
(1) $S=1\cdot 2^1+3\cdot 2^2+5\cdot 2^3+\cdots+(2n-1)\cdot 2^n$
(2) $T=1\cdot 2^1+2\cdot 2^3+3\cdot 2^5+\cdots+n\cdot 2^{2n-1}$

121 階差数列

次の数列の一般項と初項から第n項までの和を求めよ．
(1) $2, 3, 6, 11, 18, 27, \cdots$
(2) $2, 3, 5, 9, 17, \cdots$

具体的な数字が並んでいる数列で，等差数列でも等比数列でもなければ，**各項の差をとってみましょう．**（差をとってできる数列を，**階差数列**といいます．）こうしてできた数列が，等差数列や等比数列であれば，次のように考えて一般項を求めることができます．

$a_1, \ a_2, \ a_3, \ \cdots, \ a_{n-1}, \ a_n$
$\quad\ b_1 \ \ b_2 \ \ b_3 \ \cdots \ \ b_{n-1}$

$a_2 = a_1 + b_1, \ a_3 = a_2 + b_2 = a_1 + (b_1 + b_2), \ \cdots$

$\boldsymbol{a_n = a_1 + (b_1 + b_2 + \cdots + b_{n-1}) = a_1 + \sum_{k=1}^{n-1} b_k}$　（ただし，$\boldsymbol{n \geqq 2}$）

この式は，$n \geqq 2$ のときに限り成りたつので，$n=1$ のときを別に調べないといけません．

解答

(1) 与えられた数列の階差数列をとると，
$1, \ 3, \ 5, \ 7, \ 9, \ \cdots$ となる．
これは，初項1，公差2の等差数列だから，◀110
第n項は，$2n-1$
よって，求める数列の一般項は，$n \geqq 2$ のとき ◀ポイント参照

$2 + \sum_{k=1}^{n-1}(2k-1) = 2 + 2 \cdot \dfrac{1}{2}n(n-1) - (n-1)$　◀117
$\qquad\qquad\qquad = \boldsymbol{n^2 - 2n + 3}$

これは，$n=1$ のときも含む．　◀吟味を忘れずに
次に，初項から第n項までの和は

$\sum_{k=1}^{n}(k^2 - 2k + 3) = \sum_{k=1}^{n}k^2 - 2\sum_{k=1}^{n}k + \sum_{k=1}^{n}3$

$= \dfrac{1}{6}n(n+1)(2n+1) - n(n+1) + 3n$　◀117

$$= \frac{n}{6}\{(2n^2+3n+1)-6n-6+18\}$$
$$= \frac{1}{6}n(2n^2-3n+13)$$

◀展開しないで，共通因数でくくる

(2) 与えられた数列の階差数列をとると，

1, 2, 4, 8, … となる．

これは，初項 1，公比 2 の等比数列だから

第 n 項は，2^{n-1}

◀114

よって，求める数列の一般項は，$n \geq 2$ のとき

$$2+\sum_{k=1}^{n-1}2^{k-1}=2+\frac{2^{n-1}-1}{2-1}=2^{n-1}+1$$

◀118

これは，$n=1$ のときも含む．

◀吟味を忘れずに

よって，初項から第 n 項までの和は

$$\sum_{k=1}^{n}(2^{k-1}+1)=\sum_{k=1}^{n}2^{k-1}+\sum_{k=1}^{n}1$$
$$=\frac{2^n-1}{2-1}+n=2^n+n-1$$

◀118

ポイント　$a_{n+1}-a_n=b_n$ と表せるとき
$$a_n=a_1+\sum_{k=1}^{n-1}b_k \quad (n\geq 2)$$

参考　**120** 精講 Ⅱ の考え方に従うと，次のようにして**ポイント**の公式を証明できます．

（証明）　$n \geq 2$ のとき

$$\sum_{k=1}^{n-1}(a_{k+1}-a_k)=\sum_{k=1}^{n-1}b_k$$

∴ $(a_n-a_{n-1})+(a_{n-1}-a_{n-2})+\cdots+(a_2-a_1)=\sum_{k=1}^{n-1}b_k$

∴ $a_n-a_1=\sum_{k=1}^{n-1}b_k$　よって，$a_n=a_1+\sum_{k=1}^{n-1}b_k$

演習問題 121

次の各数列の一般項と初項から第 n 項までの和を求めよ．

(1) 1, 2, 6, 13, 23, …

(2) 1, 2, 5, 14, 41, …

基礎問

186 第7章 数　列

122 2項間の漸化式（I）

次の式で定義される数列の一般項 a_n $(n \geqq 1)$ を求めよ.

(1) $a_1 = 1$, $a_{n+1} = a_n + 2$　　　(2) $a_1 = 2$, $a_{n+1} = 3a_n$

(3) $a_1 = 0$, $a_{n+1} = a_n + n^2$

精講 数列は規則性をもった数字の列ですから，実際の数字を並べなくてもその**規則性を明示**すれば数列を表現したことになります．その規則を表現した式が**漸化式**（「ぜんかしき」と読みます）です．漸化式には様々な型があり，その型によって解き方（＝一般項の求め方）が決まります．これから8回にわたって，型別の漸化式の解き方を勉強していくことにしましょう．

解　答

(1) $a_1 = 1$, $a_{n+1} = a_n + 2$ は初項 1，公差 2 の等差数列を表すので，

$$a_n = 1 + (n-1) \cdot 2 = 2n - 1$$ ◀ **110**

(2) $a_1 = 2$, $a_{n+1} = 3a_n$ は初項 2，公比 3 の等比数列を表すので，

$$a_n = 2 \cdot 3^{n-1}$$

(3) $a_{n+1} - a_n = n^2$ より ◀ **121** ポイント

$\{a_n\}$ の階差数列の一般項は n^2

よって，$n \geqq 2$ のとき，$a_n = 0 + \sum_{k=1}^{n-1} k^2 = \dfrac{1}{6}(n-1)n(2n-1)$

これは，$n = 1$ のときも含む.

🌙 **ポイント**

$a_{n+1} = a_n + d$	$\Longleftrightarrow$	$\{a_n\}$ は公差 d の等差数列
$a_{n+1} = ra_n$	$\Longleftrightarrow$	$\{a_n\}$ は公比 r の等比数列
$a_{n+1} = a_n + f(n)$	$\Longleftrightarrow$	$\{a_n\}$ の階差数列の一般項は $f(n)$

演習問題 122

$a_1 = 1$, $a_{n+1} = a_n + 2^{n-1}$ $(n \geqq 1)$ で表される数列 $\{a_n\}$ について，一般項 a_n を求めよ.

187

123 2項間の漸化式（Ⅱ）

$a_1=0$, $a_{n+1}=3a_n+2$ $(n≧1)$ で表される数列 $\{a_n\}$ がある．
(1) $b_n=a_n-\alpha$（αは定数）とおくと，数列 $\{b_n\}$ は等比数列となる．このような α を求めよ．
(2) 数列 $\{b_n\}$ の一般項 b_n を求めよ．
(3) 数列 $\{a_n\}$ の一般項 a_n を求めよ．

精講 $a_{n+1}=pa_n+q$ $(p≠1, q≠0)$ 型は，$a_{n+1}-\alpha=p(a_n-\alpha)$ と変形し，数列 $\{a_n-\alpha\}$ が公比 p の等比数列であることを利用します．

解 答

(1) $b_n=a_n-\alpha$ より，$a_n=b_n+\alpha$, $a_{n+1}=b_{n+1}+\alpha$
これらを与式に代入して $b_{n+1}+\alpha=3(b_n+\alpha)+2$
$\therefore$ $b_{n+1}=3b_n+2\alpha+2$
これが，等比数列を表すとき，
$2\alpha+2=0$ $\therefore$ $\alpha=-1$

◀ $b_{n+1}=rb_n$ の形になる
（**122** ポイント）

(2) (1)より，$b_{n+1}=3b_n$ また，$b_1=a_1+1=1$
ゆえに，数列 $\{b_n\}$ は，初項1，公比3の等比数列．
よって，$b_n=3^{n-1}$
(3) $a_n=b_n-1=3^{n-1}-1$

 ポイント $a_{n+1}=pa_n+q$ $(p≠1, q≠0)$ 型は，$\alpha=p\alpha+q$ の解 α を利用して，$a_{n+1}-\alpha=p(a_n-\alpha)$ と変形する

参考 誘導がなければ，計算用紙で $\alpha=3\alpha+2$ から $\alpha=-1$ を用意しておいて，「$a_{n+1}=3a_n+2$ は $a_{n+1}+1=3(a_n+1)$ と変形できて」と書いてかまいません．

 演習問題 123

$a_1=1$, $a_{n+1}=2a_n+3$ $(n≧1)$ で表される数列 $\{a_n\}$ について，一般項 a_n を求めよ．

基礎問

124 2項間の漸化式（Ⅲ）

$a_1=1$, $a_{n+1}=3a_n+4n$ $(n \geq 1)$ で表される数列 $\{a_n\}$ がある.
(1) $a_n+2n=b_n$ とおくとき, b_n, b_{n+1} の間に成りたつ関係式を求めよ.
(2) b_n を求めよ.　　(3) a_n を求めよ.

$a_{n+1}=pa_n+qn+r$ $(p \neq 1)$ ……① 型の漸化式の解き方には次の3通りがあります.

Ⅰ. $a_n+\alpha n=b_n$ とおいて, $b_{n+1}=pb_n+q$ 型になるように, α を決める
Ⅱ. $a_n+\alpha n+\beta=b_n$ とおいて, $b_{n+1}=rb_n$ 型になるように, α, β を決める
Ⅲ. 番号を1つ上げて $a_{n+2}=pa_{n+1}+q(n+1)+r$ ……②
を用意して ②−① を計算し,
$a_{n+1}-a_n=b_n$ とおいて, 階差数列の考え方にもちこむ

この問題では, Ⅰを要求していますので, Ⅱ, Ⅲの解答は 参考 を見て下さい.

解　答

(1) $a_n=b_n-2n$, $a_{n+1}=b_{n+1}-2(n+1)$ だから, これらを与式に代入して
$b_{n+1}-2(n+1)=3(b_n-2n)+4n$
∴ $b_{n+1}=3b_n+2$　　◀ $a_{n+1}=pa_n+q$ 型
(2) $b_{n+1}=3b_n+2$ より $b_{n+1}+1=3(b_n+1)$　　◀ $\alpha=3\alpha+2$ より
ゆえに, 数列 $\{b_n+1\}$ は,　　　　　　　　　　　　$\alpha=-1$ **123**
初項 $b_1+1=(a_1+2)+1=4$, 公比3の等比数列.
よって, $b_n+1=4\cdot 3^{n-1}$　　∴ $b_n=4\cdot 3^{n-1}-1$
(3) $a_n=b_n-2n=\mathbf{4\cdot 3^{n-1}-2n-1}$

(その1)（Ⅱの考え方で）
$a_n+\alpha n+\beta=b_n$ とおくと,
$a_n=b_n-\alpha n-\beta$, $a_{n+1}=b_{n+1}-\alpha(n+1)-\beta$
与えられた漸化式に代入して
$b_{n+1}-\alpha(n+1)-\beta=3(b_n-\alpha n-\beta)+4n$
∴ $b_{n+1}=3b_n+(4-2\alpha)n-2\beta+\alpha$
ここで, $4-2\alpha=0$, $-2\beta+\alpha=0$ をみたす α, β は, $\alpha=2$, $\beta=1$
よって, $a_n+2n+1=b_n$ とおけば, $b_{n+1}=3b_n$, $b_1=4$

$$\therefore \quad b_n = 4 \cdot 3^{n-1}$$

よって，$a_n = b_n - 2n - 1 = 4 \cdot 3^{n-1} - 2n - 1$

注 $a_n + \alpha n + \beta = b_n$ とおく理由は，漸化式の中の $4n$ がじゃまで，これを a_n と a_{n+1} に分配することによって $4n$ を視界から消すことを考えているからです．

参考 （その2）（Ⅲの考え方で）

$1°$
$$
\begin{cases}
a_{n+1} = 3a_n + 4n \quad \cdots\cdots① \ \text{より，} \ a_{n+2} = 3a_{n+1} + 4(n+1) \quad \cdots\cdots② \\
②-① \ \text{より，} \ a_{n+2} - a_{n+1} = 3(a_{n+1} - a_n) + 4 \\
\text{ここで，} \ a_{n+1} - a_n = b_n \ \text{とおくと} \qquad\qquad ◀\ \textbf{121} \ \text{ポイント} \\
b_{n+1} = 3b_n + 4, \ b_1 = a_2 - a_1 = 6 \quad (\because \ a_2 = 3a_1 + 4 = 7)
\end{cases}
$$

$2°$
$$
\begin{cases}
\text{よって，} \ b_{n+1} + 2 = 3(b_n + 2), \ b_1 + 2 = 8 \qquad ◀\ \textbf{123} \\
\quad \therefore \quad b_n + 2 = 8 \cdot 3^{n-1} \qquad \therefore \quad b_n = 8 \cdot 3^{n-1} - 2
\end{cases}
$$

$3°$
$$
\begin{cases}
\text{次に，} \ n \geq 2 \ \text{のとき} \\
a_n = a_1 + \sum_{k=1}^{n-1} b_k = 1 + \sum_{k=1}^{n-1} (8 \cdot 3^{k-1} - 2) \qquad ◀\ \textbf{121} \\
\quad = 1 + 8 \cdot \dfrac{3^{n-1} - 1}{3 - 1} - 2(n-1) = 4 \cdot 3^{n-1} - 2n - 1 \qquad ◀\ \textbf{117} \ \textbf{118} \\
\text{これは，} \ n = 1 \ \text{のときも含む．}
\end{cases}
$$

注 Ⅲの考え方の解答は，左端に示したように，$1°$，$2°$，$3°$ の3つの部分から成りたっています．それぞれの部分はすでに学習済みです．

ポイント | 漸化式は，おきかえによって，最終的に次の3型のいずれかにもちこめれば一般項が求まる
  Ⅰ．等差 Ⅱ．等比 Ⅲ．階差

第7章

演習問題 124

$a_1 = 12$, $a_{n+1} = 3a_n - 6n - 5$（$n \geq 1$）によって定義される数列 $\{a_n\}$について，次の問いに答えよ．

(1) $a_n + \alpha n + \beta = b_n$ とおいて，数列 $\{b_n\}$ が等比数列となるような α，β を求めよ．

(2) b_n を n で表せ．   (3) a_n を n で表せ．

125　2項間の漸化式（Ⅳ）

$a_1=0$, $a_{n+1}=2a_n+(-1)^{n+1}$ $(n \geq 1)$ で定義される数列 $\{a_n\}$ がある．

(1) $b_n=\dfrac{a_n}{2^n}$ とおくとき，b_{n+1} を b_n で表せ．

(2) b_n を求めよ．

(3) a_n を求めよ．

精講

$a_{n+1}=pa_n+q^{n+1}$ $(p \neq 1, q \neq 1)$ 型の漸化式の解き方には，次の2通りがあります．

Ⅰ．両辺を p^{n+1} でわり，階差数列にもちこむ（**124** ポイント）

Ⅱ．両辺を q^{n+1} でわり，$b_{n+1}=rb_n+s$ 型にもちこむ

この問題ではⅠを要求していますから， にⅡによる解法を示しておきます．

解　答

$a_{n+1}=2a_n+(-1)^{n+1}$ ……①

(1) ①の両辺を 2^{n+1} でわると，

$$\dfrac{a_{n+1}}{2^{n+1}} = \dfrac{a_n}{2^n} + \left(-\dfrac{1}{2}\right)^{n+1} \quad \cdots\cdots ②$$

$\dfrac{a_n}{2^n}=b_n$ とおくとき，$\dfrac{a_{n+1}}{2^{n+1}}=b_{n+1}$ と表せるので

②より $b_{n+1}=b_n+\left(-\dfrac{1}{2}\right)^{n+1}$

◀ ①に，$a_n=2^n b_n$, $a_{n+1}=2^{n+1} b_{n+1}$ を代入してもよい

◀ **121** 階差数列

(2) $n \geq 2$ のとき，

$$b_n = b_1 + \sum_{k=1}^{n-1}\left(-\dfrac{1}{2}\right)^{k+1}$$

$$= 0 + \dfrac{1}{4} \cdot \dfrac{1-\left(-\dfrac{1}{2}\right)^{n-1}}{1+\dfrac{1}{2}} = \dfrac{1}{6}\left\{1-\left(-\dfrac{1}{2}\right)^{n-1}\right\}$$

これは，$n=1$ のときも含む．

◀ **118**

初項 $\dfrac{1}{4}$, 公比 $-\dfrac{1}{2}$, 項数 $n-1$ の等比数列の和

◀ 吟味を忘れずに

(3) $a_n = 2^n b_n$

$$= \frac{1}{6}\left\{2^n - 2^n \cdot \frac{(-1)^{n-1}}{2^{n-1}}\right\} = \frac{1}{6}\{2^n - 2(-1)^{n-1}\}$$

$$= \frac{1}{3}\{2^{n-1} - (-1)^{n-1}\}$$

参考

（Ⅱの考え方で）

①の両辺を $(-1)^{n+1}$ でわると，

$$\frac{a_{n+1}}{(-1)^{n+1}} = \frac{2a_n}{(-1)^{n+1}} + 1$$

$$\therefore \quad \frac{a_{n+1}}{(-1)^{n+1}} = -2 \cdot \frac{a_n}{(-1)^n} + 1 \quad \cdots\cdots ③$$

ここで，$\dfrac{a_n}{(-1)^n} = b_n$ とおくと，$\dfrac{a_{n+1}}{(-1)^{n+1}} = b_{n+1}$ だから

③より $b_{n+1} = -2b_n + 1$ $\quad \therefore \quad b_{n+1} - \dfrac{1}{3} = -2\left(b_n - \dfrac{1}{3}\right)$

$b_1 - \dfrac{1}{3} = -\dfrac{1}{3}$ だから，

$$b_n - \frac{1}{3} = \left(-\frac{1}{3}\right)(-2)^{n-1} \qquad \therefore \quad b_n = \frac{1}{3}\{1 - (-2)^{n-1}\}$$

$$\therefore \quad a_n = (-1)^n b_n = \frac{1}{3}\{2^{n-1} - (-1)^{n-1}\}$$

注 この問題に限っては，両辺に $(-1)^{n+1}$ をかけて $(-1)^n a_n = b_n$ とおいても解けます．

ポイント 漸化式は，おきかえによって，次の3つのいずれかの型にもちこめれば一般項が求まる

　　Ⅰ．等差　　Ⅱ．等比　　Ⅲ．階差

第7章

演習問題 125

$a_1 = 3$，$a_{n+1} = 3a_n + 2^n$ $(n \geqq 1)$ で定義される数列 $\{a_n\}$ がある．

(1) $\dfrac{a_n}{3^n} = b_n$ とおくとき，b_{n+1} と b_n の間に成りたつ関係式を求めよ．

(2) b_n を n で表せ． 　　(3) a_n を n で表せ．

126 2項間の漸化式（Ⅴ）

$a_1 = \dfrac{1}{2}$, $a_{n+1} = \dfrac{a_n}{2a_n+3}$ $(n \geq 1)$ で表される数列 $\{a_n\}$ がある.

(1) $\dfrac{1}{a_n} = b_n$ とおくとき, b_n, b_{n+1} の間に成りたつ関係式を求めよ.

(2) b_n を求めよ.

(3) a_n を求めよ.

$a_{n+1} = \dfrac{pa_n}{qa_n+r}$ 型の漸化式は，両辺の逆数をとる

$\left(\text{すなわち, } \dfrac{1}{a_n} = b_n \text{ とおく}\right)$ と，

$b_{n+1} = pb_n + q$ 型

の漸化式に変形できます.

解　答

(1) 与えられた漸化式の両辺の逆数をとれば

$\dfrac{1}{a_{n+1}} = \dfrac{2a_n+3}{a_n}$ ∴ $\dfrac{1}{a_{n+1}} = \dfrac{3}{a_n} + 2$

$\dfrac{1}{a_n} = b_n$ とおくと, $\dfrac{1}{a_{n+1}} = b_{n+1}$

∴ $b_{n+1} = 3b_n + 2$

(2) $b_{n+1} = 3b_n + 2$, $b_1 = 2$ より　　◀ $\alpha = 3\alpha + 2$ より
$b_{n+1} + 1 = 3(b_n + 1)$, $b_1 + 1 = 3$　　$\alpha = -1$ （**123**）
ゆえに，数列 $\{b_n+1\}$ は，初項 3，公比 3 の等比数列．
よって，
$b_n + 1 = 3 \cdot 3^{n-1}$
∴ $b_n = 3^n - 1$

(3) $a_n = \dfrac{1}{b_n} = \dfrac{1}{3^n - 1}$

注 $\dfrac{1}{a_n}=b_n$ とおくとき「$a_n\neq 0$」は調べる必要はありません．それは出題者が「$\dfrac{1}{a_n}=b_n$ とおけ」といっているからです（⇨ 8 ）．しかし，誘導がなくて，自分で「$\dfrac{1}{a_n}=b_n$」とおきたければ，「$a_n\neq 0$」を示さなければなりません．

ポイント 漸化式は，おきかえによって，次の3つのいずれかの型にもちこめれば一般項が求まる
　Ⅰ．等差　　Ⅱ．等比　　Ⅲ．階差

注 124 ～ 126 の**ポイント**はすべて同じものです．これは下の流れ図を見てもらえば当然のことです．

（ただし，図中の数字は**基礎問**の番号を表しています．矢印だけの部分は基礎レベルでは不要と考えて設問として採用していません．）

演習問題 126

$a_1=1$, $a_{n+1}=\dfrac{4-a_n}{3-a_n}$ $(n\geqq 1)$ で表される数列 $\{a_n\}$ について

(1) $\dfrac{1}{a_n-2}=b_n$ とおいて，b_{n+1} を b_n で表せ．

(2) b_n を n で表せ．　　(3) a_n を n で表せ．

127 和と一般項

数列 $\{a_n\}$ の初項から第 n 項までの和 S_n が
$$S_n = -6 + 2n - a_n \quad (n \geq 1)$$
で表されている．
(1) 初項 a_1 を求めよ．
(2) a_n と a_{n+1} のみたす関係式を求めよ．
(3) a_n を n で表せ．

数列 $\{a_n\}$ があって，
$$a_1 + a_2 + \cdots + a_n = S_n$$
とおいたとき，a_n と S_n がまざった漸化式がでてくることがあります．このときには次の 2 つの方針があります．

Ⅰ．a_n の漸化式にして，a_n を n で表す
Ⅱ．S_n の漸化式にして，S_n を n で表し，a_n を n で表す

このとき，Ⅰ，Ⅱどちらの場合でも次の公式が使われます．

$n \geq 2$ のとき，$a_n = S_n - S_{n-1}$，$a_1 = S_1$
　　($n=1$ のときが別扱いになっている点に注意)

解答

$S_n = -6 + 2n - a_n \quad (n \geq 1)$ ……①

(1) ①に $n=1$ を代入して，
$$S_1 = -6 + 2 - a_1$$
$a_1 = S_1$ だから，$a_1 = -6 + 2 - a_1$，$2a_1 = -4$
$$\therefore \quad a_1 = -2$$

(2) $n \geq 2$ のとき，①より，
$$S_{n-1} = -6 + 2(n-1) - a_{n-1}$$
$$\therefore \quad S_{n-1} = 2n - 8 - a_{n-1} \quad \text{……②}$$
①−② より，
$$S_n - S_{n-1} = 2 - a_n + a_{n-1}$$
$$\therefore \quad a_n = 2 - a_n + a_{n-1} \qquad \blacktriangleleft S_n - S_{n-1} = a_n$$

$$\therefore \quad a_n = \frac{1}{2}a_{n-1} + 1 \quad (n \geqq 2)$$

よって，$\boldsymbol{a_{n+1} = \dfrac{1}{2}a_n + 1 \quad (n \geqq 1)}$

（別解） ①より，$S_{n+1} = -6 + 2(n+1) - a_{n+1}$ ……②′

②′−① より，

$$S_{n+1} - S_n = 2 - a_{n+1} + a_n$$

$$\therefore \quad a_{n+1} = 2 - a_{n+1} + a_n \qquad \therefore \quad a_{n+1} = \frac{1}{2}a_n + 1$$

(3) $a_{n+1} = \dfrac{1}{2}a_n + 1$ より $a_{n+1} - 2 = \dfrac{1}{2}(a_n - 2)$

また，$a_1 - 2 = -4$ だから，

$$a_n - 2 = (-4)\left(\frac{1}{2}\right)^{n-1}$$

$$\therefore \quad a_n = 2 - \frac{4}{2^{n-1}} = 2 - \frac{1}{2^{n-3}}$$

◀ $\alpha = \dfrac{1}{2}\alpha + 1$ の解

$\alpha = 2$ を利用し

$a_{n+1} - \alpha = \dfrac{1}{2}(a_n - \alpha)$

と変形

◐ ポイント $\sum$（すなわち，和）のからんだ漸化式から $\sum$ 記号を消したいとき，番号をずらしてひけばよい

注 ポイントに書いてあることは，**精講** に書いてある公式を日本語で表したものです．このような表現にしたのは，実際の入試問題は **精講** の公式の形で出題されないことがあるからです．（⇨ **演習問題 127**(2)）

第7章

演習問題 127

(1) 数列 $\{a_n\}$ の初項から第 n 項までの和 S_n が次の条件をみたす．

$$S_1 = 1, \quad S_{n+1} - 3S_n = n + 1 \quad (n \geqq 1)$$

(i) S_n を求めよ． (ii) a_n を求めよ．

(2) $a_1 = 1$, $\displaystyle\sum_{k=1}^{n} ka_k = n^2 a_n \quad (n \geqq 1)$ をみたす数列 $\{a_n\}$ について，次の問いに答えよ．

(i) a_n を a_{n-1} $(n \geqq 2)$ で表せ． (ii) a_n を求めよ．

196 第7章 数　列

基礎問

128 3項間の漸化式

$a_1=2$, $a_2=4$, $a_{n+2}=-a_{n+1}+2a_n$ $(n\geq 1)$ で表される数列 $\{a_n\}$ がある．
(1) $a_{n+2}-\alpha a_{n+1}=\beta(a_{n+1}-\alpha a_n)$ をみたす2数 α, β を求めよ．
(2) a_n を求めよ．

精講　$\boldsymbol{a_{n+2}=pa_{n+1}+qa_n}$ の型の漸化式の解き方は
2次方程式 $t^2=pt+q$ の解を α, β として，次の2つの場合があります．

(I) $\boldsymbol{\alpha\neq\beta}$ のとき
$a_{n+2}=(\alpha+\beta)a_{n+1}-\alpha\beta a_n$ より
$$\begin{cases} a_{n+2}-\alpha a_{n+1}=\beta(a_{n+1}-\alpha a_n) & \cdots\cdots ① \\ a_{n+2}-\beta a_{n+1}=\alpha(a_{n+1}-\beta a_n) & \cdots\cdots ② \end{cases}$$

①より，数列 $\{a_{n+1}-\alpha a_n\}$ は，初項 $a_2-\alpha a_1$, 公比 β の等比数列を表すので，
$$a_{n+1}-\alpha a_n=\beta^{n-1}(a_2-\alpha a_1) \quad \cdots\cdots ①'$$
同様に，②より，$a_{n+1}-\beta a_n=\alpha^{n-1}(a_2-\beta a_1) \quad \cdots\cdots ②'$
$①'-②'$ より，
$(\beta-\alpha)a_n=\beta^{n-1}(a_2-\alpha a_1)-\alpha^{n-1}(a_2-\beta a_1)$
$\therefore\ \boldsymbol{a_n=\dfrac{\beta^{n-1}(a_2-\alpha a_1)-\alpha^{n-1}(a_2-\beta a_1)}{\beta-\alpha}}$

注　実際には $\alpha=1$（または $\beta=1$）の場合の出題が多く，その場合は階差数列の性質を利用します．（本問がそうです）

(II) $\boldsymbol{\alpha=\beta}$ のとき
$a_{n+2}-\alpha a_{n+1}=\alpha(a_{n+1}-\alpha a_n)$　$\therefore\ a_{n+1}-\alpha a_n=\alpha^{n-1}(a_2-\alpha a_1) \quad \cdots\cdots ③$
つまり，数列 $\{a_{n+1}-\alpha a_n\}$ は，初項 $a_2-\alpha a_1$, 公比 α の等比数列．
③の両辺を α^{n+1} でわって，$\dfrac{a_{n+1}}{\alpha^{n+1}}-\dfrac{a_n}{\alpha^n}=\dfrac{a_2-\alpha a_1}{\alpha^2}$
$n\geq 2$ のとき，$\displaystyle\sum_{k=1}^{n-1}\left(\dfrac{a_{k+1}}{\alpha^{k+1}}-\dfrac{a_k}{\alpha^k}\right)=\sum_{k=1}^{n-1}\dfrac{a_2-\alpha a_1}{\alpha^2}$
よって，$\dfrac{a_n}{\alpha^n}-\dfrac{a_1}{\alpha}=(n-1)\cdot\dfrac{a_2-\alpha a_1}{\alpha^2}$
$\therefore\ \boldsymbol{a_n=(n-1)\alpha^{n-2}a_2-(n-2)\alpha^{n-1}a_1}$

解　答

(1)　$a_{n+2}=(\alpha+\beta)a_{n+1}-\alpha\beta a_n$

与えられた漸化式と係数を比較して，

$$\alpha+\beta=-1, \quad \alpha\beta=-2$$

$$\therefore \quad (\alpha,\ \beta)=(\mathbf{1},\ \mathbf{-2}),\ (\mathbf{-2},\ \mathbf{1})$$

(2)　$(\alpha,\ \beta)=(1,\ -2)$ として

$$a_{n+2}-a_{n+1}=-2(a_{n+1}-a_n)$$

$a_{n+1}-a_n=b_n$ とおくと，

$$b_{n+1}=-2b_n \qquad\qquad\qquad\qquad ◀ \boxed{122}$$

また，$b_1=a_2-a_1=2$　　$\therefore$　$b_n=2(-2)^{n-1}$

$n\geqq 2$ のとき，

$$a_n=a_1+\sum_{k=1}^{n-1}2(-2)^{k-1}$$

$$=2+2\cdot\frac{1-(-2)^{n-1}}{1-(-2)}=\frac{2}{3}\{4-(-2)^{n-1}\}$$

これは，$n=1$ のときも含む．

（別解） $(\alpha,\ \beta)=(-2,\ 1)$ として

$$a_{n+2}+2a_{n+1}=a_{n+1}+2a_n$$

$$\therefore\quad a_{n+1}+2a_n=a_2+2a_1 \quad \text{よって，}\ a_{n+1}=-2a_n+8 \quad ◀ \boxed{123}$$

$$\therefore\quad a_{n+1}-\frac{8}{3}=-2\Big(a_n-\frac{8}{3}\Big),\ \ a_1-\frac{8}{3}=-\frac{2}{3}$$

したがって，$a_n-\dfrac{8}{3}=-\dfrac{2}{3}(-2)^{n-1}$　　$\therefore$　$a_n=\dfrac{2}{3}\{4-(-2)^{n-1}\}$

ポイント $a_{n+2}=pa_{n+1}+qa_n$ 型は，2次方程式 $t^2=pt+q$ の2解 $\alpha,\ \beta$ を利用して，等比数列に変形し2項間の漸化式にもちこむ

演習問題 128

$a_1=1$，$a_2=2$，$a_{n+2}=3a_{n+1}-2a_n$ で表される数列 $\{a_n\}$ がある．

(1)　$a_{n+2}-\alpha a_{n+1}=\beta(a_{n+1}-\alpha a_n)$ をみたす2数 α，β を求めよ．

(2)　a_n を n で表せ．

129 連立型漸化式

$a_1=2$, $b_1=1$, $a_{n+1}=2a_n+b_n$ $(n≧1)$ ……①,
$b_{n+1}=a_n+2b_n$ $(n≧1)$ ……② をみたす数列 $\{a_n\}$, $\{b_n\}$ がある.
(1) $a_n+b_n=c_n$ とおいて, 数列 $\{c_n\}$ の一般項 c_n を求めよ.
(2) $a_n-b_n=d_n$ とおいて, 数列 $\{d_n\}$ の一般項 d_n を求めよ.
(3) a_n, b_n を n で表せ.

(1) a_n+b_n を c_n とおくように指示されていますが, このとき a_n+b_n を作るのではなく, 与えられた漸化式の一番大きいところ, つまり, a_{n+1}, b_{n+1} をみて **$a_{n+1}+b_{n+1}$ を作ろう** と考えます.

すなわち, ①+② を作ります.

(2) ①-② を作ります.

(3) $a_n+b_n=c_n$, $a_n-b_n=d_n$ より, $a_n=\dfrac{1}{2}(c_n+d_n)$, $b_n=\dfrac{1}{2}(c_n-d_n)$ です.

解 答

(1) ①+② より
$a_{n+1}+b_{n+1}=3(a_n+b_n)$ ◀ $a_{n+1}+b_{n+1}=c_{n+1}$
∴ $c_{n+1}=3c_n$
ここで, $c_1=a_1+b_1=3$ だから,
数列 $\{c_n\}$ は初項 3, 公比 3 の等比数列である.
よって, $c_n=3\cdot 3^{n-1}=3^n$

(2) ①-② より
$a_{n+1}-b_{n+1}=a_n-b_n$ ◀ $a_{n+1}-b_{n+1}=d_{n+1}$
よって, $d_{n+1}=d_n$, $d_1=a_1-b_1=1$ だから, ◀ $d_{n+1}=1\cdot d_n$
数列 $\{d_n\}$ は, 初項 1, 公比 1 の等比数列である.
∴ $d_n=1\cdot 1^{n-1}=1$

注 $d_{n+1}=d_n$ より, $d_n=d_{n-1}=……=d_1$ としてもよいし, $d_{n+1}=d_n+0$ と考えて, 公差 0 の等差数列と考えてもよい.

(3) (1), (2)より $\begin{cases} a_n+b_n=3^n & ……③ \\ a_n-b_n=1 & ……④ \end{cases}$

③+④, ③−④より
$$a_n = \frac{3^n+1}{2}, \quad b_n = \frac{3^n-1}{2}$$

 この問題では，①+② と ①−② を作ると等比数列ができましたが，もし，何も誘導がついていなかったら①，②の扱い方がわかりません．そこで，どうしたら ①+②, ①−② を見つけてこられるのかお話ししておきましょう．

①+②×p より，$a_{n+1} + pb_{n+1} = (2+p)a_n + (1+2p)b_n$
ここで，数列 $\{a_n + pb_n\}$ が等比数列となるような p を考えると
$1 : p = (2+p) : (1+2p)$ が成りたつので，
$p(2+p) = 1+2p$ ∴ $p^2 = 1$
∴ $p = \pm 1$
よって，①+②, ①−② を作ると等比数列ができる．

入試問題の場合は，たいてい誘導がついていますから指示に従えばよいのですが，丸覚えではなく，理由もしっかり知っておくことが数学の力をつけるには大切なことです．**演習問題129**を使って練習してみましょう．

 ポイント
$\begin{cases} a_{n+1} = pa_n + qb_n \\ b_{n+1} = ra_n + sb_n \end{cases}$ 型漸化式では，数列 $\{a_n + tb_n\}$ が等比数列になるような t を考える

 ①より，$b_n = a_{n+1} - 2a_n$ だから，$b_{n+1} = a_{n+2} - 2a_{n+1}$
これらを②に代入すると，$a_{n+2} - 4a_{n+1} + 3a_n = 0$ となり，**128**の形にすることができます．

演習問題129

$a_1 = 2$, $b_1 = 1$, $a_{n+1} = 2a_n + 3b_n$ $(n \geq 1)$，
$b_{n+1} = a_n + 4b_n$ $(n \geq 1)$ をみたす数列 $\{a_n\}$, $\{b_n\}$ について，次の問いに答えよ．

(1) 数列 $\{a_n + pb_n\}$ が等比数列となるような p を求めよ．
(2) a_n, b_n を n で表せ．

130 群数列（Ⅰ）

1から順に並べた自然数を，

1|2, 3|4, 5, 6, 7|8, 9, 10, 11, 12, 13, 14, 15|16, …

のように，第n群（$n=1, 2, \cdots$）が2^{n-1}個の数を含むように分ける．

(1) 第n群の最初の数をnで表せ．
(2) 第n群に含まれる数の総和を求めよ．
(3) 3000は第何群の何番目にあるか．

ある規則のある数列に区切りを入れて固まりを作ってできる**群数列**を考えるときは，

「もとの数列ではじめから数えて第何項目か？」

と考えます．このとき，第n群に入っている項の数を用意し，**各群の最後の数**に着目します．

解　答

(1) 第$(n-1)$群の最後の数は，はじめから数えて
  $(1+2+\cdots+2^{n-2})$ 項目．
  すなわち，$(2^{n-1}-1)$ 項目だからその数字は
  $2^{n-1}-1$
  よって，第n群の最初の数は
  $(2^{n-1}-1)+1=\mathbf{2^{n-1}}$

◀各群の最後の数が基準

◀等比数列の和の公式を用いて計算する

(2) (1)より，第n群に含まれる数は
  初項2^{n-1}，公差1，項数2^{n-1}の等差数列．
  よって，求める総和は
  $\dfrac{1}{2}\cdot 2^{n-1}\{2\cdot 2^{n-1}+(2^{n-1}-1)\cdot 1\}$
  $=2^{n-2}(2\cdot 2^{n-1}+2^{n-1}-1)=\mathbf{2^{n-2}(3\cdot 2^{n-1}-1)}$

(別解) 2行目は初項2^{n-1}，末項2^n-1，項数2^{n-1}の等差数列と考えてもよい．

(3) 3000は第n群に含まれているとすると

(1)より，$2^{n-1} \leqq 3000 < 2^n$

ここで，$2^{11}=2048$，$2^{12}=4096$ だから
$$2^{11} < 3000 < 2^{12} \quad \therefore \quad n=12$$
よって，第12群に含まれている．
このとき，第11群の最後の数は，$2^{11}-1=2047$ だから，
$3000-2047=953$ より，3000は**第12群の953番目**にある．

注1．第12群に含まれているとき，第12群の最初の数に着目すると $3000-2048+1$ と計算しないといけません．逆に，ひき算をすると答がちがってしまいます．

注2．(3) 2行目の $2^{n-1} \leqq 3000 < 2^n$ は $2^{n-1} \leqq 3000 \leqq 2^n-1$ でも，$2^{n-1}-1 < 3000 \leqq 2^n-1$ でもよいのですが，(1)を利用すれば解答の形になるでしょう．

注3．(1), (2)は n に具体的な数字を入れることによって検算が可能です．

> **ポイント**　もとの数列に規則のある群数列は，
> 　Ⅰ．第 n 群に含まれる項の数を用意し
> 　Ⅱ．各群の最後の数に着目し
> 　Ⅲ．はじめから数えて何項目か
> と考える

演習問題130

1から順に並べた自然数を
$1|2,\ 3|4,\ 5,\ 6|7,\ 8,\ 9,\ 10|11,\ 12,\ 13,\ 14,\ 15|16,\ \cdots$
のように，第 n 群に n 個の数を含むように分ける．
(1) 第 n 群の最初の数を求めよ．
(2) 第 n 群に含まれる数の総和を求めよ．
(3) 100は第何群の何番目にあるか．

131 群数列（Ⅱ）

> 1, 2, 2, 3, 3, 3, 4, 4, 4, 4, 5, … のように，数字 n が n 個ずつ並んでいる数列を考える．
> (1) n が並んでいる部分をまとめて，第 n 群と呼ぶことにするとき，第 n 群の数字の総和を求めよ．
> (2) 第 100 項目はどんな数字か．
> (3) 初項から第 100 項までの和を求めよ．

  数列全体を決定する規則がなく，はじめからブロック化して見えている群数列を考えるときは，
　　「第何群の何番目か？」
と考えます．

このとき，第 n 群に入っている**項の数**を用意し，**各群の最後の数**に着目します．（130 と同じ表現になっているところがポイントです）

解 答

(1) 第 n 群は，$\underbrace{n,\ n,\ \cdots,\ n}_{n\text{個}}$ だから，

その総和は，
$$n \times n = \boldsymbol{n^2}$$

(2) 100 項目が第 n 群にあるとする．
第 $(n-1)$ 群の最後の数は，はじめから数えると
$$1+2+\cdots+(n-1)=\frac{1}{2}n(n-1)\text{（項目）}$$ だから，

$$\frac{1}{2}n(n-1)<100\leqq\frac{1}{2}n(n+1)$$

$$\therefore\quad n(n-1)<200\leqq n(n+1)$$

ここで，$n=14$ のとき

$$\begin{cases} n(n-1)=14\cdot13=182 \\ n(n+1)=15\cdot14=210 \quad \text{だから，} n=14 \end{cases}$$

よって，第 100 項は **14**

(3)　(2)より，第 13 群の最後の数は

$$\frac{1}{2}\cdot14\cdot13=91 \text{（項目）だから}$$

第 100 項は第 14 群の 9 番目の数.

(1)より，求める和は

$$\sum_{k=1}^{13} k^2+14\cdot9$$

$$=\frac{1}{6}\cdot13\cdot\overset{7}{14}\cdot\overset{9}{27}+14\cdot9 \qquad \blacktriangleleft\ \boxed{117}$$

$$=7\cdot9\cdot(13+2) \qquad\qquad\qquad \blacktriangleleft\ \text{共通因数でくくる}$$

$$=\mathbf{945}$$

> **注**　(2)は，第 100 項目ですから，具体的に書き並べても答はでますが，
> 今回は勉強のための教材ですから，一般性のある解答にしてあります.

ポイント　はじめからブロック化されている群数列は

　　Ⅰ．第 n 群に含まれる項の数を用意し

　　Ⅱ．各群の最後の数に着目し

　　Ⅲ．第何群の何番目か？

　と考える

第7章

演習問題 131

　1, 2, 2, 3, 3, 3, 3, 4, 4, 4, 4, 4, 4, 4, 4, 5, … のように，
数字 n が 2^{n-1} 個ずつ並んでいる数列を考える.

(1)　第 n 群の数字の総和を求めよ.

(2)　第 100 項目はどんな数字か.

(3)　初項から第 100 項までの和を求めよ.

132 格子点の個数

3つの不等式 $x \geqq 0$, $y \geqq 0$, $2x+y \leqq 2n$ (n は自然数)で表される領域を D とする．
(1) D に含まれ，直線 $x=k$ ($k=0$, 1, $\cdots$, n) 上にある格子点(x 座標も y 座標も整数の点)の個数を k で表せ．
(2) D に含まれる格子点の総数を n で表せ．

精講

$\sum$ 計算の応用例として，格子点の個数を求める問題があります．これは様々なレベルの大学で入試問題として出題されています．

格子点の含まれている領域が具体的に表されていれば図をかいて数え上げることもできますが，このように，n が入ってくると数える手段を知らないと解答できません．その手段とは，ポイントに書いてある考え方です．

ポイントによれば，直線 $y=k$ でもできそうに書いてありますが，こちらを使った解答は（別解）で確認してください．

解答

(1) 直線 $x=k$ 上にある格子点は
$$(k, 0), (k, 1), \cdots, (k, 2n-2k)$$
の $(2n-2k+1)$ 個．

注 y 座標だけを見ていくと，個数がわかります．

(2) (1)の結果に，$k=0$, 1, $\cdots$, n を代入して，すべて加えたものが，D に含まれる格子点の総数．

∴ $\displaystyle\sum_{k=0}^{n}(2n-2k+1)$ ◀等差数列

$= \dfrac{n+1}{2}\{(2n+1)+1\}$ ◀等差数列の和の公式

$= (n+1)^2$

注 $\sum$ 計算をする式が k の1次式のとき，その式は等差数列の和を表しているので，$\dfrac{n}{2}(a+a_n)$ (⇨ 111) を使って計算していますが，もちろん，$\displaystyle\sum_{k=0}^{n}(2n+1)-2\sum_{k=0}^{n}k$ として計算してもかまいません．

(**別解**) 直線 $y=2k$ ($k=0, 1, \cdots, n$) 上の
格子点は $(0, 2k), (1, 2k), \cdots, (n-k, 2k)$
の $(n-k+1)$ 個．

また，直線 $y=2k-1$ ($k=1, 2, \cdots, n$) 上の
格子点は
$$(0, 2k-1), (1, 2k-1), \cdots, (n-k, 2k-1)$$
の $(n-k+1)$ 個．よって，格子点の総数は

$$\sum_{k=0}^{n}(n-k+1)+\sum_{k=1}^{n}(n-k+1)$$
$$=2\sum_{k=1}^{n}(n-k+1)+(n+1)$$
$$=n(n+1)+(n+1)$$
$$=(n+1)(n+1)$$
$$=(n+1)^2$$

注 $y=2k$ と $y=2k-1$ に分ける理由は直線 $y=k$ と $2x+y=2n$ の交点を求めると，$\left(n-\dfrac{k}{2}, k\right)$ となり，$n-\dfrac{k}{2}$ が k の偶奇によって整数になる場合と整数にならない場合があるからです．

◐ ポイント ある領域内の格子点の総数を求めるとき
　Ⅰ．直線 $x=k$ (または，$y=k$) 上の格子点の個数を k で表す
　Ⅱ．Ⅰの結果について $\sum$ 計算をする

演習問題 132

放物線 $y=x^2$ ……① と直線 $y=n^2$ (n は自然数) ……② がある．①と②で囲まれた部分 (境界も含む) を M とする．このとき，次の問いに答えよ．

(1) 直線 $x=k$ ($k=1, 2, \cdots, n$) 上の M 内の格子点の個数を n, k で表せ．

(2) M 内の格子点の総数を n で表せ．

133 漸化式の応用

平面上に n 本の直線があって，どの 2 本も平行でなく，どの 3 本も 1 点で交わらないとき，これらの直線によって平面が a_n 個の部分に分けられるとする．
(1) a_1, a_2, a_3 を求めよ．
(2) n 本の直線が引いてあり，あらたに $(n+1)$ 本目の直線を引いたとき，もとの n 本の直線と何か所で交わるか．
(3) (2)を利用して，a_{n+1} を a_n で表せ．
(4) a_n を求めよ．

まず，設問の意味を正しくとらえないといけません．n が含まれているとわかりにくいので，n に具体的な数字を代入してイメージをつかむことが大切で，これが(1)です．

(3)が最大のテーマです．「**a_{n+1} を a_n で表せ**」という要求のときに，a_1, a_2, a_3 などから様子を探るのも 1 つの手ですが，それは **136** 以降（数学的帰納法）にまかせることにします．ここでは，一般に考えるときにはどのように考えるかを学習します．

a_n と a_{n+1} の違いは直線の本数が 1 本増えることです．

直線の数が増えれば分割される平面が増えることは想像がつきますが，問題はいくつ増えるかで，これを考えるために(2)があります．

解答

(1) 図より，$a_1 = 2$　　図より，$a_2 = 4$　　図より，$a_3 = 7$

(2) すべての直線は，どの 2 本も平行でなく，どの 3 本も 1 点で交わらないので，$(n+1)$ 本目の直線は，それ以前に引いてある n 本の直線のすべてと 1 回ずつ交わっている．よって，**n か所**で交わる．

(3) (2)で考えたように，$(n+1)$ 本目の直線はそれ以前に引いてある直線と n か所で交わり，その交点によって，$(n+1)$ 本目の直線は，2つの半直線と $(n-1)$ 個の線分に分割されている（下図）.

この $(n+1)$ 個の半直線と線分の1つによって，いままで1つであった平面が2つに分割される．

よって，$(n+1)$ 本目の直線によって，平面の部分は $(n+1)$ 個増えることになる．

$$\therefore \quad a_{n+1} = a_n + n + 1 \quad (n \geq 1)$$

◀階差数列 **122**

(4) $n \geq 2$ のとき，

$$a_n = a_1 + \sum_{k=1}^{n-1}(k+1) = 2 + (2+3+\cdots+n)$$

$$= (1+2+\cdots+n) + 1 = \frac{1}{2}n(n+1) + 1 = \frac{1}{2}(n^2+n+2)$$

これは，$n=1$ のときも含む． ◀吟味を忘れずに

> **◎ ポイント** 漸化式を作るとき，n 番目の状態を既知として，$(n+1)$ 番目の状態を考え，その変化を追えばよい

演習問題 133

右図のように円 O_1, O_2, $\cdots$ は互いに接し，かつ点Cで交わる半直線 l_1, l_2 に内接している．このとき，次の問いに答えよ．

(1) 円 O_1 の半径が5，CA_1 の長さが12であるとき，円 O_2 の半径 r_2 を求めよ．

(2) n 番目の円 O_n の半径を r_n とするとき，r_n と r_{n+1} の関係式を求めよ．

(3) r_n を求めよ．

基礎問

134 場合の数と漸化式

(1) 5段の階段があり，1回に1段または2段
登るとする．このとき，登り方は何通りある
か．ただし，スタート地点は0段目とよぶこ
とにする．（右図参照）

(2) (1)と同じように n 段の階段を登る方法が
a_n 通りあるとする．このとき，

(ア) a_1, a_2 を求めよ．

(イ) $n \geqq 1$ のとき，a_{n+2} を a_{n+1}, a_n で表せ．

(ウ) a_8 を求めよ．

精 講　(1) まず，1段，2段，2段と登る方法と2段，1段，2段と登る
方法は，異なる登り方であることをわかることが基本です．次に，
1段を使う方法は5が奇数であることから1回，3回，5回のどれかです．
そこで，1と2をいくつか使って，和が5になる組合せを考えて，そのあと
入れかえを考えればよいことになります．

(2) (イ) これがこの 134 のメインテーマで，漸化式の有効な利用例です．考え
方は，**ポイント**に書いてあるどちらかになります．この問題では，どちらで
も漸化式が作れます．

(ウ) 漸化式が与えられたとき，一般項を求められることは大切ですが，使い
方の基本は<u>番号を下げる</u>ことです．

解　答

(1) 5段の階段を登るとき，1段登ることは奇数回必要だから，

　　　1段を1回使う組合せは，1段，2段，2段

　　　　　3回使う組合せは，1段，1段，1段，2段

　　　　　5回使う組合せは，1段，1段，1段，1段，1段　で

　　それぞれ，入れかえが3通り，4通り，1通りあるので

　　　　　$3+4+1=8$（通り）

(2) (ア) 1段登る方法は1つしかないので，$a_1 = 1$

　　2段登る方法は，1段，1段と，2段の2通りあるので，$a_2 = 2$

(イ) 1回の登り方に着目して$(n+2)$段の階段を登る方法を考えると次の2つの場合がある．

① 最初に1段登って，残り$(n+1)$段登る
② 最初に2段登って，残りn段登る

①，②は排反で，$(n+1)$段登る方法，n段登る方法はそれぞれa_{n+1}通り，a_n通りあるので，

$a_{n+2} = a_{n+1} + a_n$

∴ $\boldsymbol{a_{n+2} = a_{n+1} + a_n}$

◀数学Ⅰ・A 99 ポイント

(ウ) (イ)より，

$a_8 = a_7 + a_6 = (a_6 + a_5) + a_6$
$= 2a_6 + a_5 = 2(a_5 + a_4) + a_5$
$= 3a_5 + 2a_4 = 3(a_4 + a_3) + 2a_4$
$= 5a_4 + 3a_3 = 5(a_3 + a_2) + 3a_3$
$= 8a_3 + 5a_2 = 8(a_2 + a_1) + 5a_2$
$= 13a_2 + 8a_1 = 13 \times 2 + 8 \times 1 = \boldsymbol{34}$（通り）

Ⅰ．(ウ)の要領でa_5を求めると，$a_5 = 3a_2 + 2a_1 = 3 \times 2 + 2 = 8$（通り）となり，(1)の答と一致します．

Ⅱ．最後の手段に着目するときは，次の2つの場合となります．

① まず$(n+1)$段登って，最後に1段登る
② まずn段登って，最後に2段登る

ポイント 場合の数の問題で漸化式を作るとき，次のどちらか
① 最初の手段で場合分け　② 最後の手段で場合分け

演習問題 134

横1列に並べられたn枚のカードに赤か青か黄のどれか1つの色をぬる．赤が連続してはいけないという条件の下で，ぬり方がa_n通りあるとする．

(1) a_1, a_2を求めよ．
(2) $n \geq 1$ のとき，a_{n+2}をa_{n+1}, a_nで表せ．
(3) a_8を求めよ．

135 確率と漸化式

袋の中に 1, 2, 3, 4, 5 の数字のかかれたカードが 1 枚ずつ入っている．この袋の中から，1 枚カードを取り出し，それにかかれた数字を記録し，もとにもどすという操作をくり返す．1 回目から n 回目までに記録された数字の総和を S_n とし，S_n が偶数である確率を p_n とおく．このとき，次の問いに答えよ．
(1) p_1, p_2 を求めよ．
(2) p_{n+1} を p_n で表せ．
(3) p_n を n で表せ．

精講

(1) 確率の問題ではこのような設問がよく見受けられますが，これは単に点数をあげるための設問ではありません．これを通して問題のイメージをつかみ，一般的な状態 (⇨(2)) での考える方針をつかんでほしいという意味があります．

(2) 確率の問題で漸化式を作るとき，まず，確率記号の右下の文字 (添字) に着目します．ここでは，n と $n+1$ の関係式を作るので，n 回終了時の状況をスタートにして，あと 1 回の操作でどのようなことが起これば，目的の事態が起こるか考えます．このとき，図で考えると式が立てやすくなります．

(3) 漸化式の処理ができれば，何の問題もありません．

解答

(1) (p_1 について)

1 回目に，2 か 4 のカードが出ればよいので，$p_1 = \dfrac{2}{5}$

(p_2 について)

次の 2 つの場合が考えられる．
　① 1 回目が偶数のとき，2 回目も偶数
　② 1 回目が奇数のとき，2 回目も奇数

◀ 数字ではなく偶奇で考える

①，②は排反だから，

$p_2 = \dfrac{2}{5} \times \dfrac{2}{5} + \dfrac{3}{5} \times \dfrac{3}{5} = \dfrac{13}{25}$

211

(2)

	n 回終了時		$(n+1)$ 回終了時

p_n : 総和が偶数 $\xrightarrow{2,\ 4}$

$1-p_n$: 総和が奇数 $\xrightarrow{1,\ 3,\ 5}$ 総和が偶数 : p_{n+1}

次の 2 つの場合が考えられる.

① S_n が偶数のとき, $(n+1)$ 回目も偶数

② S_n が奇数のとき, $(n+1)$ 回目も奇数

①, ②は排反だから, $p_{n+1}=p_n\times\dfrac{2}{5}+(1-p_n)\times\dfrac{3}{5}$

$\therefore\quad \boldsymbol{p_{n+1}=-\dfrac{1}{5}p_n+\dfrac{3}{5}}$

(3) $p_{n+1}=-\dfrac{1}{5}p_n+\dfrac{3}{5}$ より, $p_{n+1}-\dfrac{1}{2}=-\dfrac{1}{5}\left(p_n-\dfrac{1}{2}\right)$ ◀ **123**

$\therefore\quad p_n-\dfrac{1}{2}=\left(p_1-\dfrac{1}{2}\right)\left(-\dfrac{1}{5}\right)^{n-1}$

よって, $p_n=\dfrac{1}{2}+\dfrac{1}{2}\left(-\dfrac{1}{5}\right)^n$ ◀ $-\dfrac{1}{10}=\dfrac{1}{2}\times\left(-\dfrac{1}{5}\right)$

ポイント

確率で漸化式を作るとき

① n 回終了時に起こりうるすべての場合を考えて

② 次に何が起これば要求された状況になるか

と考える

演習問題 135

数直線上の原点を出発して, 次のルールで移動する点Pがある.

(ルール)　1個のサイコロを投げ,

① 出た目が 5 以上ならば, 正方向に 2 進む

② 出た目が 4 以下ならば, 正方向に 1 進む

このルールの下で, サイコロを n 回投げたとき, 点Pの座標が奇数になる確率を p_n とおく.

(1) p_1, p_2 を求めよ. 　　(2) p_{n+1} を p_n で表せ.

(3) p_n を n で表せ.

第7章

136 数学的帰納法（Ⅰ）

$a_1=1$, $a_{n+1}=\dfrac{4-a_n}{3-a_n}$ $(n\geqq 1)$ で表される数列 $\{a_n\}$ について

(1) a_2, a_3, a_4 を求めよ．
(2) 一般項を推定せよ．
(3) (2)の推定が正しいことを数学的帰納法で示せ．

精講

一般に，ある事柄を証明するとき，手段として
Ⅰ．演えき法　Ⅱ．背理法（数学Ⅰ・A 23）　Ⅲ．数学的帰納法
の3通りがあります．

Ⅰ，Ⅱはすでに学習済みです．ここではⅢの考え方を説明します．**数学的帰納法**は次の2つの部分で構成された証明方法です．

ⅰ） $n=1$ のとき成りたつことを示す
ⅱ） $n=k$ のとき成りたつと仮定して，
$n=k+1$ のときも成りたつことを示す

これで，すべての自然数 n について成りたつことを示したことになります．

不思議に思う人もいるかもしれませんが，これでOKであることは，次のように考えればわかります．

まず，ⅰ）より，$n=1$ のときは成りたちます．

次に，$n=1$ のときが成りたつので ⅱ）より，$n=2$ のときが成りたつ．同様に，ⅱ）より，$n=2$ のときが成りたつので，$n=3$ のときも成りたつ．以下，このくりかえしで，すべての自然数に対して成りたちます．

解答

$a_{n+1}=\dfrac{4-a_n}{3-a_n}$ ……①

(1) ①に $n=1$ を代入して，
$$a_2=\dfrac{4-a_1}{3-a_1}=\dfrac{4-1}{3-1}=\dfrac{3}{2}$$

①に $n=2$ を代入して，
$$a_3=\dfrac{4-a_2}{3-a_2}=\dfrac{5}{3}$$

①に $n=3$ を代入して，

$$a_4 = \frac{4-a_3}{3-a_3} = \frac{7}{4}$$

(2) 数列 $\{a_n\}$ は

$$\frac{1}{1}, \frac{3}{2}, \frac{5}{3}, \frac{7}{4}, \cdots \text{ だから}$$

$\begin{cases} a_n \text{ の分母は初項 } 1, \text{ 公差 } 1 \text{ の等差数列} \\ a_n \text{ の分子は初項 } 1, \text{ 公差 } 2 \text{ の等差数列} \end{cases}$

と考えられる．

すなわち，$a_n = \dfrac{2n-1}{n}$ ……② と推定できる．

(3) ⅰ) $n=1$ のとき，$a_1 = 1$ となり，②は成りたつ．

ⅱ) $n=k$ のとき

$a_k = \dfrac{2k-1}{k}$ が成りたつと仮定すると，①より

$$a_{k+1} = \frac{4-a_k}{3-a_k} = \frac{4-\dfrac{2k-1}{k}}{3-\dfrac{2k-1}{k}} = \frac{4k-(2k-1)}{3k-(2k-1)}$$

$$= \frac{2k+1}{k+1} = \frac{2(k+1)-1}{k+1}$$

これは，②に $n=k+1$ を代入したものだから，②は，$n=k+1$ のときも成りたつ．

ⅰ)，ⅱ)より，(2)の推定は正しい．

> **ポイント** 数学的帰納法による証明は次の手順
> ⅰ) $n=1$ のときを示す
> ⅱ) $n=k$ のときを仮定して，$n=k+1$ のときを示す

参考　この漸化式は **126** の 注 にある図を見てもわかるようにこのまま解くことができます．それが**演習問題 126** です．

演習問題 136

b を正の定数とする．初項が $a_1 = b$ で，$n \geqq 1$ のとき，
$(a_n + 1)a_{n+1} = ba_n$ である数列 $\{a_n\}$ について

(1) 一般項 a_n を推定せよ．
(2) (1)の推定が正しいことを数学的帰納法で証明せよ．

214 第7章 数　列

基礎問

137 数学的帰納法（Ⅱ）

n が自然数のとき，次の各式が成立することを数学的帰納法を用いて証明せよ.

(1) $1^2+2^2+\cdots+n^2=\dfrac{1}{6}n(n+1)(2n+1)$ ……①

(2) $1+\dfrac{1}{2}+\dfrac{1}{3}+\cdots+\dfrac{1}{n}\geqq\dfrac{2n}{n+1}$ ……②

精講 手順は 136 と同じですが，$n=k$ のときの式から，$n=k+1$ のときの式を作り上げるときに，どんな作業をすればよいのかが問題によって違うので，問題に応じてどんな作業をするかを考えなければなりません.

解　答
---

(1)　ⅰ）$n=1$ のとき

左辺$=1$, 右辺$=\dfrac{1}{6}\cdot1\cdot2\cdot3=1$

よって，$n=1$ のとき，①は成立する.

ⅱ）$n=k$ のとき

$1^2+2^2+\cdots+k^2=\dfrac{1}{6}k(k+1)(2k+1)$ ……①′

が成立すると仮定する.

①′ の両辺に $(k+1)^2$ を加えて

左辺$=1^2+2^2+\cdots+k^2+(k+1)^2$

右辺$=\dfrac{1}{6}k(k+1)(2k+1)+(k+1)^2$

◀左辺に，
$1^2+2^2+\cdots$
$+k^2+(k+1)^2$
を作ることを考える

$=\dfrac{1}{6}(k+1)\{(2k^2+k)+6(k+1)\}$

$=\dfrac{1}{6}(k+1)(k+2)(2k+3)$

これは，①の右辺に $n=k+1$ を代入したものである.

よって，①は $n=k+1$ でも成立する.

ⅰ），ⅱ）より，①はすべての自然数nについて成立する.

215

(2) ⅰ）　$n=1$ のとき

左辺$=1$，右辺$=\dfrac{2\cdot1}{1+1}=1$ となり，$n=1$ のとき②は成立する．

ⅱ）　$n=k$ のとき，②が成立すると仮定すると

$$1+\frac{1}{2}+\frac{1}{3}+\cdots+\frac{1}{k}\geqq\frac{2k}{k+1}\quad\cdots\cdots②'$$

②′ の両辺に $\dfrac{1}{k+1}$ を加えると　　　　　　◀左辺を証明したい式

にする

左辺$=1+\dfrac{1}{2}+\dfrac{1}{3}+\cdots+\dfrac{1}{k}+\dfrac{1}{k+1}$

右辺$=\dfrac{2k}{k+1}+\dfrac{1}{k+1}=\dfrac{2k+1}{k+1}$

ここで，

$$\frac{2k+1}{k+1}-\frac{2(k+1)}{k+2}=\frac{k}{(k+1)(k+2)}>0\quad◀ここがポイント$$

$$\therefore\quad 1+\frac{1}{2}+\cdots+\frac{1}{k+1}\geqq\frac{2k+1}{k+1}>\frac{2(k+1)}{k+2}$$

すなわち，

$$1+\frac{1}{2}+\cdots+\frac{1}{k+1}\geqq\frac{2(k+1)}{k+2}$$

これは，②に $n=k+1$ を代入したものである．

よって，$n=k+1$ でも②は成立する．

ⅰ），ⅱ）より，すべての自然数nについて②は成立する．

◖🌙 ポイント｜数学的帰納法を使って証明するとき，$n=k$ のときを仮定したら，$n=k+1$ のときを計算用紙に書いておき，2つの式の違いを見比べながらこれから行うべき作業を決める

第7章

演習問題 137

n が自然数のとき，次の各式が成立することを数学的帰納法を用いて証明せよ．

(1)　$\dfrac{1}{1\cdot2}+\dfrac{1}{2\cdot3}+\cdots+\dfrac{1}{n(n+1)}=\dfrac{n}{n+1}$

(2)　$\dfrac{1}{1^2}+\dfrac{1}{2^2}+\dfrac{1}{3^2}+\cdots+\dfrac{1}{n^2}\leqq2-\dfrac{1}{n}$

第8章 ベクトル

138 $m\vec{a}+n\vec{b}$

右図のような正六角形 ABCDEF において，$\overrightarrow{AB}=\vec{a}$, $\overrightarrow{AF}=\vec{b}$ とおく．このとき，次の各ベクトルを $\vec{a}$, $\vec{b}$ で表せ．
(1) $\overrightarrow{CD}$　(2) $\overrightarrow{BC}$　(3) $\overrightarrow{AC}$
(4) $\overrightarrow{AD}$　(5) $\overrightarrow{BD}$

　平面上では，基本になるベクトルを2つ（ただし，$\vec{0}$ ではなく，平行ではないもの）を用意できれば，どんなベクトル $\vec{x}$ も，
$\vec{x}=m\vec{a}+n\vec{b}$ の形で表せます．すなわち，

$\vec{a}\neq\vec{0}$, $\vec{b}\neq\vec{0}$, $\vec{a}\not\parallel\vec{b}$ のとき，任意のベクトル $\vec{x}$ は適当な実数 m, n を用いて，
$\vec{x}=m\vec{a}+n\vec{b}$ と表せる

このとき，必要になるものは，ベクトルの和，差，実数倍の考え方です．

①和　$\vec{a}+\vec{b}$

②差　$\vec{a}-\vec{b}$

 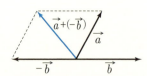

③実数倍　$k\vec{a}$

$k>0$ のとき，$\vec{a}$ と同じ向き　で大きさが k 倍
$k<0$ のとき，$\vec{a}$ と逆向き　で大きさが $|k|$ 倍

しかし一番大切なのは，ベクトルは**向きと大きさが等しいと同じベクトル**と考えるので，たとえばこの設問でいえば，$\overrightarrow{ED}=\overrightarrow{FO}=\overrightarrow{OC}=\vec{a}$ であることです．ベクトルは，平行線をつたってどんどん移動していくのです．平行線があると同じベクトルがあちこちに現れてくるので，見逃さないようにしましょう．

解 答

(1) $\overrightarrow{CD}=\overrightarrow{AF}=\vec{b}$

(2) $\overrightarrow{BC}=\overrightarrow{AO}=\overrightarrow{AB}+\overrightarrow{AF}=\vec{a}+\vec{b}$
  （↳同じベクトル）（↳ 精講 ①）

(3) $\overrightarrow{AC}=\overrightarrow{AB}+\overrightarrow{BC}=\vec{a}+(\vec{a}+\vec{b})=2\vec{a}+\vec{b}$
  （↳ 精講 ①）

(4) $\overrightarrow{AD}=2\overrightarrow{AO}=2(\vec{a}+\vec{b})$
  （↳ 精講 ③）

(5) $\overrightarrow{BD}=\overrightarrow{AD}-\overrightarrow{AB}$
   $=2(\vec{a}+\vec{b})-\vec{a}$
   $=\vec{a}+2\vec{b}$

◀同じベクトル

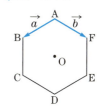

◀精講 ②

（別解）

(4) $\overrightarrow{AD}=\overrightarrow{AB}+\overrightarrow{BC}+\overrightarrow{CD}$
   $=\vec{a}+(\vec{a}+\vec{b})+\vec{b}=2\vec{a}+2\vec{b}$

◀精講 ①

(5) $\overrightarrow{BD}=\overrightarrow{AE}=\overrightarrow{AF}+\overrightarrow{FE}=\overrightarrow{AF}+\overrightarrow{BC}$
  （↳同じベクトル）（↳ 精講 ①）（↳同じベクトル）
   $=\vec{b}+(\vec{a}+\vec{b})=\vec{a}+2\vec{b}$

ポイント　ベクトルの計算は
① 和　② 差　③ 実数倍　④ 同じベクトル

演習問題 138

138 において，$\overrightarrow{AB}=\vec{a}$，$\overrightarrow{BC}=\vec{b}$ とおくとき，次のベクトルを $\vec{a}$，$\vec{b}$ で表せ．

(1) $\overrightarrow{AC}$　(2) $\overrightarrow{AD}$　(3) $\overrightarrow{AF}$　(4) $\overrightarrow{AE}$

139 分点の位置ベクトル

平行四辺形 OABC において，BC を 2：1 に内分する点を D，OA を 4：1 に外分する点を E，DE と AB の交点を F とするとき，次のベクトルを，$\overrightarrow{OA}$, $\overrightarrow{OC}$ で表せ．
(1) $\overrightarrow{OD}$　(2) $\overrightarrow{OE}$　(3) $\overrightarrow{OF}$

精講

ベクトルの始点をOとするとき，$\overrightarrow{OP}$ を点Pの**位置ベクトル**といいます．この点Pが右図のように線分 AB を $m:n$ に分ける点であれば，

$$\overrightarrow{OP}=\frac{n\overrightarrow{OA}+m\overrightarrow{OB}}{m+n}$$

と表されますが，これは 31 の「**分点の座標**」とまったく同じ形をしていますので，覚えやすいと思います．また，外分の場合もまったく同じ扱い（m, n のうち，小さい方に「−」をつける）になります．

（位置ベクトル）

平面上に定点Oをとり，Oを始点，Pを終点とするベクトル $\vec{p}=\overrightarrow{OP}$ を考えると，$\vec{p}$ は点Pの位置を決めるベクトルと考えられます．そこで，$\vec{p}$ を点Oに関する**位置ベクトル**と呼び，この点を記号 P($\vec{p}$) で表します．

このことを利用するとベクトルの差（⇨ 138 ）は図をかかなくても計算で処理できます．

A($\vec{a}$), B($\vec{b}$) とすると，

$\overrightarrow{AB}=\vec{b}-\vec{a}$ （Bの位置ベクトル − Aの位置ベクトル）

このとき，**始点がそろっていることが大切**で，どこが始点かは本質的ではありません．

解答

(1) $\overrightarrow{OD}=\dfrac{\overrightarrow{OB}+2\overrightarrow{OC}}{2+1}=\dfrac{1}{3}\overrightarrow{OB}+\dfrac{2}{3}\overrightarrow{OC}$　　◀BC を 2：1 に内分する点

$=\dfrac{1}{3}(\overrightarrow{OA}+\overrightarrow{OC})+\dfrac{2}{3}\overrightarrow{OC}=\dfrac{1}{3}\overrightarrow{OA}+\overrightarrow{OC}$

(別解) $\vec{OD} = \vec{OC} + \vec{CD} = \vec{OC} + \dfrac{1}{3}\vec{CB}$

$= \dfrac{1}{3}\vec{OA} + \vec{OC}$ （∵ $\vec{CB} = \vec{OA}$）

◀ $\vec{CB}$ と $\vec{OA}$ は向きも大きさも等しい

(2) OA：AE＝3：1 だから，

$\vec{OE} = \dfrac{4}{3}\vec{OA}$

◀ OA を 4：1 に外分する点がEというのは OE を 3：1 に内分する点がAということ

(3) △AEF∽△BDF だから，

AF：BF＝AE：BD＝$\dfrac{1}{3}$OA：$\dfrac{2}{3}$CB

＝1：2 （∵ OA＝CB）

∴ $\vec{OF} = \dfrac{2\vec{OA} + \vec{OB}}{1+2}$

◀ AB を 1：2 に内分する点

$= \dfrac{2}{3}\vec{OA} + \dfrac{1}{3}\vec{OB}$

$= \dfrac{2}{3}\vec{OA} + \dfrac{1}{3}(\vec{OA} + \vec{OC})$

$= \vec{OA} + \dfrac{1}{3}\vec{OC}$

(別解) $\vec{OF} = \vec{OA} + \vec{AF} = \vec{OA} + \dfrac{1}{3}\vec{AB}$

$= \vec{OA} + \dfrac{1}{3}\vec{OC}$

◀ $\vec{AB}$ と $\vec{OC}$ は向きも大きさも等しい

> **ポイント**　線分 AB を $m:n$ に分ける点Pの位置ベクトルは，
> $$\vec{OP} = \dfrac{n\vec{OA} + m\vec{OB}}{m+n}$$ と表せる

演習問題 139

右図のような等脚台形 ABCD は AB＝4，AD＝2，∠DAB＝60° をみたしている．AB を 3：1 に内分する点を E，DE と AC の交点をFとするとき，次の問いに答えよ．

(1) DF：FE を求めよ．　(2) $\vec{AF}$ を $\vec{AB}$，$\vec{AD}$ で表せ．

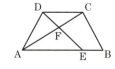

140 3点が一直線上にある条件

△OABの辺 OA, OB 上に点 C, D を, OC：CA=1：2,
OD：DB=2：1 となるようにとり, AD と BC の交点をEとするとき, 次の問いに答えよ.
(1) AE：ED=s：$(1-s)$ とおいて, $\overrightarrow{OE}$ を s, $\overrightarrow{OA}$, $\overrightarrow{OB}$ で表せ.
(2) BE：EC=t：$(1-t)$ とおいて, $\overrightarrow{OE}$ を t, $\overrightarrow{OA}$, $\overrightarrow{OB}$ で表せ.
(3) $\overrightarrow{OE}$ を $\overrightarrow{OA}$, $\overrightarrow{OB}$ で表せ.

精講

ベクトルの問題では,「点＝2直線の交点」ととらえます.だから問題文に「交点」という単語があれば,そこに着目して数式に表せばよいのですが,このとき,「3点が一直線上にある条件」が使われます.

〈3点 A, B, C が一直線上にある条件〉

Ⅰ．Aが始点のとき
 $\overrightarrow{AC}=k\overrightarrow{AB}$

Ⅱ．A以外の点□が始点のとき
 $\overrightarrow{□C}=m\overrightarrow{□A}+n\overrightarrow{□B}$ （ただし, $m+n=1$）

(1)の s：$(1-s)$, (2)の t：$(1-t)$ のところは
「AD と BC の交点はE」という文章を

A, E, D は一直線上にある
B, E, C は一直線上にある

と読みかえて, Ⅱを利用していることになります.

また,この手法では同じベクトルを2通りに表し,次の考え方を使います.
 $\vec{a}\neq\vec{0}$, $\vec{b}\neq\vec{0}$, $\vec{a}\not\parallel\vec{b}$ のとき （このとき $\vec{a}$, $\vec{b}$ は**1次独立**であるといいます）
 $p\vec{a}+q\vec{b}=p'\vec{a}+q'\vec{b} \Longleftrightarrow p=p'$, $q=q'$

解答

(1) $\overrightarrow{OE}=(1-s)\overrightarrow{OA}+s\overrightarrow{OD}$ ◀3点 A, D, E が一
   $=(1-s)\overrightarrow{OA}+s\left(\dfrac{2}{3}\overrightarrow{OB}\right)$ 直線上にある条件

$$= (1-s)\overrightarrow{OA} + \frac{2}{3}s\overrightarrow{OB}$$

(2) $\overrightarrow{OE} = (1-t)\overrightarrow{OB} + t\overrightarrow{OC}$ ◀ 3点 B, C, E が一直線上にある条件

$$= t\left(\frac{1}{3}\overrightarrow{OA}\right) + (1-t)\overrightarrow{OB}$$

$$= \frac{t}{3}\overrightarrow{OA} + (1-t)\overrightarrow{OB}$$

(3) $\overrightarrow{OA} \neq \vec{0}$, $\overrightarrow{OB} \neq \vec{0}$, $\overrightarrow{OA} \not\parallel \overrightarrow{OB}$ だから

(1), (2)より ◀ $\overrightarrow{OE}$ を2通りに表し比べる

$$1-s = \frac{t}{3} \quad \cdots\cdots ①, \quad \frac{2}{3}s = 1-t \quad \cdots\cdots ②$$

◀ ポイント

① ×3 + ② より, $3 - \frac{7}{3}s = 1$ ∴ $s = \frac{6}{7}$ ◀ $t = \frac{3}{7}$ になる

∴ $\overrightarrow{OE} = \frac{1}{7}\overrightarrow{OA} + \frac{4}{7}\overrightarrow{OB}$

注 「$\overrightarrow{OA} \neq \vec{0}$, $\overrightarrow{OB} \neq \vec{0}$, $\overrightarrow{OA} \not\parallel \overrightarrow{OB}$ だから」のところは, 「$\overrightarrow{OA}$ と $\overrightarrow{OB}$ は1次独立だから」と書いてもかまいません.

参考 (2)を使わずに(1)だけでも答えがだせます.

$$\overrightarrow{OE} = (1-s)\overrightarrow{OA} + \frac{2}{3}s\overrightarrow{OB} = 3(1-s)\overrightarrow{OC} + \frac{2}{3}s\overrightarrow{OB}$$

3点 B, E, C は一直線上にあるので

$$3(1-s) + \frac{2}{3}s = 1 \quad \therefore \quad s = \frac{6}{7}$$

● ポイント $\vec{a} \neq \vec{0}$, $\vec{b} \neq \vec{0}$, $\vec{a} \not\parallel \vec{b}$ のとき
$p\vec{a} + q\vec{b} = p'\vec{a} + q'\vec{b} \iff p = p', \ q = q'$

演習問題 140

△ABC において, 辺 AB を 2:3 に内分する点を D, 辺 AC を 4:3 に内分する点を E とし, 直線 BE と直線 CD の交点を P とする. さらに, 直線 AP が辺 BC と交わる点を F とする. このとき,
(1) $\overrightarrow{AP}$ を $\overrightarrow{AB}$ と $\overrightarrow{AC}$ で表せ.
(2) 点 F は BC をどのような比に分ける点か.

141 三角形の重心の位置ベクトル

△PQR がある．3点 P, Q, R の点Oに関する位置ベクトルをそれぞれ，$\vec{p}$, $\vec{q}$, $\vec{r}$ とする．辺 PQ，QR，RP をそれぞれ，3：2，3：4，4：1 に内分する点を A，B，C とするとき，

(1) $\overrightarrow{OA}$, $\overrightarrow{OB}$, $\overrightarrow{OC}$ を $\vec{p}$, $\vec{q}$, $\vec{r}$ で表せ．

(2) △ABC の重心Gの位置ベクトルを $\vec{p}$, $\vec{q}$, $\vec{r}$ で表せ．

精講 （重心の位置ベクトル）

△ABC の重心の定義は3中線の交点（数学Ⅰ・A 78）ですが，そのことから，次のような性質が導かれることを学んでいます．

> △ABC において，辺 BC の中点をMとすると重心Gは線分 AM を 2：1 に内分する点

そこで，139 の「分点の位置ベクトル」の考え方を利用すると，次のような公式が導けます．

$$\overrightarrow{AG}=\frac{2}{3}\overrightarrow{AM}=\frac{2}{3}\cdot\frac{1}{2}(\overrightarrow{AB}+\overrightarrow{AC})=\frac{1}{3}(\overrightarrow{AB}+\overrightarrow{AC})$$

ここで，$\overrightarrow{AB}=\overrightarrow{OB}-\overrightarrow{OA}$, $\overrightarrow{AC}=\overrightarrow{OC}-\overrightarrow{OA}$, $\overrightarrow{AG}=\overrightarrow{OG}-\overrightarrow{OA}$ だから

$$\overrightarrow{OG}-\overrightarrow{OA}=\frac{1}{3}(\overrightarrow{OB}+\overrightarrow{OC}-2\overrightarrow{OA})$$

$$\therefore \quad \overrightarrow{OG}=\frac{1}{3}(\overrightarrow{OA}+\overrightarrow{OB}+\overrightarrow{OC})$$

解 答

(1) PA：AQ＝3：2 だから

$$\overrightarrow{OA}=\frac{2\overrightarrow{OP}+3\overrightarrow{OQ}}{5}=\frac{2\vec{p}+3\vec{q}}{5}$$

◀139「分点の位置ベクトル」

QB：BR＝3：4 だから

$$\overrightarrow{OB}=\frac{4\overrightarrow{OQ}+3\overrightarrow{OR}}{7}=\frac{4\vec{q}+3\vec{r}}{7}$$

RC：CP＝4：1 だから

$$\overrightarrow{OC}=\frac{\overrightarrow{OR}+4\overrightarrow{OP}}{5}=\frac{4\vec{p}+\vec{r}}{5}$$

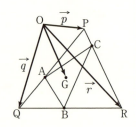

(2) $\overrightarrow{OG} = \dfrac{1}{3}(\overrightarrow{OA} + \overrightarrow{OB} + \overrightarrow{OC})$

$= \dfrac{1}{3}\left(\dfrac{2\vec{p}+3\vec{q}}{5} + \dfrac{4\vec{q}+3\vec{r}}{7} + \dfrac{4\vec{p}+\vec{r}}{5}\right)$

$= \dfrac{2}{5}\vec{p} + \dfrac{41}{105}\vec{q} + \dfrac{22}{105}\vec{r}$

● ポイント △ABC の重心をGとすると

$$\overrightarrow{OG} = \dfrac{\overrightarrow{OA} + \overrightarrow{OB} + \overrightarrow{OC}}{3}$$

すなわち，$A(\vec{a})$，$B(\vec{b})$，$C(\vec{c})$，$G(\vec{g})$ とすると

$$\vec{g} = \dfrac{\vec{a} + \vec{b} + \vec{c}}{3}$$

注 1. **140** 精講 Ⅱをみると，始点が□で表示してあります．
重心の位置ベクトルも始点がOでなく，□であったら

$\overrightarrow{\square G} = \dfrac{1}{3}(\overrightarrow{\square A} + \overrightarrow{\square B} + \overrightarrow{\square C})$　と表現されます．

注 2. $A(\vec{a})$ とは「点Aの位置ベクトルを $\vec{a}$ で表す」という意味です．この表現を使うと，式表示の中に始点が現れてきません．元々，位置ベクトルの始点はどこかに決めてあればどこでもよいので，このような表現ができます．

演習問題 141

正三角形 ABC がある．辺 AC に関して点Bと反対側に
DA＝AC，∠DAC＝90° となるように点Dをとる．また，△ABC の外心をO，△DAC の重心をEとするとき，$\overrightarrow{OD}$，$\overrightarrow{OE}$ を $\overrightarrow{OA}$，$\overrightarrow{OB}$ で表せ．

142 ベクトルの成分

座標平面上の原点Oを中心とする半径2の円に内接する正六角形ABCDEFは，A(2, 0)で，Bは第1象限にあるとする．このとき，次の問いに答えよ．

(1) $\vec{AB}$, $\vec{BC}$ を成分で表せ．
(2) $\vec{AC}+2\vec{DE}-3\vec{FA}$ を成分で表せ．

座標平面上の原点をOとし，P(m, n)をとり，座標軸上のA(1, 0)，B(0, 1)，M(m, 0)，N(0, n)に対し，
$\vec{OP}=\vec{p}$, $\vec{OA}=\vec{e_1}$, $\vec{OB}=\vec{e_2}$ とおくと，
$\vec{OM}=m\vec{e_1}$, $\vec{ON}=n\vec{e_2}$, $\vec{OP}=\vec{OM}+\vec{ON}$ であるから
$\vec{p}=m\vec{e_1}+n\vec{e_2}$ と，$\vec{p}$ は $\vec{e_1}$, $\vec{e_2}$ を用いて **1通り**に表せます．

このとき，$\vec{e_1}$, $\vec{e_2}$ を**基本ベクトル**，m を $\vec{p}$ の **x 成分**，n を $\vec{p}$ の **y 成分**といい，$\vec{p}$ は成分を用いて，

$$\vec{p}=(m, n)$$

と表せます．これを，$\vec{p}$ の**成分**といいます．

そして，成分表示されたベクトルの和，差，実数倍については，次の性質が成りたちます．

$\vec{a}=(a_1, a_2)$, $\vec{b}=(b_1, b_2)$ とするとき

Ⅰ．$\vec{a}\pm\vec{b}=(a_1\pm b_1, a_2\pm b_2)$ （複号同順）

Ⅱ．$k\vec{a}=(ka_1, ka_2)$

ベクトル $\vec{p}$ の成分は，ベクトルの始点を原点にとると，終点Pの座標と一致しているので，この性質を利用して**座標の問題をベクトルで解いたり，ベクトルの問題を座標で解いたり**することができるということです．

解 答

(1) $\vec{OA}=(2, 0)$, $\vec{OB}=(1, \sqrt{3})$ より
$\vec{AB}=\vec{OB}-\vec{OA}=(1, \sqrt{3})-(2, 0)$
$=(-1, \sqrt{3})$

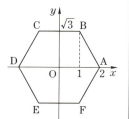

注 $\vec{AB}=\vec{OC}=(-1, \sqrt{3})$ でもよい.

また, $\vec{BC}=-\vec{OA}=-(2, 0)=(-2, 0)$

(2) $\begin{cases} \vec{AC}=\vec{OC}-\vec{OA} \\ \vec{DE}=\vec{CO}=-\vec{OC} \\ \vec{FA}=\vec{OB} \end{cases}$

◀すべてのベクトルを O を始点とするベクトルで表す

より,
与式$=\vec{OC}-\vec{OA}-2\vec{OC}-3\vec{OB}$
$=-(\vec{OA}+\vec{OC})-3\vec{OB}$
$=-\vec{OB}-3\vec{OB}=-4\vec{OB}$
$=-4(1, \sqrt{3})=(-4, -4\sqrt{3})$

> **ポイント** ベクトルの成分は
> 始点を座標平面上の原点としたときの終点の座標に一致する

演習問題 142

$\vec{a}=(5, 4)$, $\vec{b}=(-2, 3)$, $\vec{c}=(3, -5)$ のとき, 次の問いに答えよ.

(1) $\vec{a}-2\vec{b}+3\vec{c}$ を成分で表せ.

(2) $\vec{c}=m\vec{a}+n\vec{b}$ と表すとき, m, n を求めよ.

143 平行条件

座標平面上に3点 A(3, −1), B(5, −2), C(−3, 4) と $\overrightarrow{OP}=\overrightarrow{OC}+t\overrightarrow{BA}$ (t：実数) をみたす点Pをとる．このとき，
(1) $\overrightarrow{BA}$, $\overrightarrow{OP}$ を成分で表せ．
(2) $\overrightarrow{OP} /\!/ \overrightarrow{OA}$ となる t を求めよ．

精講

(2) $\vec{a} /\!/ \vec{b} \iff \vec{b}=k\vec{a}$ (k：実数) ですが，$\vec{a}=(a_1, a_2)$, $\vec{b}=(b_1, b_2)$ と表されていたら，
$\vec{a} /\!/ \vec{b} \iff a_1 b_2 - a_2 b_1 = 0$

解答

(1) $\overrightarrow{BA}=\overrightarrow{OA}-\overrightarrow{OB}=(3, -1)-(5, -2)=(-2, 1)$
$\overrightarrow{OP}=\overrightarrow{OC}+t\overrightarrow{BA}=(-3, 4)+t(-2, 1)$
$\qquad =(-2t-3, t+4)$

(2) $\overrightarrow{OP} /\!/ \overrightarrow{OA}$ より $(-2t-3, t+4) /\!/ (3, -1)$
よって，$(-2t-3)\cdot(-1)-(t+4)\cdot 3=0$ ◀平行条件
∴ $2t+3-3t-12=0$
∴ $-t-9=0$ ∴ $t=-9$

ポイント

$\vec{a}=(a_1, a_2)$, $\vec{b}=(b_1, b_2)$ のとき
$\vec{a} /\!/ \vec{b} \iff a_1 b_2 - a_2 b_1 = 0$

注 $\vec{a} /\!/ \vec{b} \iff \vec{b}=k\vec{a}$ であり，成分で考えると，
$\vec{b}=k\vec{a} \iff a_1 : a_2 = b_1 : b_2$
$\iff a_1 b_2 - a_2 b_1 = 0$
からわかります．

演習問題 143

$\vec{a}=(2, -\sqrt{5})$, $\vec{b}=(x, 3)$ のとき，$\vec{a}+\vec{b}$ と $\vec{a}-\vec{b}$ が平行となるような x の値を求めよ．

144 ベクトルの大きさ (Ⅰ)

$\vec{a}=(3, 4)$ について，次の問いに答えよ．
(1) $|\vec{a}|$ を求めよ．
(2) $\vec{a}$ と同じ向きの単位ベクトル $\vec{e}$ を求めよ．
(3) $\vec{a}$ と平行な単位ベクトル $\vec{e'}$ を求めよ．
(4) $\vec{a}$ と同じ向きで大きさ2のベクトル $\vec{l}$ を求めよ．

ベクトルは「**向き**」と「**大きさ**」を含んでいますが，このうち「**大きさ**」については，様々な**サイズに調整する技術**をもたなければなりません．考え方は，

公式 $\vec{a}=(x, y)$ のとき，$|\vec{a}|=\sqrt{x^2+y^2}$

を利用して，大きさを1にしておいて，138 精講 ③の考え方(実数倍)を使います．

解答

(1) $|\vec{a}|=\sqrt{3^2+4^2}=5$

(2) $\vec{e}=\dfrac{\vec{a}}{|\vec{a}|}=\dfrac{1}{5}(3, 4)=\left(\dfrac{3}{5}, \dfrac{4}{5}\right)$ ◀ポイント

(3) $\vec{e'}=\pm\vec{e}=\pm\left(\dfrac{3}{5}, \dfrac{4}{5}\right)$

注 「平行」には，同じ向き と 逆向き の2つがあります．

(4) $\vec{l}=2\vec{e}=\left(\dfrac{6}{5}, \dfrac{8}{5}\right)$ ◀大きさの調整

ポイント

$\vec{a}$ と同じ向きの単位ベクトルは $\dfrac{\vec{a}}{|\vec{a}|}$

演習問題 144

$\vec{a}+\vec{b}=(5, 3)$，$\vec{a}-3\vec{b}=(-7, 7)$ のとき，次の問いに答えよ．
(1) $\vec{a}, \vec{b}$ を成分で表せ． (2) $|\vec{a}-2\vec{b}|$ を求めよ．
(3) $\vec{a}-2\vec{b}$ と同じ向きの単位ベクトルを求めよ．

145 ベクトルの大きさ（Ⅱ）

$\vec{a}=(-3,\ 1),\ \vec{b}=(2,\ 1)$ とするとき，$|\vec{a}+t\vec{b}|$ の最小値とそのときの実数 t の値を求めよ．

精講 の大きさの公式を用いて計算すると，

$|\vec{a}+t\vec{b}|^2$ は t の2次式

になります．あとは2次関数の最大・最小の問題で，これは数学Ⅰ・Aで学んでいます．

解答

$\vec{a}+t\vec{b}=(-3,\ 1)+t(2,\ 1)=(2t-3,\ t+1)$
$\therefore\ |\vec{a}+t\vec{b}|^2=(2t-3)^2+(t+1)^2$
$\qquad\qquad\quad =5t^2-10t+10$
$\qquad\qquad\quad =5(t-1)^2+5$

よって，$|\vec{a}+t\vec{b}|$ は，

$t=1$ のとき，最小値 $\sqrt{5}$ をとる．

◀大きさの2乗

◀2次関数の最大・最小にもちこむ

◀$\sqrt{}$ をつけることを忘れずに

参考 $t=1$ のとき，3つのベクトル $\vec{a},\ \vec{b},\ \vec{a}+\vec{b}$ の関係は右図のようになっていて，$(\vec{a}+\vec{b})\perp\vec{b}$ となっています．このことについては，150を参照してください．

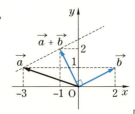

ポイント

$\vec{a}=(x,\ y)$ のとき，$|\vec{a}|=\sqrt{x^2+y^2}$

演習問題 145

$\vec{u}=(2\cos\theta+3\sin\theta,\ \cos\theta+4\sin\theta)$ の大きさ $|\vec{u}|$ の最大値と，そのときの θ の値を求めよ．ただし，$0°\leqq\theta\leqq180°$ とする．

146 角の2等分ベクトルの扱い（Ⅰ）

$\vec{a}=(1,\ 1),\ \vec{b}=(1,\ 7)$ とするとき，$\vec{a}$ と $\vec{b}$ のなす角を2等分するベクトルのうち，大きさが $\sqrt{10}$ のベクトル $\vec{u}$ を求めよ．

精講

角の2等分ベクトルの扱い方は2通りあり，1つが 146 で，もう1つが 147 です．これらはどちらとも大切で，状況によって使い分けられるようにならなければなりません．

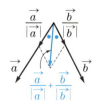

解　答

$\vec{a}$ と $\vec{b}$ のなす角を2等分するベクトルの1つは $\dfrac{\vec{a}}{|\vec{a}|}+\dfrac{\vec{b}}{|\vec{b}|}$

これを $\vec{c}$ とおくと，$|\vec{a}|=\sqrt{2},\ |\vec{b}|=5\sqrt{2}$ であるから

$\vec{c}=\dfrac{\vec{a}}{|\vec{a}|}+\dfrac{\vec{b}}{|\vec{b}|}=\left(\dfrac{1}{\sqrt{2}},\ \dfrac{1}{\sqrt{2}}\right)+\left(\dfrac{1}{5\sqrt{2}},\ \dfrac{7}{5\sqrt{2}}\right)$　◀ポイント

$=\left(\dfrac{6}{5\sqrt{2}},\ \dfrac{12}{5\sqrt{2}}\right)$

ここで，$|\vec{c}|=\dfrac{6}{5}\sqrt{\dfrac{1}{2}+2}=\dfrac{6\sqrt{5}}{5\sqrt{2}}=\dfrac{6}{\sqrt{10}}$

よって，$\vec{u}=\sqrt{10}\,\dfrac{\vec{c}}{|\vec{c}|}$

$=\dfrac{10}{6}\left(\dfrac{6}{5\sqrt{2}},\ \dfrac{12}{5\sqrt{2}}\right)=(\sqrt{2},\ 2\sqrt{2})$

◀まず，大きさを1にしておいて，そのあと $\sqrt{10}$ 倍する

◉ポイント | $\vec{a},\ \vec{b}$ のなす角を2等分するベクトルの1つは
$\dfrac{\vec{a}}{|\vec{a}|}+\dfrac{\vec{b}}{|\vec{b}|}$ で表される

第8章

$\vec{a}=(3,\ 4),\ \vec{b}=(5,\ 12)$ とするとき，$\vec{a}$ と $\vec{b}$ のなす角を2等分する単位ベクトル $\vec{e}$ を求めよ．

147 角の2等分ベクトルの扱い（Ⅱ）

AB=5, BC=7, CA=3 をみたす △ABC について，次の問いに答えよ．

(1) ∠Aの2等分線と辺BCの交点をDとするとき，$\vec{AD}$ を $\vec{AB}$, $\vec{AC}$ で表せ．

(2) ∠Bの2等分線と線分ADの交点をIとするとき，AI：IDを求めよ．

(3) $\vec{AI}$ を $\vec{AB}$, $\vec{AC}$ で表せ．

(4) 始点をOとし，$\vec{OI}$ を $\vec{OA}$, $\vec{OB}$, $\vec{OC}$ で表せ．

精講

(1) 角の2等分ベクトルの扱い方の2つ目です．
右図のとき，次の性質を利用します．
AB：AC＝BD：DC （数学Ⅰ・A 52）

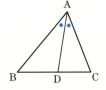

(2) 三角形の内角の2等分線は1点で交わり，その点は，**内心**と呼ばれます．

(4) これは「始点を変えよ」ということですが，この結果が問題なのです．ウソのようにきれいな関係式がでてきます．たまには，数学の美しさを鑑賞するのも悪くはないでしょう．

解答

(1) BD：DC＝AB：AC＝5：3

∴ $\vec{AD} = \dfrac{3\vec{AB}+5\vec{AC}}{8}$

◀三角形の角の2等分線と辺の比

◀139

注 右図の○印は「長さ」ではなく「比」を表しています．

(2) $BD = 7 \times \dfrac{5}{8} = \dfrac{35}{8}$

∴ AI：ID＝BA：BD＝$5 : \dfrac{35}{8}$＝8：7

◀2等分線と辺の比

注 ∠Bは △ABC の内角の1つといえますが，△ABD の内角の1つともいうことができます．

(3) $\vec{AI} = \dfrac{8}{15}\vec{AD} = \dfrac{8}{15} \cdot \dfrac{3\vec{AB}+5\vec{AC}}{8} = \dfrac{3\vec{AB}+5\vec{AC}}{15}$

(4) $\vec{AI} = \vec{OI} - \vec{OA}$, $\vec{AB} = \vec{OB} - \vec{OA}$, $\vec{AC} = \vec{OC} - \vec{OA}$

$15\vec{AI} = 3\vec{AB} + 5\vec{AC}$ にこれらを代入して　　◀(3)の式を利用する

$15(\vec{OI} - \vec{OA}) = 3(\vec{OB} - \vec{OA}) + 5(\vec{OC} - \vec{OA})$

∴ $\vec{OI} = \dfrac{7\vec{OA} + 3\vec{OB} + 5\vec{OC}}{15}$

注 （始点を変える公式）

$\vec{AB} = \vec{\Box B} - \vec{\Box A}$　（□は新しい始点）

参考 (4)の結論を見ると，$\vec{OA}$, $\vec{OB}$, $\vec{OC}$ の係数が，3辺の長さになっています．これは偶然ではなく，一般に，次の式が成りたつことが知られています．

右図のような △ABC において，内心を I とすると

$$\vec{OI} = \dfrac{a\vec{OA} + b\vec{OB} + c\vec{OC}}{a+b+c}$$

証明は**演習問題 147** です．誘導にしたがってがんばってみましょう．

● ポイント　　三角形の内心は，3つの内角の2等分線の交点

演習問題 147

BC=a, CA=b, AB=c をみたす △ABC について，次の問いに答えよ．

(1) ∠A の 2 等分線と辺 BC の交点を D とするとき，$\vec{AD}$ を $\vec{AB}$, $\vec{AC}$, a, b, c を用いて表せ．

(2) ∠B の 2 等分線と線分 AD の交点を I とするとき，AI：ID を a, b, c で表せ．

(3) $\vec{AI}$ を $\vec{AB}$, $\vec{AC}$, a, b, c で表せ．

(4) 始点を O とし，$\vec{OI}$ を $\vec{OA}$, $\vec{OB}$, $\vec{OC}$, a, b, c で表せ．

基礎問

148 $l\vec{PA} + m\vec{PB} + n\vec{PC} = \vec{0}$

△ABC と点Pがあって，$3\vec{PA}+4\vec{PB}+5\vec{PC}=\vec{0}$ が成りたっている．このとき，次の問いに答えよ．

(1) $\vec{AP}$ を $\vec{AB}$，$\vec{AC}$ で表せ．
(2) BC を 5：4 に内分する点をDとするとき，Pは線分 AD 上にあることを示し，AP：PD を求めよ．
(3) 面積比 △PAB：△PBC：△PCA を求めよ．

精講

(1) 「始点を変えよ」ということです．147 (4)を参照してください．
(2) 「PがAD上にある」 $\Longleftrightarrow$ 「$\vec{AP} /\!/ \vec{AD}$」
    $\Longleftrightarrow$ 「$\vec{AP} = k\vec{AD}$」（138 精講 ③）
(3) ベクトルにはつきものの面積比です．
比を求めるとき，
 Ⅰ．基準を決めて
 Ⅱ．共通部分に着目します

解答

(1) $3\vec{PA}+4\vec{PB}+5\vec{PC}=\vec{0}$ より
$-3\vec{AP}+4(\vec{AB}-\vec{AP})+5(\vec{AC}-\vec{AP})=\vec{0}$　　◀始点をAに変える
∴ $12\vec{AP}=4\vec{AB}+5\vec{AC}$
∴ $\vec{AP}=\dfrac{4\vec{AB}+5\vec{AC}}{12}$

(2) $\vec{AD}=\dfrac{4\vec{AB}+5\vec{AC}}{9}$ だから　　◀139 分点の位置ベクトル

$\vec{AP}=\dfrac{9}{12}\vec{AD}=\dfrac{3}{4}\vec{AD}$　　◀$\vec{AP}=k\vec{AD}$

よって，Pは線分 AD 上にあり，
AP：PD＝3：1

(3) △ABC の面積を S とおく．　　◀基準
　(i) △PAB の面積 S_1
　　$S_1 = \dfrac{3}{4}△ABD = \dfrac{3}{4}\cdot\dfrac{5}{9}△ABC = \dfrac{5}{12}S$　　◀共通部分に着目

注 △PABの底辺をAP，△ABDの底辺をADと考えれば，2つの三角形の高さは共通になります．△ABDと△ABCについても同様です．（右図参照）

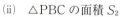

(ⅱ) △PBCの面積 S_2

$$S_2 = \frac{1}{4}\triangle ABC = \frac{1}{4}S$$

◀共通部分に着目

注 △PBCと△ABCの底辺は共通でBCと考えると，高さの比は PD：AD（右図参照）

(ⅲ) △PCAの面積 S_3

$$S_3 = S - \left(\frac{5}{12}S + \frac{1}{4}S\right) = \frac{1}{3}S$$

(ⅰ)〜(ⅲ)より，$S_1 : S_2 : S_3 = 5 : 3 : 4$

参考 (3)の答えを見ると，$\vec{PA}$, $\vec{PB}$, $\vec{PC}$ の係数が答えになっていますが，これは偶然ではありません．一般に次の性質が成りたっています．

△ABCと点Pがあって，（右図）
$l\vec{PA} + m\vec{PB} + n\vec{PC} = \vec{0}$ （$l>0, m>0, n>0$）
が成りたつとき，

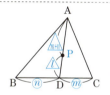

① BD：DC＝$n:m$
   AP：PD＝$(m+n):l$
② △PAB：△PBC：△PCA＝$n:l:m$

● ポイント

面積比は「基準を決めて」，「共通部分に着目」

演習問題 148

△ABCとその内部に点Pがあって，$\vec{PA} + 3\vec{PB} + 5\vec{PC} = \vec{0}$ が成りたっている．このとき，次の問いに答えよ．

(1) $\vec{AP}$ を $\vec{AB}$, $\vec{AC}$ で表せ．
(2) 直線APとBCの交点をDとするとき，AP：PD，BD：DCを求めよ．
(3) 面積比 △PAB：△PBC：△PCA を求めよ．

149 内積（Ⅰ）

$|\vec{a}|=2$, $|\vec{b}|=3$, $\vec{a}$ と $\vec{b}$ のなす角が $60°$ のとき，次の問いに答えよ．
(1) 内積 $\vec{a}\cdot\vec{b}$ を求めよ．　　(2) $|3\vec{a}-2\vec{b}|$ を求めよ．

精講

(1) 2つのベクトル $\vec{a}$, $\vec{b}$ の内積 $\vec{a}\cdot\vec{b}$ は，$\vec{a}$ と $\vec{b}$ のなす角を θ ($0°\leqq\theta\leqq180°$) として，$|\vec{a}||\vec{b}|\cos\theta$ で定義されます．ここで，気をつけなければならないのは，なす角は**始点**をそろえて測らなければならないことです．

たとえば，右図のようなとき，$\vec{a}$ と $\vec{b}$ のなす角は，$60°$ ではなく，$120°$ です．

また，内積については，次の性質が成りたちます．

Ⅰ. $\vec{a}\cdot\vec{b}=\vec{b}\cdot\vec{a}$
Ⅱ. $\vec{a}\cdot(\vec{b}+\vec{c})=\vec{a}\cdot\vec{b}+\vec{a}\cdot\vec{c}$
Ⅲ. $k\vec{a}\cdot\vec{b}=k(\vec{a}\cdot\vec{b})=\vec{a}\cdot k\vec{b}$
Ⅳ. $|\vec{a}|^2=\vec{a}\cdot\vec{a}$

解答

(1) $\vec{a}\cdot\vec{b}=|\vec{a}||\vec{b}|\cos 60°=3$
(2) $|3\vec{a}-2\vec{b}|^2=9|\vec{a}|^2-12\vec{a}\cdot\vec{b}+4|\vec{b}|^2$
$=36-36+36=36$
∴ $|3\vec{a}-2\vec{b}|=6$

◀ $(3a-2b)^2$ の展開の要領で

◎ポイント　内積計算は文字式計算の要領で行えばよい

演習問題 149

$|\vec{a}|=3$, $|\vec{b}|=2$, $|2\vec{a}+\vec{b}|=2\sqrt{13}$ をみたすベクトル $\vec{a}$, $\vec{b}$ について
(1) 内積 $\vec{a}\cdot\vec{b}$ を求めよ．
(2) $\vec{a}$ と $\vec{b}$ のなす角 θ ($0°\leqq\theta\leqq180°$) を求めよ．

150 内積（Ⅱ）

$2|\vec{a}|=|\vec{b}|\ (\neq 0)$ かつ $\vec{a}$ と $\vec{a}+\vec{b}$ が直交しているとき，次の問いに答えよ．
(1) $\vec{a}\cdot\vec{b}$ を $|\vec{a}|$ で表せ．
(2) $\vec{a}$ と $\vec{b}$ のなす角を求めよ．

 精講

$\vec{a}\perp\vec{b}$ とは「$\vec{a}$ と $\vec{b}$ のなす角が $90°$」ということですから，定義より $\vec{a}\cdot\vec{b}=|\vec{a}||\vec{b}|\cos 90°=0$ となります．

解 答

(1) $\vec{a}\perp(\vec{a}+\vec{b})$ だから，
$\vec{a}\cdot(\vec{a}+\vec{b})=0$ ∴ $\vec{a}\cdot\vec{a}+\vec{a}\cdot\vec{b}=0$
よって，$\vec{a}\cdot\vec{b}=-|\vec{a}|^2$ （∵ $\vec{a}\cdot\vec{a}=|\vec{a}|^2$） ◀ 149 精講 Ⅳ

(2) $\vec{a}$ と $\vec{b}$ のなす角を $\theta\ (0°\leq\theta\leq 180°)$ とすると，
$$\cos\theta=\frac{\vec{a}\cdot\vec{b}}{|\vec{a}||\vec{b}|}=\frac{-|\vec{a}|^2}{|\vec{a}|\cdot 2|\vec{a}|}$$
$$=\frac{-|\vec{a}|^2}{2|\vec{a}|^2}=-\frac{1}{2}$$

◀ $\cos\theta=\dfrac{\vec{a}\cdot\vec{b}}{|\vec{a}||\vec{b}|}$

$0°\leq\theta\leq 180°$ だから，$\theta=\mathbf{120°}$

注 ベクトルのなす角は $0°$ 以上 $180°$ 以下で考えます．

ポイント

$\vec{a}\perp\vec{b}$ ならば，$\vec{a}\cdot\vec{b}=0$

演習問題 150

$\vec{a}$ と $\vec{b}$，$\vec{a}+\vec{b}$ と $\vec{a}-\vec{b}$ のなす角はともに $60°$ で，$\vec{b}$ は単位ベクトルとする．このとき，$|\vec{a}|$ を求めよ．

151 内積（Ⅲ）

> $|\vec{a}|=2$, $|\vec{b}|=1$, $\vec{a}$ と $\vec{b}$ のなす角を $60°$, t を実数とするとき, $|\vec{a}+t\vec{b}|$ の最小値とそのときの t の値 t_0 を求め, $\vec{p}=\vec{a}+t_0\vec{b}$ に対して, $\vec{p}\cdot\vec{b}$ を計算せよ.

精講 145 のように, $\vec{a}$, $\vec{b}$ の成分がわかっているわけではありませんが, 149 Ⅳの公式を利用すれば解決します.

解答

$\vec{a}\cdot\vec{b}=|\vec{a}||\vec{b}|\cos 60°=1$ だから
$$|\vec{a}+t\vec{b}|^2=t^2|\vec{b}|^2+(2\vec{a}\cdot\vec{b})t+|\vec{a}|^2$$
$$=t^2+2t+4=(t+1)^2+3$$

◀ $(a+tb)^2$ の展開の要領で

よって, $|\vec{a}+t\vec{b}|$ は,
$t=-1$ のとき, **最小値** $\sqrt{3}$ をとる.

◀ $\sqrt{}$ をつけるのを忘れないように

 ∴ $t_0=-1$

このとき, $\vec{p}=\vec{a}-\vec{b}$ で
$\vec{p}\cdot\vec{b}=(\vec{a}-\vec{b})\cdot\vec{b}=\vec{a}\cdot\vec{b}-|\vec{b}|^2=0$

> **注** $\vec{p}\cdot\vec{b}=0$, すなわち, $\vec{p}\perp\vec{b}$ となるのは偶然ではありません. 一般に, $|\vec{a}+t\vec{b}|$ が最小となるとき, $(\vec{a}+t\vec{b})\perp\vec{b}$ が成立しています.（右図参照）

> **ポイント** $\vec{x}=m\vec{a}+n\vec{b}$ と表されるとき, $|\vec{a}|$, $|\vec{b}|$, $\vec{a}\cdot\vec{b}$ がわかると, $|\vec{x}|$ がわかる

演習問題 151

$\vec{a}=(1, 1)$, $\vec{b}=(2, 4)$ のとき, 次の問いに答えよ. ただし, x は実数とする.

(1) $|x\vec{a}+\vec{b}|^2$ を x で表せ.

(2) $|x\vec{a}+\vec{b}|$ の最小値と, そのときの x の値を求めよ.

152 内積（Ⅳ）

$\vec{a}=(1, x)$, $\vec{b}=(1, -2)$ のとき，$2\vec{a}+3\vec{b}$ と $\vec{a}-2\vec{b}$ が垂直となるような x の値を求めよ．

精講

150 で学んだように，「**ベクトルが垂直**」とくれば「**内積＝0**」ですが，今回は，ベクトルが成分で表されています．成分で表されたベクトルの内積について次のことを覚えておきましょう．

$\vec{a}=(a_1, a_2)$, $\vec{b}=(b_1, b_2)$ のとき，

$$\vec{a}\cdot\vec{b}=a_1b_1+a_2b_2$$

このことより，次のこともいえます．

$\vec{a}=(a_1, a_2)$, $\vec{b}=(b_1, b_2)$ のとき，

$\vec{a}\perp\vec{b}$ ならば，$a_1b_1+a_2b_2=0$

このことは，143 の「**平行条件**」といっしょに覚えておくとよいでしょう．

解答

$2\vec{a}+3\vec{b}=(2, 2x)+(3, -6)=(5, 2x-6)$

$\vec{a}-2\vec{b}=(1, x)-(2, -4)=(-1, x+4)$

$(2\vec{a}+3\vec{b})\perp(\vec{a}-2\vec{b})$ だから，

$(2\vec{a}+3\vec{b})\cdot(\vec{a}-2\vec{b})=0$

$\therefore \ -5+(2x-6)(x+4)=0 \quad$ ◀ $a_1b_1+a_2b_2=0$

よって，$2x^2+2x-29=0 \quad \therefore \ x=\dfrac{-1\pm\sqrt{59}}{2}$

ポイント $\vec{a}=(a_1, a_2)$, $\vec{b}=(b_1, b_2)$ のとき
$$\vec{a}\cdot\vec{b}=a_1b_1+a_2b_2$$
特に，$\vec{a}\perp\vec{b}$ のとき，$a_1b_1+a_2b_2=0$

演習問題 152

$\vec{a}=(1, 2)$, $\vec{b}=(3, -1)$ のとき，$\vec{a}+t\vec{b}$ と $\vec{a}-\vec{b}$ が垂直となるような t の値を求めよ．

153 正射影ベクトル

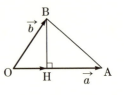

△OABにおいて，頂点Bから直線OAに下ろした垂線の足をHとする．$\vec{OA}=\vec{a}$, $\vec{OB}=\vec{b}$ とおくとき，次の問いに答えよ．

(1) $\vec{OH}=k\vec{a}$ をみたす実数 k を $|\vec{a}|$, $\vec{a}\cdot\vec{b}$ で表せ．

(2) OA=6, OB=4, AB=5 のとき
 (ア) $\vec{a}\cdot\vec{b}$ の値を求めよ．
 (イ) $\vec{OH}$ を $\vec{a}$ で表せ．

図のような $\vec{OH}$ を「$\vec{b}$ の $\vec{a}$ への**正射影ベクトル**」といいます．$\vec{a}$ に垂直な方向から光をあてたときの，$\vec{b}$ の $\vec{a}$ 上への影ということです．このとき，$\vec{OH}\parallel\vec{a}$ ですから，

$$\vec{OH}=k\vec{a} \quad (\Rightarrow \boxed{143})$$

と表せます．わからないものは k 1つなので，条件が1つあれば解決します．それが $\vec{BH}\perp\vec{OA}$ です．同じ意味ですが，$\vec{BH}\perp\vec{OH}$ と考えると余分な手間がかかります．

解 答

(1) $\vec{OH}=k\vec{a}$ より
$$\vec{BH}=\vec{OH}-\vec{OB}$$
$$=k\vec{a}-\vec{b}$$

◀ $\vec{BH}\cdot\vec{OA}=0$ を使うための準備

$\vec{BH}\perp\vec{OA}$ より，$\vec{BH}\cdot\vec{OA}=0$
だから
$$(k\vec{a}-\vec{b})\cdot\vec{a}=0$$
$$\therefore\ k|\vec{a}|^2=\vec{a}\cdot\vec{b}$$
$$\therefore\ k=\frac{\vec{a}\cdot\vec{b}}{|\vec{a}|^2}$$

(2)(ア) $|\vec{AB}|^2=|\vec{OB}-\vec{OA}|^2$ より
$$|\vec{b}-\vec{a}|^2=25$$

$$\therefore\ |\vec{b}|^2-2\vec{a}\cdot\vec{b}+|\vec{a}|^2=25$$
$$\therefore\ 16-2\vec{a}\cdot\vec{b}+36=25$$

よって，$\vec{a}\cdot\vec{b}=\dfrac{27}{2}$

(イ) (1)より
$$\overrightarrow{OH}=\left(\dfrac{\vec{a}\cdot\vec{b}}{|\vec{a}|^2}\right)\vec{a}$$
$$=\left(\dfrac{27}{2}\times\dfrac{1}{36}\right)\vec{a}=\dfrac{3}{8}\vec{a}$$

◀149

注 正射影ベクトルの公式を覚えておくと，垂線の足の座標や対称点の座標をすぐに求められます（**演習問題 153**）．マーク式試験では有効な道具の1つですし，記述式でも検算手段として有効です．

この問題であれば，

$\overrightarrow{OA}\cdot\overrightarrow{OB}=\dfrac{27}{2}$ で，$|\overrightarrow{OA}|=6$ だから

$\overrightarrow{OH}=\dfrac{27}{2}\times\dfrac{1}{36}\overrightarrow{OA}=\dfrac{3}{8}\vec{a}$

とすぐに答えがだせます．

> **ポイント**
> △OABにおいて，点Bから直線 OA に下ろした垂線の足をHとすると，
> $$\overrightarrow{OH}=\left(\dfrac{\overrightarrow{OA}\cdot\overrightarrow{OB}}{|\overrightarrow{OA}|^2}\right)\overrightarrow{OA}$$

演習問題 153

座標平面上に点 A(3, 1) と直線 $l : y=2x$ がある．

(1) 直線 l に平行な単位ベクトル $\vec{u}$ を成分で表せ．
   ただし，$\vec{u}$ の x 成分は正とする．
(2) 点Aを通り，l に垂直な直線と l の交点をHとするとき $\overrightarrow{OH}$ を $\vec{u}$ で表せ．
(3) 点Aの l に関する対称点をBとするとき，Bの座標を求めよ．

154 ベクトル方程式 (I)

$\vec{a}=(2, -1)$, $\vec{b}=(1, 3)$ とする．$\overrightarrow{OP}=\vec{a}+t\vec{b}$ (t：実数) で表される点 $P(x, y)$ の軌跡を x, y で表せ．

精講

 の軌跡の考え方によれば，次の手順です．

I．x, y を t で表し，
II．t を消去して x と y の関係式を作る

解答

$(x, y) = (2, -1) + t(1, 3) = (t+2, 3t-1)$

$\therefore \begin{cases} x = t+2 & \cdots\cdots ① \\ y = 3t-1 & \cdots\cdots ② \end{cases}$

①×3−② より，$3x-y=7$

よって，点 P の軌跡は，直線 $y=3x-7$

◀この形を媒介変数表示といい，t を媒介変数という

参考 右図を見てもらえばわかりますが，$\overrightarrow{OP}=\overrightarrow{OA}+t\vec{u}$ の形で表される点 P は，A を通り，$\vec{u}$ に平行な直線 l 上を動きます．

このことより，次のような解答もできます．

(別解) 点 P は点 $(2, -1)$ を通り，$\vec{b}=(1, 3)$ に平行な直線，すなわち，$(2, -1)$ を通り，傾き 3 の直線上を動くので，$y-(-1)=3(x-2)$ より
点 P の軌跡は，直線 $y=3x-7$

◎ポイント 点 A を通り，ベクトル $\vec{u}$ に平行な直線上の任意の点 P は，$\overrightarrow{OP}=\overrightarrow{OA}+t\vec{u}$ (t：実数) と表せる

演習問題 154

点 $A(2, 1)$ を通り，$\vec{u}=(1, 2)$ に平行な直線を媒介変数 t を用いて表し，その方程式を求めよ．

155 ベクトル方程式 (Ⅱ)

4点 O(0, 0), A(3, 0), B(2, 2), C(4, 1) が与えられている．点 P(x, y) が $|3\overrightarrow{OP}-\overrightarrow{OA}-\overrightarrow{OB}-\overrightarrow{OC}|=3$ をみたしているとき，x, y のみたす方程式を求めよ．

精講 154 と同様に考えていけばよいのですが，変数 t が入っているわけではありませんから，少しやりやすいと思います．

解 答

$3\overrightarrow{OP}-\overrightarrow{OA}-\overrightarrow{OB}-\overrightarrow{OC}=3(x, y)-(3, 0)-(2, 2)-(4, 1)$
$\qquad\qquad\qquad\qquad =3(x-3, y-1)$

∴ $|(x-3, y-1)|=1$ ∴ $(x-3)^2+(y-1)^2=1$

(別解) 与えられた条件式を 3 でわると

$\left|\overrightarrow{OP}-\dfrac{\overrightarrow{OA}+\overrightarrow{OB}+\overrightarrow{OC}}{3}\right|=1$, △ABC の重心を G とすると，

$|\overrightarrow{OP}-\overrightarrow{OG}|=1$ ∴ $|\overrightarrow{GP}|=1$ ◀141

よって，P は G を中心，半径 1 の円周上を動く．(上図参照)
G(3, 1) だから，P の軌跡の方程式は $(x-3)^2+(y-1)^2=1$

注 このように「おきかえることによってベクトルの数を減らす」ことが非成分タイプの軌跡では基本方針になります．(⇨演習問題 155)

◎ポイント 点 C を中心とする半径 r の円周上の点 P は
$|\overrightarrow{CP}|=r$ をみたす

演習問題 155

平面上に 4 点 O, A, B, C があり，$\overrightarrow{CA}+2\overrightarrow{CB}+3\overrightarrow{CO}=\vec{0}$ をみたしている．このとき，次の問いに答えよ．

(1) $\vec{a}=\overrightarrow{OA}$, $\vec{b}=\overrightarrow{OB}$ とするとき，$\overrightarrow{OC}$ を $\vec{a}$ と $\vec{b}$ で表せ．
(2) 線分 OB を 1:2 に内分する点を D とおくとき，$\overrightarrow{OD}$ を $\vec{b}$ で表せ．
(3) A が O を中心とする半径 12 の円周上を動くとき，点 C の軌跡を求めよ．

156 軌跡（I）

△OAB に対して，$\overrightarrow{OP}=\alpha\overrightarrow{OA}+\beta\overrightarrow{OB}$ と表される点Pを考える．
(1) $\alpha+\beta=1$ のとき，Pの軌跡を求めよ．
(2) $\alpha\geq 0$, $\beta\geq 0$, $\alpha+\beta=1$ のとき，点Pの軌跡を求めよ．

精講

(1) 文字が2つ（α, β）あるとわかりにくいので，1つ（β）を消してみましょう．すると，154 参考 の考え方で答えがでてきます．しかし，140 の 精講 II をよく読むと……．

解答

(1) $\beta=1-\alpha$ より，
$\overrightarrow{OP}=\alpha\overrightarrow{OA}+(1-\alpha)\overrightarrow{OB}=\overrightarrow{OB}+\alpha(\overrightarrow{OA}-\overrightarrow{OB})$
∴ $\overrightarrow{OP}=\overrightarrow{OB}+\alpha\overrightarrow{BA}$

◀ 1文字を消して
◀ 154

よって，Pの軌跡は，Bを通り，$\overrightarrow{BA}$ に平行な直線
すなわち，**直線 AB**．

(2) $\beta=1-\alpha\geq 0$, $\alpha\geq 0$ より，$0\leq\alpha\leq 1$
∴ $\overrightarrow{OP}=\overrightarrow{OB}+\alpha\overrightarrow{BA}$ （$0\leq\alpha\leq 1$）
よって，Pの軌跡は，**線分 AB**．

注 $\alpha=0$ のとき，P=B $\alpha=1$ のとき，P=A

ポイント

定点 A, B と動点Pがあり，
$\overrightarrow{OP}=m\overrightarrow{OA}+n\overrightarrow{OB}$ と表されているとき
I. $m+n=1 \iff$ Pは直線 AB 上にある
II. $m\geq 0$, $n\geq 0$, $m+n=1$
$\iff$ Pは線分 AB 上にある

演習問題 156

$\overrightarrow{OA}=(2, 4)$, $\overrightarrow{OB}=(-2, 4)$, $\overrightarrow{OP}=\alpha\overrightarrow{OA}+\beta\overrightarrow{OB}$ （$\alpha+2\beta=1$）と表される点 P(x, y) の軌跡を求めよ．

157 軌跡（Ⅱ）

△ABC と点Pがあり，
$$\vec{PA}+2\vec{PB}+3\vec{PC}=k\vec{CB} \quad (k：実数) \quad \cdots\cdots ①$$
をみたしているとき，次の問いに答えよ．
(1) $\vec{AP}$ を k，$\vec{AB}$，$\vec{AC}$ で表せ．
(2) P が △ABC の内部にあるときの k の値の範囲を求めよ．

精講

(2) (1)で，$\vec{AP}=m\vec{AB}+n\vec{AC}$ 型に変形しましたが，このとき，点Pが △ABC の内部にあるための条件は，「$m>0$，$n>0$，$m+n<1$」です．これは，しっかりと覚えておきましょう．

解答

(1) ①より $-\vec{AP}+2(\vec{AB}-\vec{AP})+3(\vec{AC}-\vec{AP})=k(\vec{AB}-\vec{AC})$
  ∴ $6\vec{AP}=(2-k)\vec{AB}+(k+3)\vec{AC}$
  ∴ $\vec{AP}=\dfrac{2-k}{6}\vec{AB}+\dfrac{k+3}{6}\vec{AC}$

(2) 点Pが △ABC の内部にあるとき
  $\dfrac{2-k}{6}>0$，$\dfrac{k+3}{6}>0$，$\dfrac{2-k}{6}+\dfrac{k+3}{6}<1$
  ∴ $-3<k<2$

◀精講
$m>0$，$n>0$，
$m+n<1$

注 始点をCに変えると，**演習問題 157** の形になります．

● ポイント | $\vec{OP}=m\vec{OA}+n\vec{OB}$ と表される点Pが
△OAB の周，および内部にある
$\iff m\geqq 0$，$n\geqq 0$，$m+n\leqq 1$

演習問題 157

157 において
(1) $\vec{CP}$ を $\vec{CA}$，$\vec{CB}$，k で表せ．
(2) 点Pが △ABC の周，および内部にあるような k の値の範囲を求めよ．

158 ベクトルと図形

平面上に1辺の長さが k の正方形 OABC がある．この平面上に $\angle \mathrm{AOP}=60°$, $\angle \mathrm{COP}=150°$, $\mathrm{OP}=1$ となる点Pをとり，線分 AP の中点をMとする．
$\overrightarrow{\mathrm{OA}}=\vec{a}$, $\overrightarrow{\mathrm{OP}}=\vec{p}$ とおいて，次の問いに答えよ．

(1) 線分 OM の長さを k を用いて表せ．
(2) $\overrightarrow{\mathrm{OC}}$ を k と $\vec{a}$, $\vec{p}$ を用いて表せ．
(3) $\overrightarrow{\mathrm{AC}}$ と $\overrightarrow{\mathrm{OM}}$ が平行になるときの k の値を求めよ．

精講

(1) 基本になる2つのベクトル $\vec{a}$, $\vec{p}$ に対して，$|\vec{a}|$, $|\vec{p}|$, $\vec{a}\cdot\vec{p}$ がわかるので，$\overrightarrow{\mathrm{OM}}$ を $\vec{a}$, $\vec{p}$ で表せれば解決です（⇨ 151）．あるいは，AP を求めて中線定理（⇨ 数学Ⅰ・A 77）を使う手もあります．

(2) 内積がからみそう（角度の条件があるから）なので $\overrightarrow{\mathrm{OC}}=s\vec{a}+t\vec{p}$ とおいてスタートします．

(3) $\overrightarrow{\mathrm{AC}}$, $\overrightarrow{\mathrm{OM}}$ を $\vec{a}$, $\vec{p}$ で表して，係数の比が等しくなることを使います．

解答

(1) $\overrightarrow{\mathrm{OM}}=\dfrac{\vec{a}+\vec{p}}{2}$ より

$|\overrightarrow{\mathrm{OM}}|^2=\dfrac{1}{4}|\vec{a}+\vec{p}|^2$ ◁ 149

$=\dfrac{1}{4}(|\vec{a}|^2+2\vec{a}\cdot\vec{p}+|\vec{p}|^2)$

$|\vec{a}|=k$, $|\vec{p}|=1$, $\vec{a}\cdot\vec{p}=|\vec{a}||\vec{p}|\cos 60°=\dfrac{k}{2}$

だから

$\mathrm{OM}=\sqrt{\dfrac{k^2+k+1}{4}}=\dfrac{\sqrt{k^2+k+1}}{2}$

(2) $\overrightarrow{\mathrm{OC}}=s\vec{a}+t\vec{p}$ とおくと，$\overrightarrow{\mathrm{OC}}\cdot\vec{a}=0$ だから
 $(s\vec{a}+t\vec{p})\cdot\vec{a}=0$ ∴ $s|\vec{a}|^2+t\vec{a}\cdot\vec{p}=0$
 ∴ $2k^2s+kt=0$

$k \neq 0$ だから, $2ks + t = 0$　　　　　……①

次に, $\overrightarrow{\text{OC}} \cdot \vec{p} = |\overrightarrow{\text{OC}}||\vec{p}|\cos 150° = -\dfrac{\sqrt{3}}{2}k$ だから

$\qquad 2(s\vec{a} + t\vec{p}) \cdot \vec{p} = -\sqrt{3}\,k$

$\quad \therefore\quad 2(s\vec{a}\cdot\vec{p} + t|\vec{p}|^2) = -\sqrt{3}\,k$

$\quad \therefore\quad ks + 2t = -\sqrt{3}\,k$　　　　　……②

①, ②より, $s = \dfrac{\sqrt{3}}{3},\ t = -\dfrac{2\sqrt{3}}{3}k$

よって, $\overrightarrow{\text{OC}} = \dfrac{\sqrt{3}}{3}\vec{a} - \dfrac{2\sqrt{3}}{3}k\vec{p}$

注　$\overrightarrow{\text{OP}} = m\overrightarrow{\text{OA}} + n\overrightarrow{\text{OC}}$ とおいて, 解答と同じようにして, m, n を求めたあと, 「$\overrightarrow{\text{OC}} = \cdots$」と変形する方が少し計算がラクになります.

(3)　$\overrightarrow{\text{AC}} = \overrightarrow{\text{OC}} - \overrightarrow{\text{OA}} = \left(\dfrac{\sqrt{3}}{3} - 1\right)\vec{a} - \dfrac{2\sqrt{3}}{3}k\vec{p}$

$\qquad \overrightarrow{\text{OM}} = \dfrac{1}{2}\vec{a} + \dfrac{1}{2}\vec{p}$　より, $\overrightarrow{\text{AC}} \,/\!/\, \overrightarrow{\text{OM}}$ のとき　　◀ポイント

$\qquad \dfrac{\sqrt{3}}{3} - 1 = -\dfrac{2\sqrt{3}}{3}k$

$\qquad \therefore\quad k = \dfrac{\sqrt{3}-1}{2}$

● ポイント　$\vec{a} \neq \vec{0},\ \vec{b} \neq \vec{0},\ \vec{a} \,\,\diagup\!\!\!\!/\,\, \vec{b}$ のとき
$m\vec{a} + n\vec{b} \,/\!/\, m'\vec{a} + n'\vec{b}\ (mnm'n' \neq 0)$
$\Longleftrightarrow m:n = m':n'$

演習問題 158

平面上の 3 点 A$(2,\ a)$ $(3 < a < 10)$, B$(1,\ 2)$, C$(6,\ 3)$ について, 次の問いに答えよ.

(1)　四角形 ABCD が平行四辺形のとき, D の座標を a で表せ.

(2)　(1)のとき, 直線 AD 上の点Eで CD $=$ CE となるものを求め, Eが AD の内分点であることを示せ. ただし, E $\neq$ D とする.

(3)　2 つの四角形 ABCD と四角形 ABCE の面積比が 4：3 のとき, a の値を求めよ.

第8章

159 空間座標

2点 A$(4, -1, 2)$, B$(1, 1, 3)$ に対して, 次の座標を求めよ.

(1) 線分 AB を $2:1$ に内分する点 C
(2) 線分 AB を $2:1$ に外分する点 D
(3) △ABE が正三角形で, xy 平面上にある点 E

精講

空間座標と平面座標の**違い**は, z 座標の有無だけでその他の公式はまったく同様に扱えます.

(3) xy 平面上の点 $\iff$ z 座標$=0$

解答

(1) $C\left(\dfrac{4\cdot 1+1\cdot 2}{2+1},\ \dfrac{(-1)\cdot 1+1\cdot 2}{2+1},\ \dfrac{2\cdot 1+3\cdot 2}{2+1}\right)$ ◀31

$\therefore\ C\left(2,\ \dfrac{1}{3},\ \dfrac{8}{3}\right)$

(2) $D\left(\dfrac{4(-1)+1\cdot 2}{2-1},\ \dfrac{(-1)\cdot(-1)+1\cdot 2}{2-1},\ \dfrac{2(-1)+3\cdot 2}{2-1}\right)$ $\therefore\ D(-2,\ 3,\ 4)$

(3) $E(x, y, 0)$ とおくと, $AB^2=14$ より ◀ポイント

$(x-4)^2+(y+1)^2+4=14 \quad \therefore\ x^2+y^2-8x+2y+7=0 \ \cdots\cdots$①

$(x-1)^2+(y-1)^2+9=14 \quad \therefore\ x^2+y^2-2x-2y-3=0 \ \cdots\cdots$②

①$-$② より, $y=\dfrac{3x-5}{2}$ これを②に代入して整理すると

$(13x-11)(x-3)=0 \quad \therefore\ x=\dfrac{11}{13},\ 3$

よって, $E\left(\dfrac{11}{13},\ -\dfrac{16}{13},\ 0\right),\ (3,\ 2,\ 0)$

> **ポイント** 空間座標で用いる公式は,
> 平面座標の公式に z 座標をつけ加えればよい

演習問題 159

3点 A$(1, 2, 2)$, B$(3, 1, 2)$, C$(2, 1, 1)$ から $\dfrac{\sqrt{5}}{2}$ の距離にある点Pの座標を求めよ.

160 空間ベクトル

$\vec{a}=(1, -2, 2)$, $\vec{b}=(2, 3, -10)$ について，次の問いに答えよ．
(1) $\vec{c}=(x, y, 1)$ が，$\vec{a}$, $\vec{b}$ の両方に直交するとき，x, y の値を求めよ．
(2) $\vec{a}$, $\vec{b}$ の両方に直交し，大きさが 1 であるベクトル $\vec{d}$ を求めよ．

精講

空間ベクトルと平面ベクトルの違いは，z 成分の有無だけで，143 の「平行条件」を除いて，公式はすべて同じ扱い方になります．

解答

(1) $\vec{a} \perp \vec{c}$, $\vec{b} \perp \vec{c}$ より，$\vec{a} \cdot \vec{c} = \vec{b} \cdot \vec{c} = 0$

したがって，$\begin{cases} 1 \cdot x - 2 \cdot y + 2 \cdot 1 = 0 \\ 2 \cdot x + 3 \cdot y - 10 \cdot 1 = 0 \end{cases}$ ◀152

$\therefore \begin{cases} x - 2y + 2 = 0 \\ 2x + 3y - 10 = 0 \end{cases}$ よって，$x = y = 2$

(2) $\vec{c} = (2, 2, 1)$ より，$|\vec{c}| = \sqrt{4+4+1} = 3$

$\therefore \vec{d} = \pm \dfrac{\vec{c}}{|\vec{c}|} = \pm \dfrac{1}{3}\vec{c} = \pm\left(\dfrac{2}{3}, \dfrac{2}{3}, \dfrac{1}{3}\right)$ ◀144

注 右図を見たらわかるように，$-\vec{c}$ も，$\vec{a}$ と $\vec{b}$ の両方に垂直になっているので，求めるベクトルは 2 つあることになります．

○ポイント $\vec{a}=(a_1, a_2, a_3)$, $\vec{b}=(b_1, b_2, b_3)$ のとき
$\vec{a} \cdot \vec{b} = a_1 b_1 + a_2 b_2 + a_3 b_3$

演習問題 160

$|\vec{a}|=1$, $|\vec{b}|=\sqrt{2}$, $|\vec{c}|=\sqrt{3}$ で，$\vec{a}$ と $\vec{b}$, $\vec{b}$ と $\vec{c}$, $\vec{c}$ と $\vec{a}$ のなす角がそれぞれ，$60°$，$90°$，$120°$ のとき，$|\vec{a}+\vec{b}+\vec{c}|$ を求めよ．

161 三角形の面積

3点 A(2, 3, 0), B(3, 1, 2), C(4, 2, 1) を頂点とする △ABC について，次の問いに答えよ．
(1) $|\overrightarrow{AB}|$, $|\overrightarrow{AC}|$, $\overrightarrow{AB}\cdot\overrightarrow{AC}$ を求めよ．
(2) $\overrightarrow{AB}$ と $\overrightarrow{AC}$ のなす角を θ とするとき，$\sin\theta$ を求めよ．
(3) △ABC の面積を求めよ．

160 で学んだように，平面でも，空間でも公式はほとんど同じです．

解 答

(1) $\overrightarrow{AB} = \overrightarrow{OB} - \overrightarrow{OA} = (3, 1, 2) - (2, 3, 0) = (1, -2, 2)$,
$\overrightarrow{AC} = \overrightarrow{OC} - \overrightarrow{OA} = (4, 2, 1) - (2, 3, 0) = (2, -1, 1)$
∴ $|\overrightarrow{AB}| = \sqrt{1+4+4} = 3$, $|\overrightarrow{AC}| = \sqrt{4+1+1} = \sqrt{6}$
また，$\overrightarrow{AB}\cdot\overrightarrow{AC} = 1\cdot 2 + (-2)\cdot(-1) + 2\cdot 1 = 2+2+2 = 6$

(2) $\cos\theta = \dfrac{\overrightarrow{AB}\cdot\overrightarrow{AC}}{|\overrightarrow{AB}||\overrightarrow{AC}|} = \dfrac{6}{3\sqrt{6}} = \dfrac{\sqrt{6}}{3}$

$0° < \theta < 180°$ だから，

$\sin\theta = \sqrt{1-\cos^2\theta} = \sqrt{\dfrac{3}{9}} = \dfrac{\sqrt{3}}{3}$

(3) $\triangle ABC = \dfrac{1}{2}|\overrightarrow{AB}||\overrightarrow{AC}|\sin\theta$

$= \dfrac{1}{2}\cdot 3 \cdot \sqrt{6} \cdot \dfrac{\sqrt{3}}{3} = \dfrac{3\sqrt{2}}{2}$

ところで，空間において三角形の面積を求めようとするとき，それが特殊な三角形（直角三角形，二等辺三角形）であれば，3辺の長ささえだせばどうにかなります．

しかし，一般の三角形であれば上の手順を踏むことになります．これではたいへんです．そこで，ベクトルを用いた一般の三角形の面積公式を考えてみることにしましょう．

△ABC において，∠A=θ とおくと，

$$\triangle ABC = \frac{1}{2}|\overrightarrow{AB}||\overrightarrow{AC}|\sin\theta$$

ここで，$\cos\theta = \dfrac{\overrightarrow{AB}\cdot\overrightarrow{AC}}{|\overrightarrow{AB}||\overrightarrow{AC}|}$ だから，

$0° < \theta < 180°$ より，

$$\sin\theta = \sqrt{1-\cos^2\theta} = \sqrt{1-\frac{(\overrightarrow{AB}\cdot\overrightarrow{AC})^2}{|\overrightarrow{AB}|^2|\overrightarrow{AC}|^2}}$$

$$= \sqrt{\frac{|\overrightarrow{AB}|^2|\overrightarrow{AC}|^2-(\overrightarrow{AB}\cdot\overrightarrow{AC})^2}{|\overrightarrow{AB}|^2|\overrightarrow{AC}|^2}}$$

$$= \frac{\sqrt{|\overrightarrow{AB}|^2|\overrightarrow{AC}|^2-(\overrightarrow{AB}\cdot\overrightarrow{AC})^2}}{|\overrightarrow{AB}||\overrightarrow{AC}|}$$

∴ $\triangle ABC = \dfrac{1}{2}\sqrt{|\overrightarrow{AB}|^2|\overrightarrow{AC}|^2-(\overrightarrow{AB}\cdot\overrightarrow{AC})^2}$

◀この公式は証明も自力でできるように

注 この公式は，空間だけではなく，平面でも利用できます．

(別解) (1),(2)の結果を図にすると右図のようになるので，△ABC の面積は，

$$\frac{1}{2}\times 3\times\sqrt{2} = \frac{3\sqrt{2}}{2}$$

> **ポイント** △ABC の面積を S とすると
>
> $$S = \frac{1}{2}\sqrt{|\overrightarrow{AB}|^2|\overrightarrow{AC}|^2-(\overrightarrow{AB}\cdot\overrightarrow{AC})^2}$$
>
> 特に，$\overrightarrow{AB}=(x_1,\ y_1),\ \overrightarrow{AC}=(x_2,\ y_2)$ のとき
>
> $$S = \frac{1}{2}|x_1y_2 - x_2y_1|$$
>
> と表せる

演習問題 161

空間内に 3 点 A(5, 0, 1), B(3, 4, 3), C(3, 1, −1) がある．△ABC の面積を求めよ．

162 直方体

右図のような直方体 OADB-CEFG において，$\vec{OA}=\vec{a}$, $\vec{OB}=\vec{b}$, $\vec{OC}=\vec{c}$ とおく．
$|\vec{a}|=1$, $|\vec{b}|=2$, $|\vec{c}|=3$ とし，2 点 E, G を通る直線を l とする．

(1) $\vec{OE}$, $\vec{OG}$ を $\vec{a}$, $\vec{b}$, $\vec{c}$ で表せ．

(2) P を l 上の点とする．このとき，$\vec{OP}$ は実数 t を用いて，$\vec{OP}=\vec{OE}+t\vec{EG}$ と表せる．

 (ア) $\vec{OP}\perp\vec{EG}$ となる t の値を求めよ．

 (イ) △OEP が二等辺三角形となるとき，t の値をすべて求めよ．

(2)(ア) $\vec{OP}$, $\vec{EG}(=\vec{OG}-\vec{OE})$ を $\vec{a}$, $\vec{b}$, $\vec{c}$ で表し，$|\vec{a}|=1$, $|\vec{b}|=2$, $|\vec{c}|=3$, $\vec{a}\cdot\vec{b}=\vec{b}\cdot\vec{c}=\vec{c}\cdot\vec{a}=0$ を用いて計算すれば，t の方程式がでてきます．これを解けば答えはでてきます．

(イ) 二等辺三角形という条件は要注意です．それはどの 2 辺が等しいかによって，3 つの場合が考えられるからです．

解答

(1) $\vec{OE}=\vec{OA}+\vec{OC}=\vec{a}+\vec{c}$

$\vec{OG}=\vec{OB}+\vec{OC}=\vec{b}+\vec{c}$

(2)(ア) $\vec{OP}=\vec{OE}+t\vec{EG}=\vec{OE}+t(\vec{OG}-\vec{OE})$
$=\vec{a}+\vec{c}+t(\vec{b}-\vec{a})$
$=(1-t)\vec{a}+t\vec{b}+\vec{c}$

$\vec{OP}\cdot\vec{EG}=0$ だから

$\{(1-t)\vec{a}+t\vec{b}+\vec{c}\}\cdot(\vec{b}-\vec{a})=0$

∴ $(t-1)|\vec{a}|^2+t|\vec{b}|^2=0$　　($\because$ $\vec{a}\cdot\vec{b}=\vec{b}\cdot\vec{c}=\vec{c}\cdot\vec{a}=0$)

$|\vec{a}|=1$, $|\vec{b}|=2$ より

$t-1+4t=0$

∴ $t=\dfrac{1}{5}$

(イ) $|\overrightarrow{OE}|^2 = 1^2 + 3^2 = 10$

$|\overrightarrow{OP}|^2 = |(1-t)\vec{a} + t\vec{b} + \vec{c}|^2$
$= (1-t)^2|\vec{a}|^2 + t^2|\vec{b}|^2 + |\vec{c}|^2$ (∵ $\vec{a}\cdot\vec{b} = \vec{b}\cdot\vec{c} = \vec{c}\cdot\vec{a} = 0$)
$= t^2 - 2t + 1 + 4t^2 + 9 = 5t^2 - 2t + 10$

$|\overrightarrow{EP}|^2 = |t\overrightarrow{EG}|^2 = 5t^2$

(i) OE=OP のとき,$|\overrightarrow{OE}|^2 = |\overrightarrow{OP}|^2$ より,

$10 = 5t^2 - 2t + 10$ $t(5t-2) = 0$ ∴ $t = \dfrac{2}{5}$ ($t=0$ は不適)

(ii) OP=EP のとき,$|\overrightarrow{OP}|^2 = |\overrightarrow{EP}|^2$ より,

$5t^2 - 2t + 10 = 5t^2$ $-2t + 10 = 0$ ∴ $t = 5$

(iii) EP=OE のとき,$|\overrightarrow{EP}|^2 = |\overrightarrow{OE}|^2$ より,

$5t^2 = 10$ $t^2 = 2$ ∴ $t = \pm\sqrt{2}$

(i)〜(iii)より $t = \pm\sqrt{2}, \dfrac{2}{5}, 5$

注 (2) 直方体では,座標も有効な手段です.すなわち,A(1, 0, 0),B(0, 2, 0), C(0, 0, 3) とおくと, $\overrightarrow{EG} = \overrightarrow{AB}$ だから
$\overrightarrow{OP} = (1, 0, 3) + t(-1, 2, 0) = (-t+1, 2t, 3)$ と表せ,
P$(-t+1, 2t, 3)$,E$(1, 0, 3)$ と座標で表して,OP^2,EP^2,OE^2 を計算します.

◐ポイント   単に「二等辺三角形」「直角三角形」とあったら,場合が3種類あることに注意

演習問題 162

右図の直方体において,$\overrightarrow{AG}=(5, 5, -3)$,$\overrightarrow{AC}=(3, 1, 2)$,$\overrightarrow{BH}=(3, 1, -7)$ が成り立っている.

(1) $\overrightarrow{AB}$,$\overrightarrow{AD}$,$\overrightarrow{AE}$ を成分で表せ.

(2) 直線 AH 上に,△ABP が二等辺三角形となるように点Pをとる.

(ア) ∠BAH=90° を示せ.

(イ) $\overrightarrow{AP} = t\overrightarrow{AH}$ となる実数 t の値を求めよ.

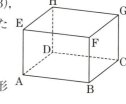

163 四面体（Ⅰ）

四面体 OABC において，AC の中点を P，PB の中点を Q とし CQ の延長と AB との交点を R とする．

(1) $\vec{OA}=\vec{a}$, $\vec{OB}=\vec{b}$, $\vec{OC}=\vec{c}$ とするとき，$\vec{OQ}$ を $\vec{a}$, $\vec{b}$, $\vec{c}$ を用いて表せ．

(2) AR : RB，CQ : QR を求めよ．

空間では平面と異なり，基本になるベクトルが 3 つ必要です（ただし，この 3 つのベクトルは $\vec{0}$ ではなく，同一平面上にないベクトルです）．しかし，分点や重心に関する公式などはまったく同じです．
また，空間図形を扱う上でのキーポイントは，

　　　空間といえども，どこかで切り出せば平面になる

ということです．

解答

(1) $\vec{OQ}=\dfrac{1}{2}(\vec{OB}+\vec{OP})$ に，

$\vec{OP}=\dfrac{1}{2}(\vec{OA}+\vec{OC})$ を代入して，

$\vec{OQ}=\dfrac{1}{2}\vec{OB}+\dfrac{1}{4}(\vec{OA}+\vec{OC})$

$=\dfrac{1}{4}\vec{a}+\dfrac{1}{2}\vec{b}+\dfrac{1}{4}\vec{c}$

(2) $\vec{OR}=\vec{OC}+s\vec{CQ}$ と表せて，

$\vec{CQ}=\vec{OQ}-\vec{OC}=\dfrac{1}{4}\vec{a}+\dfrac{1}{2}\vec{b}-\dfrac{3}{4}\vec{c}$

∴ $\vec{OR}=\vec{c}+s\left(\dfrac{1}{4}\vec{a}+\dfrac{1}{2}\vec{b}-\dfrac{3}{4}\vec{c}\right)$

$=\dfrac{s}{4}\vec{a}+\dfrac{s}{2}\vec{b}+\left(1-\dfrac{3s}{4}\right)\vec{c}$

ここで，$\vec{OR}$ は △OAB 上のベクトルだから，

　　$\vec{c}$ の係数 $=0$

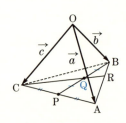

◀R は直線 CQ 上

◀ポイント

$$\therefore \quad 1-\frac{3}{4}s=0 \quad \therefore \quad s=\frac{4}{3}$$

よって，$\overrightarrow{OR}=\frac{1}{3}\vec{a}+\frac{2}{3}\vec{b}=\frac{\overrightarrow{OA}+2\overrightarrow{OB}}{3}$ ◀ 分点公式の形

$\therefore \quad AR:RB=\mathbf{2:1}$

また，$\overrightarrow{OR}=\overrightarrow{OC}+\frac{4}{3}\overrightarrow{CQ}$ より $\overrightarrow{CR}=\frac{4}{3}\overrightarrow{CQ}$

$\therefore \quad CQ:QR=\mathbf{3:1}$

(別解) (2) (要求は△ABC上の点に関するものだから……)

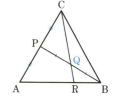

(1)より，$4\overrightarrow{OQ}=\overrightarrow{OA}+2\overrightarrow{OB}+\overrightarrow{OC}$

$\therefore \quad 4(\overrightarrow{CQ}-\overrightarrow{CO})$
$\quad =\overrightarrow{CA}-\overrightarrow{CO}+2(\overrightarrow{CB}-\overrightarrow{CO})-\overrightarrow{CO}$

$\therefore \quad 4\overrightarrow{CQ}=\overrightarrow{CA}+2\overrightarrow{CB}$

$\therefore \quad \overrightarrow{CQ}=\frac{1}{4}\overrightarrow{CA}+\frac{2}{4}\overrightarrow{CB}$

よって，$\overrightarrow{CR}=k\overrightarrow{CQ}=\frac{k}{4}\overrightarrow{CA}+\frac{2k}{4}\overrightarrow{CB}$

3点 A, R, B は一直線上にあるので， ◀ 140 精講 II

$$\frac{k}{4}+\frac{2k}{4}=1 \quad \therefore \quad k=\frac{4}{3}$$

よって，$\overrightarrow{CR}=\frac{1}{3}\overrightarrow{CA}+\frac{2}{3}\overrightarrow{CB}$ となり，$AR:RB=2:1$

また，$\overrightarrow{CR}=\frac{4}{3}\overrightarrow{CQ}$ より，$CQ:QR=3:1$

◯ ポイント 空間といえども，ある平面で切って考えれば平面の考え方が通用する

演習問題 163

四面体 OABC において，辺 AB を 1:2 に内分する点を D，線分 CD を 3:5 に内分する点を E，線分 OE を 1:3 に内分する点を F，直線 AF が平面 OBC と交わる点を G とするとき，次の問いに答えよ．
(1) $\overrightarrow{OE}$, $\overrightarrow{OF}$ を，$\overrightarrow{OA}$, $\overrightarrow{OB}$, $\overrightarrow{OC}$ で表せ．
(2) AG:FG を求めよ．

164 四面体（Ⅱ）

座標空間に2点 A(2, 2, 3), B(4, 3, 5) をとり，AB を1辺とする正四面体 ABCD を考える．
(1) $|\vec{AB}|$，$\vec{AB}\cdot\vec{AC}$ を求めよ．
(2) 辺 AB を $t:(1-t)$ に内分する点を P とするとき，$\vec{PC}\cdot\vec{PD}$，$|\vec{PC}|^2$ を t で表せ．
(3) ∠CPD $=\theta$ とおくとき，$\cos\theta$ を t で表せ．
(4) $\cos\theta$ の最小値と，そのときの t の値を求めよ．

 精講

(1) A と B しか与えられていないのに，$\vec{AB}\cdot\vec{AC}$ が求まるのか？と思った人は問題文の読み方が足りません．
「正四面体」と書いてあります．正四面体とは，どのような立体でしょうか．
(2) 163 のポイントをもう一度読みなおしましょう．
(3) 空間でも，ベクトルのなす角の定義は同じです．

(1) $\vec{AB}=(2, 1, 2)$ だから，
$$|\vec{AB}|=\sqrt{4+1+4}=3$$
また，△ABC は正三角形だから，
$$\angle BAC=60°, \quad |\vec{AC}|=|\vec{AB}|=3$$
∴ $\vec{AB}\cdot\vec{AC}=|\vec{AB}||\vec{AC}|\cos 60°$
$$=3\cdot 3\cdot\frac{1}{2}=\frac{9}{2}$$

(2) $\vec{PC}=\vec{AC}-\vec{AP}=\vec{AC}-t\vec{AB}$
$\vec{PD}=\vec{AD}-\vec{AP}=\vec{AD}-t\vec{AB}$
∴ $\vec{PC}\cdot\vec{PD}=(\vec{AC}-t\vec{AB})\cdot(\vec{AD}-t\vec{AB})$
$\quad=\vec{AC}\cdot\vec{AD}-t\vec{AB}\cdot\vec{AC}-t\vec{AB}\cdot\vec{AD}+t^2|\vec{AB}|^2$

△ACD，△ABD も正三角形だから
$$\vec{AC}\cdot\vec{AD}=\vec{AB}\cdot\vec{AD}=\vec{AB}\cdot\vec{AC}=\frac{9}{2}$$

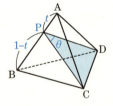

◀正四面体の性質

よって，$\vec{PC} \cdot \vec{PD} = 9t^2 - 9t + \dfrac{9}{2}$

また，$|\vec{PC}|^2 = |\vec{AC} - t\vec{AB}|^2$
$= |\vec{AC}|^2 - 2t\vec{AB} \cdot \vec{AC} + t^2|\vec{AB}|^2$
$= 9t^2 - 9t + 9$

(3) $|\vec{PD}|^2 = |\vec{AD} - t\vec{AB}|^2 = 9t^2 - 9t + 9$ だから

$\cos\theta = \dfrac{\vec{PC} \cdot \vec{PD}}{|\vec{PC}||\vec{PD}|}$

$= \dfrac{18t^2 - 18t + 9}{2(9t^2 - 9t + 9)}$

$= \dfrac{2t^2 - 2t + 1}{2t^2 - 2t + 2}$

(4) $\cos\theta = 1 - \dfrac{1}{2t^2 - 2t + 2} = 1 - \dfrac{1}{2\left(t - \dfrac{1}{2}\right)^2 + \dfrac{3}{2}}$

◀わり算をすることで，分子の次数を下げる

よって，$t = \dfrac{1}{2}$ のとき，最小値 $\dfrac{1}{3}$

> **ポイント**　正四面体とは，4つの面がすべて合同な正三角形である四面体
>
> 注　正三角すいと正四面体は異なります。
> 正三角すいとは，右図のように，
> 1つの面は正三角形，その他の面は，
> 合同な二等辺三角形であるような四面体です。

演習問題 164

正四面体 ABCD の辺 AB，CD の中点をそれぞれ，M，N とし，線分 MN の中点を G，∠AGB = θ とするとき，AB = 2 として次の問いに答えよ。

(1) $\vec{GA}$，$\vec{GB}$ を $\vec{AB}$，$\vec{AC}$，$\vec{AD}$ を用いて表せ。
(2) $|\vec{GA}|$，$|\vec{GB}|$，$\vec{GA} \cdot \vec{GB}$ の値を求めよ。
(3) $\cos\theta$ の値を求めよ。

165 垂線の足のベクトル

原点をOとする座標空間に3点 A(1, 1, -1), B(2, -1, 1), C(4, 5, -1) がある。このとき，次の問いに答えよ．
(1) $|\vec{OA}|$, $|\vec{OB}|$, $\vec{OA}\cdot\vec{OB}$, $\vec{OB}\cdot\vec{OC}$, $\vec{OC}\cdot\vec{OA}$ の値を求めよ．
(2) 3点 O, A, B を含む平面を π とする．点Cから平面 π へ下ろした垂線と平面 π の交点をHとする．このとき，$\vec{OH}=s\vec{OA}+t\vec{OB}$ と表せる．$\vec{CH}\perp\vec{OA}$, $\vec{CH}\perp\vec{OB}$ を利用して，s, t の値を求めよ．

(2) まず，図をかくことが必要ですが，空間座標では点が軸上にあるなど，特殊なとき以外は座標軸はかきません．必要だとしても適当にかけば十分です．

次に，「直線 l が平面 π と垂直」とは「直線 l が平面 π 上の任意の直線と垂直」ということですが，π 上のすべての直線を考えるわけにはいかないので，
「直線 l が平面 π 上の平行でない2直線と垂直」と読みかえます．

これをベクトルで書きなおすと，「直線 l と平面 π 上の1次独立な2つのベクトルと垂直」となります．

これが，条件の「$\vec{CH}\perp\vec{OA}$, $\vec{CH}\perp\vec{OB}$」です．

それでは，なぜ「$\vec{OH}=s\vec{OA}+t\vec{OB}$」と表せるのでしょうか？ それは，4点 O, A, B, H が同一平面上にあるからです．

これは**ポイント**にあるように2つの形があり，ベクトルの始点が含まれるかどうかで使い分けます．

解答

(1) $\vec{OA}=(1, 1, -1)$, $\vec{OB}=(2, -1, 1)$
$\vec{OC}=(4, 5, -1)$ より
$|\vec{OA}|=\sqrt{1^2+1^2+(-1)^2}=\sqrt{3}$
$|\vec{OB}|=\sqrt{2^2+(-1)^2+1^2}=\sqrt{6}$
$\vec{OA}\cdot\vec{OB}=2-1-1=\mathbf{0}$

◀142
始点を原点にとるとベクトルの成分は終点の座標と一致

◀160

$$\overrightarrow{OB}\cdot\overrightarrow{OC}=8-5-1=2,\quad \overrightarrow{OC}\cdot\overrightarrow{OA}=4+5+1=10$$

(2) $\overrightarrow{OH}=s\overrightarrow{OA}+t\overrightarrow{OB}$ より

$$\overrightarrow{CH}=\overrightarrow{OH}-\overrightarrow{OC}=s\overrightarrow{OA}+t\overrightarrow{OB}-\overrightarrow{OC}$$

◀始点をOにかえる

$\overrightarrow{CH}\perp\overrightarrow{OA}$ より，$\overrightarrow{CH}\cdot\overrightarrow{OA}=0$ だから

$$(s\overrightarrow{OA}+t\overrightarrow{OB}-\overrightarrow{OC})\cdot\overrightarrow{OA}=0$$

$$\therefore\quad s|\overrightarrow{OA}|^2+t\overrightarrow{OA}\cdot\overrightarrow{OB}-\overrightarrow{OC}\cdot\overrightarrow{OA}=0$$

(1)より，$|\overrightarrow{OA}|^2=3,\ \overrightarrow{OA}\cdot\overrightarrow{OB}=0,\ \overrightarrow{OC}\cdot\overrightarrow{OA}=10$

$$\therefore\quad 3s-10=0\qquad \text{よって，}\ s=\frac{10}{3}$$

次に，$\overrightarrow{CH}\perp\overrightarrow{OB}$ より，$\overrightarrow{CH}\cdot\overrightarrow{OB}=0$ だから

$$(s\overrightarrow{OA}+t\overrightarrow{OB}-\overrightarrow{OC})\cdot\overrightarrow{OB}=0$$

$$\therefore\quad s\overrightarrow{OA}\cdot\overrightarrow{OB}+t|\overrightarrow{OB}|^2-\overrightarrow{OB}\cdot\overrightarrow{OC}=0$$

$\overrightarrow{OA}\cdot\overrightarrow{OB}=0,\ |\overrightarrow{OB}|^2=6,\ \overrightarrow{OB}\cdot\overrightarrow{OC}=2$ より

$$6t-2=0\qquad \therefore\quad t=\frac{1}{3}$$

ポイント

① 直線 l と平面 π が垂直

$\Longleftrightarrow$ 直線 l が平面 π 上の 1 次独立な 2 つのベクトルと垂直

② 4 点 A，B，C，D が同一平面上にある

$\Longleftrightarrow \overrightarrow{AD}=s\overrightarrow{AB}+t\overrightarrow{AC}$（$s$，$t$ は実数）

$\Longleftrightarrow \overrightarrow{\square D}=l\overrightarrow{\square A}+m\overrightarrow{\square B}+n\overrightarrow{\square C}$

（□は始点，$l+m+n=1$）

注 ②は **140** 精講 の，3 点が一直線上にある条件と同じ形をしていることに注意しましょう．

演習問題 165

四面体 OABC において，OA=OB=OC=2，AB=BC=CA=1 とする．また，辺 OB 上に点 P を AP⊥OB となるようにとる．$\overrightarrow{OA}=\vec{a},\ \overrightarrow{OB}=\vec{b},\ \overrightarrow{OC}=\vec{c}$ とおくとき，次の問いに答えよ．

(1) $\vec{a}\cdot\vec{b}$ の値を求めよ． (2) $\overrightarrow{OP}$ を $\vec{b}$ で表せ．

(3) 平面 OAC 上に点 Q を直線 PQ が平面 OAC に垂直となるようにとる．このとき，$\overrightarrow{OQ}$ を $\vec{a}$，$\vec{c}$ で表せ．

166 空間ベクトルにおける幾何の活用

座標空間内で，原点 O, A(2, 0, 0), B(b_1, b_2, 0), C(c_1, c_2, c_3) を頂点とする正四面体を考える．ただし，$b_2>0$, $c_3>0$ とする．
(1) b_1, b_2, c_1, c_2, c_3 を求めよ．
(2) $\vec{OA} \perp \vec{BC}$ を示せ．
(3) P は直線 BC 上の点で，$\vec{OP} \perp \vec{BC}$ をみたしている．P の座標を求めよ．

精講

(1) 5変数ですから式を5つ作ればよいのですが，5文字の連立方程式は厳しいことが予想できます．
そこで，正四面体という特殊性を利用して行けるところまで幾何で押します．

(2) $\vec{OA} \cdot \vec{BC} = 0$ を示します．(⇨ 150)

(3) 正四面体の側面はすべて正三角形だから，P は辺 BC の中点になっています．

解答

(1) 辺 OA の中点を M とすると，△OAB は正三角形だから，BM⊥OA
OM=1 より，$b_1=1$
BM=$\sqrt{3}$, $b_2>0$ より，$b_2=\sqrt{3}$
次に，△OAB の重心を G とおくと，
$G\left(1, \dfrac{\sqrt{3}}{3}, 0\right)$
四面体 OABC は正四面体だから，CG⊥平面OAB
∴ $c_1=b_1=1$, $c_2=\text{GM}=\dfrac{\sqrt{3}}{3}$
また，三平方の定理と $c_3>0$ より
$c_3=\text{CG}=\sqrt{\text{CM}^2-\text{MG}^2}=\sqrt{\text{BM}^2-\text{MG}^2}$
$=\sqrt{3-\left(\dfrac{\sqrt{3}}{3}\right)^2}=\sqrt{\dfrac{8}{3}}=\dfrac{2\sqrt{6}}{3}$

(2) $\vec{OA}=(2, 0, 0)$
$\vec{BC}=\vec{OC}-\vec{OB}$
$=\left(1, \dfrac{\sqrt{3}}{3}, \dfrac{2\sqrt{6}}{3}\right)-(1, \sqrt{3}, 0)=\left(0, -\dfrac{2\sqrt{3}}{3}, \dfrac{2\sqrt{6}}{3}\right)$
よって, $\vec{OA}\cdot\vec{BC}=0$
∴ $\vec{OA}\neq\vec{0}$, $\vec{BC}\neq\vec{0}$ だから, $\vec{OA}\perp\vec{BC}$

(3) △OBC は正三角形だから,
P は辺 BC の中点.
よって, $\vec{OP}=\dfrac{1}{2}(\vec{OB}+\vec{OC})$

$=\dfrac{1}{2}\left(2, \dfrac{4\sqrt{3}}{3}, \dfrac{2\sqrt{6}}{3}\right)$

$=\left(1, \dfrac{2\sqrt{3}}{3}, \dfrac{\sqrt{6}}{3}\right)$

∴ $P\left(1, \dfrac{2\sqrt{3}}{3}, \dfrac{\sqrt{6}}{3}\right)$

注 正四面体は立方体から4つの四面体を切り落としたものであることを利用すると, 正方形の対角線が直交することから,
OA⊥BC は明らかです.

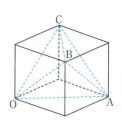

◎ポイント 点が座標で与えられているからといって, 必ずしも座標で考える必要はない. 状況にあわせて, 幾何, 座標, ベクトルを上手に選択する

演習問題 166

座標空間内で, 原点 O, A(2, 0, 0), B(1, $\sqrt{3}$, 0), C(c_1, c_2, c_3) を頂点とする正三角すいを考える. ただし, $c_3>0$ とする.

(1) △OAB は正三角形であることを示せ.
(2) $CO=\sqrt{3}$ のとき, c_1, c_2, c_3 の値を求めよ.

167 球と直線

座標空間内に，球面 $C: x^2+y^2+z^2=1$ と直線 l があり，直線 l は点 $A(a, 1, 1)$ を通り，$\vec{u}=(1, 1, 1)$ に平行とする．また，$a \geqq 1$ とする．このとき，次の問いに答えよ．

(1) l 上の任意の点をXとするとき，点Xの座標を媒介変数 t を用いて表せ．

(2) 原点Oから l に下ろした垂線と l の交点をHとする．Hの座標を a で表し，OH を a で表せ．

(3) 球面 C と直線 l が異なる2点P, Qで交わるような a のとりうる値の範囲を求めよ．

(4) (3)のとき，$\angle POQ = 90°$ となる a の値を求めよ．

精講

(1) 点 $A(x_0, y_0, z_0)$ を通り，ベクトル $\vec{u}=(p, q, r)$ に平行な直線上の任意の点をXとすると，
$$\vec{OX}=(x_0, y_0, z_0)+t(p, q, r)$$
と表せます．

(2) Hは l 上にあるので，(1)を利用すると，$\vec{OH}$ が a と t で表せます．そのあと，$\vec{OH} \cdot \vec{u}=0$ を利用して，t を a で表します．

(3) 球面 C と直線 l が異なる2点で交わるとき，
$$OH < 半径$$
が成りたちます．

(4) $\angle POQ=90°$ を $\vec{OP} \cdot \vec{OQ}=0$ と考えてしまっては，タイヘンです．
それは，PとQの座標がわからないので，$\vec{OP}, \vec{OQ}$ を成分で表せないからです．座標やベクトルの問題では，**幾何の性質を上手に使えると負担が軽く**なります．

解 答

(1) $\vec{OX}=\vec{OA}+t\vec{u}=(a, 1, 1)+(t, t, t)$
   $=(t+a, t+1, t+1)$

∴ $X(t+a, t+1, t+1)$

(2) Hは l 上の点だから，(1)を用いて
$\vec{OH}=(t+a,\ t+1,\ t+1)$ と表せる．
ここで，$\vec{OH} \perp \vec{u}$ だから，
$\vec{OH} \cdot \vec{u} = t+a+t+1+t+1 = 3t+a+2 = 0$
∴ $t = -\dfrac{a+2}{3}$

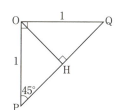

このとき，$t+a = \dfrac{2a-2}{3}$, $t+1 = \dfrac{-a+1}{3}$

よって，$H\left(\dfrac{2a-2}{3},\ \dfrac{-a+1}{3},\ \dfrac{-a+1}{3}\right)$

また，$OH^2 = \dfrac{4}{9}(a-1)^2 + \dfrac{1}{9}(-a+1)^2 + \dfrac{1}{9}(-a+1)^2$

$= \dfrac{6}{9}(a-1)^2$ ◀ 33 2点間の距離の公式

$a \geq 1$ だから，$OH = \dfrac{\sqrt{6}}{3}|a-1| = \dfrac{\sqrt{6}}{3}(a-1)$ ◀ $\sqrt{A^2} = |A|$

(3) $OH < 1$ だから，$\dfrac{\sqrt{6}}{3}(a-1) < 1$

∴ $1 \leq a < 1 + \dfrac{\sqrt{6}}{2}$ ◀ 仮定に $a \geq 1$ がある

(4) $\angle POQ = 90°$ だから，$OH = \dfrac{1}{\sqrt{2}}$

∴ $\dfrac{\sqrt{6}}{3}(a-1) = \dfrac{1}{\sqrt{2}}$ ∴ $a = 1 + \dfrac{\sqrt{3}}{2}$

◉ ポイント 中心 $(a,\ b,\ c)$，半径 r の球面の方程式は
$(x-a)^2 + (y-b)^2 + (z-c)^2 = r^2$

演習問題 167

167 において，

(1) $\angle POQ = 60°$ となるような a の値を求めよ．

(2) 線分 PQ の長さが最大になる点 A に対して，球面 C 上の動点 R をとり，線分 AR を考える．線分 AR の長さを最小にする点 R_0 の座標を求めよ．

262 第9章 補充問題

基礎問

第**9**章 補充問題

168 円周率 π

先生と太郎さんは，π（円周率）の話をしている．

先生：小学校で，円周率 π は 3.14 と習ったけれども，ここでは，そのことを知らないとして，π の値がどんな値の範囲にあるのか調べてみよう．

まず，半径 1 の円に外接する正十二角形 P の周の長さを l，内接する正十角形 P' の周の長さを l' とすると，

$l' < \boxed{ア} < l$ が成りたつね．

$\boxed{ア}$ は，下の中から適するものを選べ．

⓪ π　① 2π　② 3π　③ 4π　④ 6π　⑤ 12π

次に，$\alpha = 15°$，$\beta = 18°$ として，$\tan\alpha$ と $\sin\beta$ の値を求めよう．

太郎：

（$\tan\alpha$ の値）

$2\alpha = 30°$ だから，加法定理を用いると，

$\tan^2\alpha + \boxed{イ}\sqrt{\boxed{ウ}}\tan\alpha - \boxed{エ} = 0$ が成りたちます．

これを解くと，$\tan\alpha = \boxed{オ} - \sqrt{\boxed{カ}}$ となります．

（$\sin\beta$ の値）

$5\beta = 90°$ だから，$3\beta = 90° - 2\beta$

$\cos 3\beta = \cos(90° - 2\beta)$ を計算すると

$\boxed{キ}\sin^2\beta + \boxed{ク}\sin\beta - 1 = 0$

これを解くと，$\sin\beta = \dfrac{\sqrt{\boxed{ケ}} - \boxed{コ}}{\boxed{サ}}$ となります．

先生：じゃあ，いよいよ，lとl'を求めてみよう．

正十二角形Pのとなりあう頂点を
A，Bとすると

$l=\boxed{シス}AB=\boxed{セソ}(\boxed{オ}-\sqrt{\boxed{カ}})$

また，正十角形P'のとなりあう頂
点をA'，B'とすると

$l'=\boxed{タチ}A'B'=\boxed{ツ}(\sqrt{\boxed{ケ}}-\boxed{コ})$

先生：$l'<\boxed{ア}<l$ を使うと，πの値はどんな範囲にあるかな？
　　　無理数が含まれているので，

$$\sqrt{2}=1.414,\ \sqrt{3}=1.732,\ \sqrt{5}=2.236,\ \sqrt{6}=2.449$$

として計算してごらん．その結果の小数第3位を四捨五入
するんだよ．

太郎：$3.\boxed{テト}<\pi<3.\boxed{ナニ}$ となりました．

先生：次に，内接する正多角形P'も正十二角形にしてみよう．そ
のために，$\sin\alpha$とl'を求めると，どうなるかな？

太郎：$\sin\alpha=\dfrac{\sqrt{\boxed{ヌ}}-\sqrt{\boxed{ネ}}}{4}$，$l'=\boxed{ノ}(\sqrt{\boxed{ヌ}}-\sqrt{\boxed{ネ}})$ となり
ます．

先生：$l'<\boxed{ア}<l$ を使って，πの範囲を求めてごらん．

太郎：$3.\boxed{ハヒ}<\pi<3.\boxed{ナニ}$ です．

先生：このことから，正n角形のnの値を大きくすると，πの値の
範囲は正確になることがわかるね．

264 第9章 補充問題

解答

(ア)

外接する正十二角形の周は半径1の円周よりも長く，内接する正十角形の周は半径1の円周よりも短いので，$l' < 2\pi < l$ が成りたつ．

(ア：①)

(イ〜カ)

$2\alpha = 30°$ だから，$\tan 2\alpha = \dfrac{1}{\sqrt{3}}$

加法定理（2倍角の公式）より，$\dfrac{2\tan\alpha}{1-\tan^2\alpha} = \dfrac{1}{\sqrt{3}}$

よって，$\tan^2\alpha + 2\sqrt{3}\tan\alpha - 1 = 0$　　　（イ：2　ウ：3　エ：1）

∴ $\tan\alpha = -\sqrt{3} \pm 2$

$\tan\alpha > 0$ だから，$\tan\alpha = 2 - \sqrt{3}$　　　（オ：2　カ：3）

(キ〜サ)

$5\beta = 90°$ だから，$3\beta = 90° - 2\beta$

よって，$\cos 3\beta = \cos(90° - 2\beta)$

$4\cos^3\beta - 3\cos\beta = \sin 2\beta$　　　◀「3倍角の公式」

$4\cos^3\beta - 3\cos\beta = 2\sin\beta\cos\beta$　　　◀「2倍角・半角の公式」

$\cos\beta \neq 0$ だから，$4\cos^2\beta - 3 = 2\sin\beta$

$4(1 - \sin^2\beta) - 3 = 2\sin\beta$

∴ $4\sin^2\beta + 2\sin\beta - 1 = 0$　　　（キ：4　ク：2）

∴ $\sin\beta = \dfrac{-1 \pm \sqrt{5}}{4}$

$\sin\beta > 0$ だから，$\sin\beta = \dfrac{\sqrt{5}-1}{4}$　　　（ケ：5　コ：1　サ：4）

(シ〜ソ)

Pは正十二角形だから

$l = 12\mathrm{AB} = 12 \cdot 2\tan\alpha = 24(2 - \sqrt{3})$

（シス：12　セソ：24）

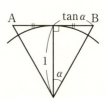

(タ～ツ)

P′は正十角形だから,
$$l' = 10\mathrm{A'B'} = 10\cdot 2\sin\beta = 5(\sqrt{5}-1)$$
(タチ：10　ツ：5)

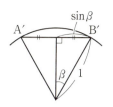

(テ～ニ)

$l = 24(2-\sqrt{3})$, $l' = 5(\sqrt{5}-1)$, $l' < 2\pi < l$ より

$5(\sqrt{5}-1) < 2\pi < 24(2-\sqrt{3})$

$\dfrac{5(\sqrt{5}-1)}{2} < \pi < 12(2-\sqrt{3})$

ここで,

$\dfrac{5(\sqrt{5}-1)}{2} = \dfrac{5\times 1.236}{2} = 5\times 0.618 = 3.09$

$12(2-\sqrt{3}) = 12\times 0.268 = 3.216$

よって, $3.09 < \pi < 3.22$　　　　　(テト：09　ナニ：22)

(ヌ～ヒ)

$\dfrac{\sqrt{3}}{2} = \cos 30° = \cos 2\alpha = 1 - 2\sin^2\alpha$

したがって

$\sin^2\alpha = \dfrac{2-\sqrt{3}}{4}$

$\sin\alpha > 0$ だから

$\sin\alpha = \sqrt{\dfrac{4-2\sqrt{3}}{8}} = \dfrac{\sqrt{3}-1}{2\sqrt{2}}$

$= \dfrac{\sqrt{6}-\sqrt{2}}{4}$

◀ $\sin 2\alpha = 2\sin\alpha\cos\alpha = \dfrac{1}{2}$
$\tan\alpha = \dfrac{\sin\alpha}{\cos\alpha} = 2-\sqrt{3}$
より, $\sin^2\alpha = \dfrac{2-\sqrt{3}}{4}$
としてもよい

(ヌ：6　ネ：2)

よって, $l' = 6(\sqrt{6}-\sqrt{2})$　　　　　(ノ：6)

ここで, $6(\sqrt{6}-\sqrt{2}) = 6\times 1.035 = 6.21$

$6.21 \div 2 = 3.105$

であるから

$3.11 < \pi < 3.22$　　　　　(ハヒ：11)

基礎問

169 マグニチュード

266 第9章 補充問題

太郎：日本は「地震大国」といわれていますよね？
　　　地震が起こるたびに，テレビで「マグニチュードは○です」っていう数値の発表を聞くんですが，身長や体重みたいな数値を聞いたときとは違って，いまひとつピンとこないんです．

先生：マグニチュードは，地震で発生するエネルギーの大きさを使って，次の計算式で求めた値なんだよ．

> 地震のエネルギーを E，マグニチュードを M とすると
> $$\log_{10} E = 4.8 + 1.5M \quad \cdots\cdots(*)$$
> という関係式が成りたつ．
>
> 　　　　　　　　　　　（ただし，単位については省略．）

$(*)$ を変形すると，$E = \boxed{ア}$ と書けるね．

$\boxed{ア}$ は，下の中から適するものを選べ．

⓪　$10 \times (4.8 + 1.5M)$　　①　$\dfrac{4.8 + 1.5M}{10}$

②　$\dfrac{10}{4.8 + 1.5M}$　　③　$(4.8 + 1.5M)^{10}$

④　$10^{4.8+1.5M}$

$\boxed{ア}$ において，$\boxed{イ}$ が $\boxed{ウ}$ より大きく，M が大きくなると $\boxed{エ}$ が大きくなるので，マグニチュード M が大きくなると，エネルギー E は $\boxed{オ}$ ことがわかる．

ただし，$\boxed{ウ}$ には適する数を，$\boxed{イ}$，$\boxed{エ}$，$\boxed{オ}$ には下の語群から適するものを選べ．

⓪　大きくなる　　①　小さくなる　　②　変わらない
③　真数　　　　　④　底　　　　　　⑤　M の係数
⑥　指数　　　　　⑦　分子　　　　　⑧　分母

先生：次に，マグニチュードが1だけ大きくなると，発生するエネルギーが何倍くらいになるのか，（＊）を使って調べてみよう．

2か所で地震 A，B が起こり，発生するエネルギーをそれぞれ，E_A，E_B（$E_A < E_B$），マグニチュードをそれぞれ M_A，M_B とする．

$\log_{10} \dfrac{E_B}{E_A} = \boxed{カ} - \boxed{キ}$ を利用して，$\dfrac{E_B}{E_A}$ を M_A，M_B を用いて表すと，

$$\frac{E_B}{E_A} = \boxed{ク}$$

が成りたつ．

ただし，$\boxed{カ}$，$\boxed{キ}$，$\boxed{ク}$ は下の式から適するものを選べ．

⓪ $\log_{10} E_A$ ① $\log_{10} E_B$ ② 10^{E_A}

③ 10^{E_B} ④ $1.5^{10(M_B - M_A)}$ ⑤ $1.5^{10(M_A - M_B)}$

⑥ $10^{1.5(M_B - M_A)}$ ⑦ $10^{1.5(M_A - M_B)}$ ⑧ $\log_{10} 1.5(M_B - M_A)$

⑨ $\log_{10} 1.5(M_A - M_B)$

そこで，$M_B - M_A = \boxed{ケ}$ とすると，

$$\frac{E_B}{E_A} = \boxed{コサ}$$

となる．

ただし，$10^3 \fallingdotseq 2^{10}$ として計算していいですよ．

太郎：マグニチュードがたった1だけ大きくなるだけで，発生するエネルギーはこんなに大きくなるんだ．

先生：一般化すると，マグニチュードが p（$p > 0$）だけ大きくなると発生するエネルギーは $\boxed{シ}$ 倍になるよ．

ただし，$\boxed{シ}$ は，下の式の中から適するものを選べ．

⓪ $p + 5$ ① $5p$ ② 2^{p+5}

③ 2^{5p} ④ 10^{p+5} ⑤ 10^{5p}

先生：今度は実際に起こった地震のデータを使ってみよう．
2009年8月に起こった駿河湾地震のマグニチュードは6.5で，2016年4月に起こった熊本地震のマグニチュードは7.3でした．このとき，熊本地震では駿河湾地震の何倍くらいのエネルギーが発生したか求めてごらん．

太郎：$M_B - M_A = 0.\boxed{ス}$ だから，$\boxed{シ}$ を用いると約 $\boxed{セソ}$ 倍になることがわかります．

解　答

(ア)

$\log_{10} E = 4.8 + 1.5M$ より

$E = 10^{4.8+1.5M}$ 　　　　　　　　　　　(ア：④) ◀「対数の計算(I)」

(イ〜オ)

$10^{4.8+1.5M}$ の底は 1 より大きく，M が大きくなると指数が大きくなるので，M の値が大きくなると，$10^{4.8+1.5M}$，すなわち E の値は大きくなる．

(イ：④　ウ：1　エ：⑥　オ：⓪)

(カ〜ク)

$\log_{10} \dfrac{E_B}{E_A} = \log_{10} E_B - \log_{10} E_A$

$\qquad = \log_{10} 10^{4.8+1.5M_B} - \log_{10} 10^{4.8+1.5M_A}$

$\qquad = (4.8 + 1.5M_B) - (4.8 + 1.5M_A)$

$\qquad = 1.5(M_B - M_A)$

よって，$\dfrac{E_B}{E_A} = 10^{1.5(M_B - M_A)}$

(カ：①　キ：⓪　ク：⑥)

◀ $a > 0$, $a \neq 1$, $M > 0$, $N > 0$ のとき

・$\log_a \dfrac{M}{N} = \log_a M - \log_a N$

・$\log_a M^p = p \log_a M$

・$\log_a a = 1$

◀ $\log_{10} x = y$
　$\Longleftrightarrow x = 10^y$

269

（ケ〜サ）

$M_B - M_A = 1$ だから，

$$\frac{E_B}{E_A} = 10^{1.5} = 10^{\frac{3}{2}} = (10^3)^{\frac{1}{2}} \fallingdotseq (2^{10})^{\frac{1}{2}} = 2^5 = 32$$

（ケ：1　コサ：32）

（シ）

$\dfrac{E_B}{E_A} = 10^{1.5(M_B - M_A)}$ において，$M_B - M_A = p$ とおくと

$$\frac{E_B}{E_A} = 10^{1.5p} = (10^{\frac{3}{2}})^p \fallingdotseq (2^5)^p = 2^{5p}$$

よって，2^{5p} 倍になる．　　　　　　　　　　　（シ：③）

（ス〜ソ）

$\boxed{シ}$ の結果に，$p = 7.3 - 6.5 = 0.8$ を代入すると

$$2^{5 \times 0.8} = 2^4 = 16$$

よって，16 倍．　　　　　　　　　　　　　（ス：8　セソ：16）

基礎問

170 複 利

太郎：奨学金を借りて大学に行こうと考えています．でも，奨学
　　　金破産なんて話を聞くとちょっとこわいんですが……．

先生：奨学金に限定しないで，一般にお金を借りる話として考え
　　　てみようか．計算しやすくするために，「100 万円を年利
　　　2.4％ の複利で借りた」ことにしよう．

　　　まず，準備として，$\log_{10}2=0.30103$ として $\log_{10}1.024$ の
　　　値を計算すると，0.$\boxed{\text{アイウエ}}$ となる．

　　　次に，複利の意味を確認しておこう．
　　　100 万円を借りて，1 年経過したときの利息は $\boxed{\text{オ}}$.$\boxed{\text{カ}}$ 万
　　　円だから，1 年経過後の負債の総額は 10$\boxed{\text{オ}}$.$\boxed{\text{カ}}$ 万円に
　　　なる．これの 2.4％ が 2 年経過後の利息だから，2 年経過
　　　後の負債の総額は，10$\boxed{\text{キ}}$.$\boxed{\text{クケコサ}}$ 万円になる．このよ
　　　うな計算方法で利息がついていくのが，複利だよ．

太郎：全く返済しないとすると，何年くらいで負債は 2 倍になる
　　　んだろう？

先生：全く返済しないとすると，$\{(100\times1.024)\times1.024\}\times1.024\cdots\cdots$
　　　となっていくから，n 年経過したときの負債の総額は，
　　　$100\times(1.024)^{\boxed{\text{シ}}}$ 万円と表せるね．

　　　$\boxed{\text{シ}}$ は，〈選択群Ⅱ〉の中から適するものを選べ．

　　　だから，負債の総額が初めて 2 倍を超えるのは，$\boxed{\text{スセ}}$ 年
　　　経過したときになるね．

太郎：ふつうに返済していく場合，何年くらいかかるんだろう？

先生：今度は，条件を変えて，「500 万円を年利 2.4％ の複利で借
　　　りて，1 年に 24 万円返す」という設定で考えてみよう．
　　　返す日は 1 年目の最終日，2 年目の最終日，……とします．

　　　1 年経過後の負債の総額は $\boxed{\text{ソタチ}}$（万円）で，この金額の
　　　2.4％ が 2 年経過後に追加される利息ということになる．

271

そこで，n 年経過後の負債の総額を a_n（万円）として，a_{n+1} と a_n のみたす漸化式を作ると，

$n=0,\ 1,\ 2,\ \cdots\cdots$ として，

$a_{n+1}=\boxed{ツ}a_n-\boxed{テ}\ \cdots\cdots①$ が成りたつことはわかるかな？

太郎：$n=0,\ 1,\ 2,\ \cdots\cdots$ っておっしゃいましたけど，a_0 って何ですか？

先生：0 年後，要するに，「お金を借りたばかりのときの負債の総額」ということだから，$a_0=\boxed{ト}$ ですね．

先生：次の手順に従って，a_n を求めてみよう．

$\alpha=1.024\alpha-24\ \cdots\cdots②$ をみたす α を求めると，$\alpha=\boxed{ナ}$ だね．

①−②を作ると，$a_{n+1}-\alpha=\boxed{ニ}(a_n-\alpha)$ だから，

$a_n=\alpha+(a_0-\alpha)(\boxed{ニ})^{\boxed{ヌ}}\ \cdots\cdots③$

$\alpha=\boxed{ナ}$ を③に代入して，$a_n\leqq0$ を解くと

$(\boxed{ニ})^{\boxed{ヌ}}\geqq\boxed{ネ}\ \cdots\cdots④$ が成りたつ．

不等式④をみたす最小の自然数 n は $\boxed{ノハ}$ だから，返済に $\boxed{ノハ}$ 年かかることになるようだ．

太郎：奨学金を月に 10 万円借りると 4 年間で 480 万円で，卒業後，月に 2 万円ずつ返すことにしたら，だいたい $\boxed{ノハ}$ 年くらいかかるんだ……．

$\boxed{ツ}$，$\boxed{テ}$，$\boxed{ト}$，$\boxed{ナ}$，$\boxed{ニ}$ は〈選択群 I〉から，$\boxed{ヌ}$ は〈選択群 II〉から適するものを選べ．

〈選択群 I〉

⓪ 0.024　　① 1.024　　② 2　　③ 12

④ 24　　⑤ 48　　⑥ 100　　⑦ 500

⑧ 1000　　⑨ 2000

〈選択群 II〉

⓪ $n-2$　　① $n-1$　　② n　　③ $n+1$　　④ $n+2$

272 第9章 補充問題

基礎問

解　答

（ア～エ）

$$\log_{10}1.024 = \log_{10}\frac{1024}{1000}$$

$$= \log_{10}\frac{2^{10}}{10^3}$$

$$= 10\log_{10}2 - 3\log_{10}10 \qquad \blacktriangleleft\text{「対数の計算(I)」}$$

$$= 10 \times 0.30103 - 3$$

$$= 0.0103 \qquad\qquad \textbf{（アイウエ：0103）}$$

（オ・カ）

$$100 \times 0.024 = 2.4\,(\text{万円}) \qquad\qquad \textbf{（オ：2　カ：4）}$$

よって，1年後の負債の総額は，102.4（万円）になる．

（キ～サ）

$$102.4 \times (1+0.024) = 102.4 \times 1.024$$

$$= 104.8576\,(\text{万円}) \qquad \textbf{（キ：4　クケコサ：8576）}$$

（シ）

$$\{(100 \times 1.024) \times 1.024\} \times 1.024 \times \cdots\cdots \text{ と } 1.024 \text{ を}$$

n 回かけるので

$$100 \times (1.024)^n\,(\text{万円}) \qquad\qquad \textbf{（シ：②）}$$

（ス・セ）

負債の総額が2倍を超えるとき，

$$(1.024)^n > 2$$

$$n\log_{10}1.024 > \log_{10}2$$

$$n > \frac{\log_{10}2}{\log_{10}1.024} = \frac{0.30103}{0.0103} = 29.2\cdots\cdots$$

よって，初めて負債の総額が2倍を超えるのは，

30年後 　　　　　　　　　　　　　　　　　　　　　**（スセ：30）**

（ソ～チ）

$$500 \times 1.024 - 24 = 488\,(\text{万円}) \qquad \textbf{（ソタチ：488）}$$

（ツ・テ）

$$a_{n+1} = a_n \times 1.024 - 24$$

$$\therefore\quad a_{n+1} = 1.024a_n - 24 \quad \cdots\cdots① \qquad \textbf{（ツ：①　テ：④）}$$

273

(ト)

お金を借りた瞬間が a_0（万円）だから，$a_0 = 500$ （ト：⑦）

(ナ〜ヌ)

$\alpha = 1.024\alpha - 24$ ……② より，

$0.024\alpha = 24$ ◀「2項間の漸化式(II)」

$\therefore \quad \alpha = 1000$ （ナ：⑧）

①−② より，

$a_{n+1} - \alpha = 1.024(a_n - \alpha)$

数列 $\{a_n - \alpha\}$ は，初項 $a_0 - \alpha$，公比 1.024 の等比
数列だから

$a_n - \alpha = (a_0 - \alpha)(1.024)^n$ ◀「等比数列(I)」

$\therefore \quad a_n = \alpha + (a_0 - \alpha)(1.024)^n$ ……③ （ニ：①　ヌ：②）

(ネ〜ハ)

$\alpha = 1000$ だから

$a_n = 1000 + (500 - 1000)(1.024)^n \leqq 0$ ……④

$1000 - 500(1.024)^n \leqq 0$

$\therefore \quad (1.024)^n \geqq 2$

$\therefore \quad n \geqq \dfrac{\log_{10} 2}{\log_{10} 1.024} = 29.2\cdots$

よって，④をみたす最小の自然数は 30 （ネ：2　ノハ：30）

第9章

基礎問

274 演習問題の解答 （①〜⑩）

演 習 問 題 の 解 答

1

(1) $(2x-3y)^3=(2x)^3-3\cdot(2x)^2\cdot(3y)$
$\qquad +3\cdot(2x)\cdot(3y)^2-(3y)^3$
$\quad =8x^3-36x^2y+54xy^2-27y^3$

(2) $(x-3y)(x^2+3xy+9y^2)$
$\quad =(x-3y)\{x^2+x\cdot3y+(3y)^2\}$
$\quad =x^3-(3y)^3$
$\quad =x^3-27y^3$

2

$a^6-9a^3b^3+8b^6=(a^3-b^3)(a^3-8b^3)$
$=(a-b)(a^2+ab+b^2)(a-2b)$
$\quad \times(a^2+2ab+4b^2)$
$=(a-b)(a-2b)(a^2+ab+b^2)$
$\quad \times(a^2+2ab+4b^2)$

3

a^3b^2 の係数は
$\quad 8\cdot10=80$
ab^4 の係数は
$\quad 2\cdot5=10$

4

(1) $(3x-2y)^6$ を展開したときの一般項は
$\quad {}_6C_r(3x)^r(-2y)^{6-r}$
$\quad ={}_6C_r\cdot3^r\cdot(-2)^{6-r}\cdot x^ry^{6-r}$
$\quad r=3$ のときが求める係数だから
$\quad {}_6C_3\cdot3^3\cdot(-2)^3=\dfrac{6\times5\times4}{3\times2}\cdot27\cdot(-8)$
$\quad =-4320$

(2) $(a+b)^n={}_nC_0a^n+{}_nC_1a^{n-1}b$
$\qquad\qquad +{}_nC_2a^{n-2}b^2+\cdots+{}_nC_nb^n$
の両辺に $a=1$，$b=-1$ を代入すると
$(1-1)^n={}_nC_0-{}_nC_1+{}_nC_2+\cdots+(-1)^n{}_nC_n$
$\therefore\quad {}_nC_0-{}_nC_1+{}_nC_2+\cdots+(-1)^n{}_nC_n=0$
となる.

5

$$
\begin{array}{r}
4x^2-4x+a+4 \\
x+1\ \overline{)\ 4x^3\qquad +ax+b} \\
\underline{4x^3+4x^2}\qquad\qquad \\
-4x^2+ax\qquad \\
\underline{-4x^2-4x}\qquad \\
(a+4)x+b \\
\underline{(a+4)x+a+4} \\
b-a-4
\end{array}
$$

わりきれるとき,
$\qquad$ 余り $=0$
よって,
$\qquad b-a-4=0$ $\qquad\qquad$ ……①

$$
\begin{array}{r}
2x^2+x+\dfrac{a+1}{2} \\
2x-1\ \overline{)\ 4x^3\qquad +ax+b} \\
\underline{4x^3-2x^2}\qquad\qquad \\
2x^2+ax\qquad \\
\underline{2x^2-\ x}\qquad \\
(a+1)x+b \\
\underline{(a+1)x-\dfrac{a+1}{2}} \\
\dfrac{a+1}{2}+b
\end{array}
$$

余り $=6$ より $\dfrac{a+1}{2}+b=6$ $\qquad$ ……②

①，②より，$a=1$，$b=5$

6

(1) 与式 $=\left(3+\dfrac{1}{x-5}\right)-\left(5-\dfrac{1}{x-2}\right)$
$\qquad\qquad +\left(1-\dfrac{1}{x-3}\right)+\left(1-\dfrac{1}{x-4}\right)$
$\quad =\dfrac{1}{x-5}+\dfrac{1}{x-2}-\dfrac{1}{x-3}-\dfrac{1}{x-4}$
$\quad =\dfrac{1}{x-5}-\dfrac{1}{x-3}+\dfrac{1}{x-2}-\dfrac{1}{x-4}$
$\quad =2\left\{\dfrac{1}{(x-5)(x-3)}-\dfrac{1}{(x-2)(x-4)}\right\}$

$$=\frac{2(2x-7)}{(x-5)(x-3)(x-2)(x-4)}$$

(2) 与式$=\dfrac{bc}{(a-b)(a-c)}$

$$-\frac{ca}{(a-b)(b-c)}$$

$$+\frac{ab}{(b-c)(a-c)}$$

$$=\frac{bc(b-c)-ca(a-c)+ab(a-b)}{(a-b)(b-c)(a-c)}$$

$$=\frac{(b-c)\{a^2-(b+c)a+bc\}}{(a-b)(b-c)(a-c)}$$

$$=\frac{(a-b)(a-c)}{(a-b)(a-c)}=1$$

7

$$2+\cfrac{1}{k+\cfrac{1}{m+\cfrac{1}{5}}}=\frac{803}{371}$$

より $\quad\cfrac{1}{k+\cfrac{1}{m+\cfrac{1}{5}}}=\dfrac{61}{371}$

$$\therefore\quad k+\cfrac{1}{m+\cfrac{1}{5}}=\frac{371}{61}$$

$$\therefore\quad k+\cfrac{1}{m+\cfrac{1}{5}}=6+\frac{5}{61}$$

$$\therefore\quad k+\cfrac{1}{m+\cfrac{1}{5}}=6+\cfrac{1}{12+\cfrac{1}{5}}$$

よって，$k=6$，$m=12$

8

(1) $x+\dfrac{1}{y}=1$ より

$$x=1-\frac{1}{y}=\frac{y-1}{y}$$

$y+\dfrac{1}{z}=1$ より $z=\dfrac{1}{1-y}$

よって，$xyz=\left(\dfrac{y-1}{y}\right)\cdot y\cdot\left(\dfrac{1}{1-y}\right)=-1$

(2) $\quad\dfrac{1}{bc+b+1}=\dfrac{a}{a(bc+b+1)}$

$$=\frac{a}{1+ab+a}\quad(\because\quad abc=1)$$

$$\frac{1}{ca+c+1}=\frac{ab}{ab(ca+c+1)}$$

$$=\frac{ab}{a+1+ab}\quad(\because\quad abc=1)$$

よって，

与式$=\dfrac{1}{ab+a+1}+\dfrac{a}{ab+a+1}$

$$+\frac{ab}{ab+a+1}$$

$$=\frac{1+a+ab}{ab+a+1}=1$$

9

(1) $\dfrac{x+y}{3}=\dfrac{2y+z}{7}=\dfrac{z+3x}{6}=k$

とおくと

$$\begin{cases} x+\ y=3k & \cdots\cdots① \\ 2y+\ z=7k & \cdots\cdots② \\ z+3x=6k & \cdots\cdots③ \end{cases}$$

①$\times2-$② より，$2x-z=-k$ $\cdots\cdots$④

③$+$④ より，$5x=5k$ $\quad\therefore\quad x=k$

よって，① より，$y=2k$，

③ より，$z=3k$

$xyz\neq0$ より，$k\neq0$ だから

$x:y:z=k:2k:3k=1:2:3$

(2) $\dfrac{x^2+y^2-z^2}{x^2+y^2+z^2}=\dfrac{k^2+4k^2-9k^2}{k^2+4k^2+9k^2}$

$$=\frac{-4k^2}{14k^2}=-\frac{2}{7}\quad(\because\quad k\neq0)$$

10

$$\begin{cases} 2a+b=3kc & \cdots\cdots① \\ 2b+c=3ka & \cdots\cdots② \\ 2c+a=3kb & \cdots\cdots③ \end{cases}$$

①$+$②$+$③ より，

$$3(a+b+c)=3k(a+b+c)$$

(i) $a+b+c\neq0$ のとき，$k=1$

(ii) $a+b+c=0$ のとき，

276 演習問題の解答 (⑪〜⑱)

$c=-a-b$ だから②より，$b-a=3ka$
$\therefore\quad b=(3k+1)a$
このとき，$c=-(3k+2)a$
①に代入して，$(3k+3)a=-3k(3k+2)a$
$a \neq 0$ だから，
$k+1=-3k^2-2k\quad\therefore\quad 3k^2+3k+1=0$
これをみたす実数 k は存在しない．
したがって，$a+b+c=0$ の場合はない．

11

左辺の x^3 の係数が 1 より，$a=1$
よって，
x^3-9x^2+9x-4
$=x(x-1)(x-2)+bx(x-1)$
$\qquad\qquad\qquad +cx+d\qquad\cdots\cdots①$
①の両辺に $x=0$，$x=1$，$x=2$ を代入して
$\begin{cases}-4=d\\-3=c+d\\-14=2b+2c+d\end{cases}\quad\therefore\quad\begin{cases}b=-6\\c=1\\d=-4\end{cases}$
逆に，このとき，
右辺 $=x(x-1)(x-2)-6x(x-1)+x-4$
$\qquad =x^3-3x^2+2x-6x^2+6x+x-4$
$\qquad =x^3-9x^2+9x-4=$ 左辺
となり適する．

12

(1) $a:b=b:c$ より $\dfrac{a}{b}=\dfrac{b}{c}=k$

とおくと，$a=bk$，$c=\dfrac{b}{k}$

左辺 $=\dfrac{1}{b^3k^3}+\dfrac{1}{b^3}+\dfrac{k^3}{b^3}=\dfrac{k^6+k^3+1}{b^3k^3}$

右辺 $=\dfrac{b^3k^3+b^3+\dfrac{b^3}{k^3}}{b^2k^2\cdot b^2\cdot\dfrac{b^2}{k^2}}=\dfrac{k^3+1+\dfrac{1}{k^3}}{b^3}$

$\qquad =\dfrac{k^6+k^3+1}{b^3k^3}$

よって，$\dfrac{1}{a^3}+\dfrac{1}{b^3}+\dfrac{1}{c^3}=\dfrac{a^3+b^3+c^3}{a^2b^2c^2}$

(2) $x+\dfrac{1}{y}=1$ より $x=\dfrac{y-1}{y}$，

$y+\dfrac{1}{z}=1$ より $z=\dfrac{1}{1-y}$

よって，$z+\dfrac{1}{x}=\dfrac{1}{1-y}+\dfrac{y}{y-1}=1$

13

$a>0$，$b>0$ より
$\left(a+\dfrac{1}{b}\right)\left(b+\dfrac{4}{a}\right)-9=ab+\dfrac{4}{ab}-4$

$=\left(\sqrt{ab}-\dfrac{2}{\sqrt{ab}}\right)^2\geqq 0$

等号成立は，$\sqrt{ab}=\dfrac{2}{\sqrt{ab}}$.

つまり，$ab=2$ のとき．

14

(1) 与式より $(3x-2)(x-1)=0$

よって，$x=1$，$\dfrac{2}{3}$

(2) 与式より
$(x+1)(x+4)(x+2)(x+3)=24$
$\therefore\quad (x^2+5x+4)(x^2+5x+6)=24$
$x^2+5x=t$ とおくと，
$(t+4)(t+6)=24\quad\therefore\quad t(t+10)=0$
$\therefore\quad t=0$ または -10
(i) $t=0$，すなわち，$x^2+5x=0$ のとき，$x=0$，-5
(ii) $t=-10$，すなわち，
$x^2+5x+10=0$ のとき，
$x=\dfrac{-5\pm\sqrt{15}\,i}{2}$

15

(1) $(1+i)^3=1+3i+3i^2+i^3$
$\qquad =-2+2i$

(2) $\left(\dfrac{1-i}{\sqrt{2}}\right)^6=\dfrac{(1-i)^6}{(\sqrt{2})^6}=\dfrac{\{(1-i)^2\}^3}{8}$

$\qquad =\dfrac{(-2i)^3}{8}=i$

注 $\dfrac{(1-i)^6}{(\sqrt{2})^6}=\dfrac{\{(1-i)^3\}^2}{8}$ としてもよい.

(3) $\dfrac{2-i}{3+i}=\dfrac{(2-i)(3-i)}{(3+i)(3-i)}=\dfrac{1-i}{2}$

$\dfrac{3-i}{2+i}=\dfrac{(3-i)(2-i)}{(2+i)(2-i)}=1-i$

より，与式$=\dfrac{1-i}{2}\times(1-i)=\boldsymbol{-i}$

16

(1) $x+y=2$，$xy=2$ より
$x^4+y^4=(x^2+y^2)^2-2x^2y^2$
$=\{(x+y)^2-2xy\}^2-2(xy)^2=\boldsymbol{-8}$

(2) $x=1-\sqrt{2}\,i$ より $x-1=-\sqrt{2}\,i$
両辺を平方して整理すると，
$x^2-2x+3=0$
ここで，
$(x^3+2x^2+3x-7)\div(x^2-2x+3)$
を行うと，
商が $x+4$ で，余りが $8x-19$
となることから，
x^3+2x^2+3x-7
$=(x+4)(x^2-2x+3)+8x-19$
と表せ，$x^2-2x+3=0$，$x=1-\sqrt{2}\,i$
より，求める式の値は
$8(1-\sqrt{2}\,i)-19=\boldsymbol{-11-8\sqrt{2}\,i}$

17

(1) $x^2-(k+1)x+k^2=0$ の判別式を D
とすると
$D=(k+1)^2-4k^2=-3k^2+2k+1$
$=-(3k+1)(k-1)$
より

(i) $D>0$，すなわち，$-\dfrac{1}{3}<k<1$ の
とき，**異なる2つの実数解をもつ**

(ii) $D=0$，すなわち，$k=-\dfrac{1}{3}$，1 の
とき，**重解をもつ**

(iii) $D<0$，すなわち，$k<-\dfrac{1}{3}$，

$1<k$ のとき，**虚数解を2個もつ**

(2) 与えられた方程式は，2次方程式よ
り，$k\neq0$
$kx^2-2kx+2k+1=0$ の判別式を D と
すると
$\dfrac{D}{4}=k^2-k(2k+1)=-k^2-k$
$=-k(k+1)$
より

(i) $\dfrac{D}{4}>0$，すなわち，$-1<k<0$ の
とき，**異なる2つの実数解をもつ**

(ii) $\dfrac{D}{4}=0$，すなわち，$k=-1$ のとき，
重解をもつ

(iii) $\dfrac{D}{4}<0$，すなわち，$k<-1$，$0<k$
のとき，**虚数解を2個もつ**

18

①，②，③の判別式をそれぞれ，D_1，D_2，
D_3 とすると
$\dfrac{D_1}{4}=a^2-1=(a-1)(a+1)$，
$\dfrac{D_2}{4}=4-a^2=-(a-2)(a+2)$，
$D_3=(a+1)^2-4a^2=-3a^2+2a+1$
$=-(3a+1)(a-1)$
よって，D_1，D_2，D_3 の符号は下表のよう
になる．

a	$\cdots$	-2	$\cdots$	-1	$\cdots$	$-\dfrac{1}{3}$	$\cdots$	1	$\cdots$	2	$\cdots$
D_1	$+$	$+$	$+$	0	$-$	$-$	$-$	0	$+$	$+$	$+$
D_2	$-$	0	$+$	$+$	$+$	$+$	$+$	$+$	$+$	0	$-$
D_3	$-$	$-$	$-$	$-$	$-$	0	$+$	0	$-$	$-$	$-$

ここで，題意をみたすためには，D_1，D_2，
D_3 のうち，1つが正または0で，残り2
つが負であればよいので

$\boldsymbol{a<-2,\ -1<a<-\dfrac{1}{3},\ 2<a}$

278 演習問題の解答 (⑲〜㉙)

19

(1) 与式を i について整理して

$(x^2+2x+1)+(x^2+3x+2)i=0$

x^2+2x+1, x^2+3x+2 は実数だから

$x^2+2x+1=0$ ……①

$x^2+3x+2=0$ ……②

①より $(x+1)^2=0$ ∴ $x=-1$

②より $(x+1)(x+2)=0$

∴ $x=-1, -2$

①, ②が同時に成りたつ x が求めるもので $x=-1$

(2) 与式から

$$\frac{1}{x+yi}=\frac{1}{2}-\frac{1}{2+i}$$

右辺 $=\dfrac{i}{2(2+i)}=\dfrac{i^2}{2i(2+i)}$

$=\dfrac{-1}{-2+4i}=\dfrac{1}{2-4i}$

∴ $x+yi=2-4i$

x, y は実数だから $x=2, y=-4$

20

与式から

$(x^2-3ax+a)+(x-2a)i=0$

x, a は実数だから

$\begin{cases} x^2-3ax+a=0 & ……① \\ x-2a=0 & ……② \end{cases}$

②より $x=2a$. これを①に代入すると,

$2a^2-a=0$ となり $a=0, \dfrac{1}{2}$

よって, $a>0$ より $a=\dfrac{1}{2}$

21

解と係数の関係より,

$\alpha+\beta=-4, \alpha\beta=5$

∴ $\begin{cases} \alpha^2+\beta^2=(\alpha+\beta)^2-2\alpha\beta \\ \qquad =16-10=6 \\ \alpha^2\cdot\beta^2=(\alpha\beta)^2=25 \end{cases}$

よって, α^2, β^2 を解にもつ 2 次方程式は

$x^2-6x+25=0$

22

解と係数の関係より

$\alpha+\beta+\gamma=-1$, $\alpha\beta+\beta\gamma+\gamma\alpha=-2$,

$\alpha\beta\gamma=-3$,

$\alpha^3+\beta^3+\gamma^3-3\alpha\beta\gamma$

$=(\alpha+\beta+\gamma)(\alpha^2+\beta^2+\gamma^2-\alpha\beta-\beta\gamma-\gamma\alpha)$

より

$\alpha^3+\beta^3+\gamma^3$

$=(\alpha+\beta+\gamma)\{(\alpha+\beta+\gamma)^2$

$\qquad\qquad -3(\alpha\beta+\beta\gamma+\gamma\alpha)\}+3\alpha\beta\gamma$

$=-\{1-3\cdot(-2)\}+3\cdot(-3)$

$=-7-9=-16$

23

$x=1+i$ を与式に代入すると

$(1+i)^3+a(1+i)+b=0$

∴ $(-2+2i)+(a+ai)+b=0$

∴ $a+b-2+(a+2)i=0$

a, b は実数だから

$\begin{cases} a+b-2=0 & ……① \\ a+2=0 & ……② \end{cases}$

①, ②より $a=-2, b=4$

24

(1) $f(x)+g(x)$ を $x-a$ でわった余りは b より,

$f(a)+g(a)=b$

$f(x)g(x)$ を $x-a$ でわった余りは c より,

$f(a)g(a)=c$

(2) $\{f(x)\}^2+\{g(x)\}^2$ を $x-a$ でわった余りは $\{f(a)\}^2+\{g(a)\}^2$

より(1)を用いると,

$\{f(a)\}^2+\{g(a)\}^2$

$=\{f(a)+g(a)\}^2-2f(a)g(a)$

$=b^2-2c$

25

求める余りは, $ax+b$ とおけるので,

$f(x)=(x-2)(x+1)Q(x)+ax+b$

と表せる．$f(2)=3$，$f(-1)=6$ だから

$2a+b=3$ ……①

$-a+b=6$ ……②

①，②より，$a=-1$，$b=5$ となり，求める余りは，$-x+5$

26

(1) $P(x)$ は $x+1$，$x-1$，$x+2$ でわると，それぞれ 3，7，4 余るので

$P(-1)=3$，$P(1)=7$，$P(-2)=4$

ここで，

$P(x)=(x+1)(x-1)(x+2)Q(x)$
$\qquad\qquad +ax^2+bx+c$

とおくと

$\begin{cases} a-b+c=3 \\ a+b+c=7 \\ 4a-2b+c=4 \end{cases}$ $\therefore$ $\begin{cases} a=1 \\ b=2 \\ c=4 \end{cases}$

よって，求める余りは x^2+2x+4

(2) $P(x)$ を $(x+1)^2(x-1)$ でわった余りを $R(x)$（２次以下の整式）とおくと

$P(x)=(x+1)^2(x-1)Q(x)+R(x)$

と表せる．

$P(x)$ は $(x+1)^2$ でわると $2x+1$ 余るので $R(x)$ も $(x+1)^2$ でわると $2x+1$ 余る．

よって，$R(x)=a(x+1)^2+2x+1$ とおける．

$\therefore$ $P(x)=(x+1)^2(x-1)Q(x)$
$\qquad\qquad +a(x+1)^2+2x+1$

$P(1)=-1$ より

$4a+3=-1$ $\therefore$ $a=-1$

よって，求める余りは

$-(x+1)^2+2x+1$

すなわち，$-x^2$

27

(1) $P(2)=0$ より

$8a+8b-4ab-16=0$ ……①

$\therefore$ $-4(a-2)(b-2)=0$

$\therefore$ $a=2$ または $b=2$

(2) $P(-2)=0$ より

$24a-8b-8ab+24=0$ ……②

$\therefore$ $-8(a+1)(b-3)=0$

$\therefore$ $a=-1$ または $b=3$

(3) ①，②が同時に成りたてばよいので

$(a,\ b)=(-1,\ 2)$ または $(2,\ 3)$

　(i) $(a,\ b)=(-1,\ 2)$ のとき

$P(x)=-x^4+3x^3+5x^2-12x-4$
$=(x-2)(x+2)(-x^2+3x+1)$

　(ii) $(a,\ b)=(2,\ 3)$ のとき

$P(x)=2x^4+x^3-11x^2-4x+12$
$=(x-2)(x+2)(2x+3)(x-1)$

28

$x^3=1$

$\Longleftrightarrow (x-1)(x^2+x+1)=0$ より

$\omega^3=1$，$\omega^2+\omega+1=0$

　(i) $n=3m$ のとき

$\omega^{2n}+\omega^n+1$
$=(\omega^3)^{2m}+(\omega^3)^m+1=1+1+1=3$

　(ii) $n=3m+1$ のとき

$\omega^{2n}+\omega^n+1=\omega^{6m+2}+\omega^{3m+1}+1$
$=(\omega^3)^{2m}\cdot\omega^2+(\omega^3)^m\cdot\omega+1$
$=\omega^2+\omega+1=0$

　(iii) $n=3m+2$ のとき

$\omega^{2n}+\omega^n+1=\omega^{6m+4}+\omega^{3m+2}+1$
$=(\omega^3)^{2m+1}\cdot\omega+(\omega^3)^m\cdot\omega^2+1$
$=\omega+\omega^2+1=0$

29

共通解を α とおくと，

$\alpha^2-2a\alpha+6a=0$ ……①′

$\alpha^2-2(a-1)\alpha+3a=0$ ……②′

①′－②′ より，

$-2\alpha+3a=0$ $\therefore$ $\alpha=\dfrac{3}{2}a$

これを①′に代入すると $a^2-8a=0$

$\therefore$ $a=0,\ 8$

ここで $a=0$ とすると $\alpha=0$ となり題意に反するので，$a=8$．このとき

①から $x^2-16x+48=0$

280 演習問題の解答（㉚〜㊱）

$\therefore\quad (x-4)(x-12)=0$

$\therefore\quad x=4,\ 12$

②から $x^2-14x+24=0$

$\therefore\quad (x-2)(x-12)=0$

$\therefore\quad x=2,\ 12$

よって，**共通解は 12** であり，**①の他の解
は 4** ，**②の他の解は 2** である．

30

(1) ①に $x=1+i$ を代入して

$(1+i)^3+a(1+i)^2+b(1+i)+c=0$

$\cdots\cdots①'$

①′ より $\ 2i-2+2ai+b+bi+c=0$

$\therefore\quad (b+c-2)+(2a+b+2)i=0$

a, b, c は実数だから，

$\begin{cases}b+c-2=0\\2a+b+2=0\end{cases}\ \therefore\ \begin{cases}\boldsymbol{b=-2a-2}\\\boldsymbol{c=2a+4}\end{cases}$

(2) (1)より，①は

$x^3+ax^2-2(a+1)x+2a+4=0$

ここで，$x=1+i$ を解にもつから，

$x-1=i$　両辺を 2 乗して整理すると

$x^2-2x+2=0$

よって，$(x^2-2x+2)(x+a+2)=0$

ゆえに，①の実数解は $\boldsymbol{x=-a-2}$

(3) ①と②がただ 1 つの実数解を共有す
るとき，それは，$x=-a-2$ だから，
②に代入して

$(a+2)^2+b(a+2)+3=0$

$(a+2)^2-2(a+1)(a+2)+3=0$

$-a^2-2a+3=0$

$a^2+2a-3=0$

$(a+3)(a-1)=0$

$\therefore\quad a=-3,\ 1$

$a=-3$ のとき，$b=4$, $c=-2$

$a=1$ のとき，$b=-4$, $c=6$

よって，

$(a,\ b,\ c)=(-3,\ 4,\ -2),\ (1,\ -4,\ 6)$

31

(1) 内分する点は，

$\left(\dfrac{2\times3+3\times(-1)}{3+2},\ \dfrac{2\times1+3\times2}{3+2}\right)$

$=\left(\dfrac{3}{5},\ \dfrac{8}{5}\right)$

外分する点は，

$\left(\dfrac{(-2)\times3+3\times(-1)}{3+(-2)},\ \dfrac{(-2)\times1+3\times2}{3+(-2)}\right)$

$=(-9,\ 4)$

(2) 三角形の頂点は，それぞれの直線の
交点であるから，その座標は，

$(0,\ 6),\ (-2,\ 0),\ (5,\ 0)$

よって，重心の座標は，

$\left(\dfrac{0+(-2)+5}{3},\ \dfrac{6+0+0}{3}\right)=(1,\ 2)$

32

$2x+3y-6=0$ より

$y=-\dfrac{2}{3}x+2$

平行な直線は，傾きが $-\dfrac{2}{3}$ で，

点 $(3,\ 2)$ を通るので

$y-2=-\dfrac{2}{3}(x-3)$

すなわち，$\boldsymbol{y=-\dfrac{2}{3}x+4}$

33

△ABC は鋭角三角形なので，

A$(0,\ a)$, B$(-b,\ 0)$, C$(c,\ 0)$,

$(a>0,\ b>0,\ c>0)$

とおける．

このとき，

AB$^2=a^2+b^2$,

AC$^2=a^2+c^2$,

BC$^2=(b+c)^2$

$\cos B=\dfrac{b}{\text{AB}}$

$\therefore\quad$ AB$^2+$BC^2

$\qquad-2$AB$\cdot$BC$\cos B$

$=a^2+b^2+(b+c)^2-2$AB$\cdot$BC$\cdot\dfrac{b}{\text{AB}}$

$= a^2+b^2+(b+c)^2-2b(b+c)$
$= a^2+c^2 = AC^2$
よって，
$\quad AC^2 = AB^2+BC^2-2AB \cdot BC\cos B$
が成りたつ．

34

Aとlの距離は，
$\dfrac{|-3+8+3|}{\sqrt{1+4}} = \dfrac{8}{\sqrt{5}}$
より
$AH = HP = \dfrac{8}{\sqrt{5}}$
∴ △AHP
$= \dfrac{1}{2} \times \dfrac{8}{\sqrt{5}} \times \dfrac{8}{\sqrt{5}} = \dfrac{32}{5}$

35

点Bの $y=2x+1$
に関する対称点を
$B'(a, b)$ とおくと，
直線BB'の傾きは
$-\dfrac{1}{2}$ だから
$\dfrac{b-5}{a-4} = -\dfrac{1}{2}$
∴ $a+2b = 14$ ……①

また，線分BB'の中点 $\left(\dfrac{a+4}{2}, \dfrac{b+5}{2}\right)$
は $y=2x+1$ 上にあるので
$\dfrac{b+5}{2} = a+4+1$
∴ $2a-b = -5$ ……②

①，②より，$a=\dfrac{4}{5}$, $b=\dfrac{33}{5}$
よって，$B'\left(\dfrac{4}{5}, \dfrac{33}{5}\right)$
ここで，PB=PB' だから
AP+PB=AP+PB'≧AB' （一定）
$\left(\text{等号は，点Pが直線 AB' と} \atop y=2x+1 \text{ の交点と一致するとき成立．}\right)$

直線 AB' は $y-1 = \dfrac{1-\dfrac{33}{5}}{3-\dfrac{4}{5}}(x-3)$
より $y = -\dfrac{28}{11}x + \dfrac{95}{11}$
この直線と $y=2x+1$ の交点は
$\left(\dfrac{42}{25}, \dfrac{109}{25}\right)$ だから $P\left(\dfrac{42}{25}, \dfrac{109}{25}\right)$ のとき，
AP+PB は最小．

36

(1) (ⅰ) 垂直のとき
$\quad 1\cdot 1 + a\{-(2a-1)\} = 0$
$\quad 2a^2 - a - 1 = 0$
$\quad (2a+1)(a-1) = 0$
$\quad$ ∴ $a = -\dfrac{1}{2},\ 1$

(ⅱ) 平行のとき
$\quad 1\cdot\{-(2a-1)\} - 1\cdot a = 0$
$\quad 3a - 1 = 0$
$\quad$ ∴ $a = \dfrac{1}{3}$

(2) $x+y=3$ ……①
$\quad y-x=1$ ……②
$\quad x+3y=3$ ……③

(ア) ①+② より $2y=4$
$\quad$ ∴ $(x, y)=(1, 2)$
②+③ より $4y=4$
$\quad$ ∴ $(x, y)=(0, 1)$
③−① より $2y=0$
$\quad$ ∴ $(x, y)=(3, 0)$
よって，3つの頂点の座標は，
$(1, 2),\ (0, 1),\ (3, 0)$

(イ) (ア)の答えの頂点の座標を順にA，B，Cとし，つけ加える点を$D(a, b)$とすると，平行四辺形ができるのは次の3つの場合のみである．

(i) BCが対角線のとき
平行四辺形の性質から，BCとADの中点は一致するので，
$\left(\dfrac{a+1}{2}, \dfrac{b+2}{2}\right) = \left(\dfrac{3}{2}, \dfrac{1}{2}\right)$
∴ $(a, b) = (2, -1)$

(ii) ACが対角線のとき，(i)と同様で
$\left(\dfrac{a}{2}, \dfrac{b+1}{2}\right) = \left(\dfrac{4}{2}, \dfrac{2}{2}\right)$
∴ $(a, b) = (4, 1)$

(iii) ABが対角線のとき，(i)と同様で
$\left(\dfrac{a+3}{2}, \dfrac{b}{2}\right) = \left(\dfrac{1}{2}, \dfrac{3}{2}\right)$
∴ $(a, b) = (-2, 3)$

(i), (ii), (iii)より，求める点の座標は
$(2, -1), (4, 1), (-2, 3)$

37

(1) $y = ax + 9 - 3a$
より $(x-3)a + 9 - y = 0$
これが任意の a について成りたつので
$\begin{cases} x-3=0 \\ 9-y=0 \end{cases}$ ∴ $\begin{cases} x=3 \\ y=9 \end{cases}$
よって，定点 $(3, 9)$ を通る．

(2) a がすべての実数値をとっても，y 軸に平行で，点 $(3, 9)$ を通る直線 $x=3$ は表せないので，これと x 軸との交点 $(3, 0)$ は通ることができない．
よって，$p=3$ はとることができない．

38

$2x+y-1=0$ は，$x+y+1=0$ と垂直ではないので求める直線は，
$k(2x+y-1) + (x-2y-3) = 0$
すなわち
$(2k+1)x + (k-2)y - k - 3 = 0$
と表せる．
これが，$x+y+1=0$ と垂直だから，
$1 \cdot (2k+1) + 1 \cdot (k-2) = 0$
∴ $3k - 1 = 0$
よって，$k = \dfrac{1}{3}$ より，
$\dfrac{5}{3}x - \dfrac{5}{3}y - \dfrac{10}{3} = 0$
∴ $\boldsymbol{x - y - 2 = 0}$

39

(1) 求める円の方程式を
$x^2 + y^2 + ax + by + c = 0$
とおくと
Aを通るので，
$5a + 5b + c + 50 = 0$ ……①
Bを通るので，
$2a - 4b + c + 20 = 0$ ……②
Cを通るので，
$-2a + 2b + c + 8 = 0$ ……③
①−② より $a + 3b + 10 = 0$ ……④
②−③ より $2a - 3b + 6 = 0$ ……⑤
④+⑤ より $a = -\dfrac{16}{3}$,
④より $b = -\dfrac{14}{9}$,
①より $c = -\dfrac{140}{9}$
よって，求める円の方程式は
$x^2 + y^2 - \dfrac{16}{3}x - \dfrac{14}{9}y - \dfrac{140}{9} = 0$

(2) 3点 A, B, D を通る円がかけないのは，D が直線 AB 上にあり，A とも B とも異なるときである．
AB：$y - 5 = \dfrac{5-(-4)}{5-2}(x-5)$
すなわち，$y = 3x - 10$
より，求める a, b の関係式は
$\boldsymbol{b = 3a - 10}$ $((a, b) \neq (5, 5), (2, -4))$

40

円の中心 $(-2, -1)$ と直線との距離を d とおくと

$$d = \frac{|-2a+1+9-3a|}{\sqrt{a^2+(-1)^2}} = \frac{5|a-2|}{\sqrt{a^2+1}}$$

（i）$d < 5$ のとき，

すなわち $\dfrac{5|a-2|}{\sqrt{a^2+1}} < 5$ のとき

両辺を平方して，

$$a^2 - 4a + 4 < a^2 + 1$$

$$\therefore \quad -4a < -3$$

よって，

$a > \dfrac{3}{4}$ のとき，異なる 2 点で交わる.

（ii）$d = 5$ すなわち，

$a = \dfrac{3}{4}$ のとき，接する.

（iii）$d > 5$ すなわち，

$a < \dfrac{3}{4}$ のとき，共有点をもたない.

41

求める接線は y 軸と平行ではないので，

$$y + 2 = m(x - 4)$$

すなわち，$mx - y - 4m - 2 = 0$

とおける. これが円 $x^2 + y^2 = 10$ に接す

るので，$\dfrac{|-4m-2|}{\sqrt{m^2+1}} = \sqrt{10}$

両辺を平方すると

$$16m^2 + 16m + 4 = 10m^2 + 10$$

$$3m^2 + 8m - 3 = 0$$

$$(3m-1)(m+3) = 0$$

$$\therefore \quad m = \frac{1}{3}, \ -3$$

よって，求める接線の方程式は，

$$y = \frac{1}{3}x - \frac{10}{3} \quad \text{と} \quad y = -3x + 10$$

42

$$x^2 + y^2 = 2 \qquad \cdots\cdots ①$$

$$(x-1)^2 + (y-1)^2 = 4 \qquad \cdots\cdots ②$$

①と②の中心間の距離 $= \sqrt{1+1} = \sqrt{2}$

①の半径は $\sqrt{2}$，②の半径は 2 より

$$2 - \sqrt{2} < \sqrt{2} < 2 + \sqrt{2}$$

だから，2 円は異なる 2 点で交わる.

よって，①－② より，$-2x - 2y = 0$

$$\therefore \quad y = -x$$

43

$P(x, y)$ とおくと，

$$AP^2 = (x-1)^2 + (y-1)^2,$$

$$BP^2 = (x-5)^2 + (y-5)^2$$

$AP^2 : BP^2 = 1 : 9$ だから

$9AP^2 = BP^2$ より

$$9(x-1)^2 + 9(y-1)^2 = (x-5)^2 + (y-5)^2$$

$$x^2 - x + y^2 - y - 4 = 0$$

$$\left(x - \frac{1}{2}\right)^2 + \left(y - \frac{1}{2}\right)^2 = \frac{9}{2}$$

よって，求める軌跡は，

$$円 \left(x - \frac{1}{2}\right)^2 + \left(y - \frac{1}{2}\right)^2 = \frac{9}{2}$$

44

円は x 軸の下側から x 軸に接しているので，中心の座標を $P(X, Y)$ とおくと，$Y < 0$ であり，半径は $-Y$.

よって，円の方程式は

$$(x - X)^2 + (y - Y)^2 = Y^2$$

となり，点 $(1, -2)$ を通るので，

$$(1 - X)^2 + (-2 - Y)^2 = Y^2$$

$$\therefore \quad X^2 - 2X + 4Y + 5 = 0$$

よって，求める軌跡は，

$$放物線 \ y = -\frac{1}{4}x^2 + \frac{1}{2}x - \frac{5}{4}$$

45

(1) $\begin{cases} x = -t + 2 & \cdots\cdots ① \\ y = 2t + 1 & \cdots\cdots ② \end{cases}$

①×2＋② より，$2x + y = 5$

$$\therefore \quad 直線 \ y = -2x + 5$$

(2) $\begin{cases} x=1-|t| & \cdots\cdots① \\ y=t^2-1 & \cdots\cdots② \end{cases}$

①より, $1-x=|t|$ ……①′

②より, $y=|t|^2-1$

①′ を代入して $y=(1-x)^2-1$

①′ でさらに $|t|\geqq 0$ より, $x\leqq 1$

∴ 放物線の一部 $y=x^2-2x\ (x\leqq 1)$

(3) $\begin{cases} x=1-\sin t \\ y=1+\cos t \end{cases}$

より $\begin{cases} 1-x=\sin t & \cdots\cdots① \\ y-1=\cos t & \cdots\cdots② \end{cases}$

$①^2+②^2$ より $(1-x)^2+(y-1)^2=1$

また, $30°\leqq t\leqq 120°$ より,

$\dfrac{1}{2}\leqq \sin t\leqq 1,\ -\dfrac{1}{2}\leqq \cos t\leqq \dfrac{\sqrt{3}}{2}$

だから, $0\leqq x\leqq \dfrac{1}{2},\ \dfrac{1}{2}\leqq y\leqq \dfrac{\sqrt{3}}{2}+1$

となり, 求める軌跡は

円弧 $(x-1)^2+(y-1)^2=1$

$\left(0\leqq x\leqq \dfrac{1}{2},\ \dfrac{1}{2}\leqq y\leqq \dfrac{\sqrt{3}+2}{2}\right)$

(1), (2), (3)のグラフは順に下の図のようになる.

46

(1) ①と $y=-x^2+3x-2$ より, y を消去すると
$4x^2-2(2t+3)x+t^2+8t-4=0$……②

②は実数解をもつので, 判別式を D とすると, $\dfrac{D}{4}\geqq 0$ より

$(2t+3)^2-4(t^2+8t-4)\geqq 0$

∴ $-4t+5\geqq 0$ ∴ $t\leqq \dfrac{5}{4}$

(2) ①より $y=(x-t)^2-\dfrac{1}{2}t^2+4t-4$

したがって, 頂点の座標を (X, Y) とすると

$X=t$ ……③

$Y=-\dfrac{1}{2}t^2+4t-4$ ……④

③, ④より t を消去すると,

$Y=-\dfrac{1}{2}X^2+4X-4$

ここで, (1)より, $t\leqq \dfrac{5}{4}$ だから③より

$X\leqq \dfrac{5}{4}$

よって, 求める軌跡は

放物線の一部

$y=-\dfrac{1}{2}x^2+4x-4\ \left(x\leqq \dfrac{5}{4}\right)$

47

(1) l の式から $(x-1)t-y=0$

よって, t の値にかかわらず定点 $(1, 0)$ を通る.

m の式から $x-1+(y-2)t=0$

よって, t の値にかかわらず定点 $(1, 2)$ を通る.

∴ $A(1, 0),\ B(1, 2)$

(2) $t\cdot 1+(-1)\cdot t=0$ より, l と m は直交するので, P は線分 AB を直径とする円を描く. ここで AB の中点は $M(1, 1)$ であり,

$AM=1$

よって, P は円 $(x-1)^2+(y-1)^2=1$ 上を動く.

ここで, l は $x=1$, m は $y=2$ と一致することはないので点 $(1, 2)$ は含ま

れない．
よって，求める軌跡は
円 $(x-1)^2+(y-1)^2=1$ から，
点 $(1, 2)$ を除いたもの．

48

$|x-1|+|y-2|=1$ は曲線 $|x|+|y|=1$ を x 軸方向に 1，y 軸方向に 2 だけ平行移動したもので，$|x|+|y|=1$ は，x に $-x$ を代入しても y に $-y$ を代入しても式は変わらないので，x 軸，y 軸，原点に関して対称．
よって，$|x|+|y|=1\ (x\geq 0,\ y\geq 0)$，すなわち，$x+y=1\ (x\geq 0,\ y\geq 0)$ と，それを x 軸，y 軸，原点に関して対称移動した図形をあわせたものが $|x|+|y|=1$
よって，求める図形は右図のような正方形．

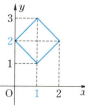

49

(1) $x-y<2 \iff y>x-2$
　　よって，$y=x-2$ より上側を表す．
　　$x-2y>1 \iff y<\dfrac{1}{2}x-\dfrac{1}{2}$
　　よって，$y=\dfrac{1}{2}x-\dfrac{1}{2}$ より下側を表す．
　　よって，求める領域は次図の色の部分（境界は含まない）．

(2) $x^2+y^2-2x+4y\leq 4$
　　$\iff (x-1)^2+(y+2)^2\leq 9$
　　よって，$(x-1)^2+(y+2)^2=3^2$ の周および内部を表す．
　　また，$y\geq x$ は $y=x$ より上側とその図形上を表す．
　　よって，求める領域は次図の色の部分（境界を含む）．

(1)

ただし，境界は含まない

(2)

ただし，境界は含む

50

(1) $|x^2-2x|$
$=\begin{cases} x^2-2x & (x^2-2x\geq 0) \\ -(x^2-2x) & (x^2-2x<0) \end{cases}$
$=\begin{cases} x^2-2x & (x\leq 0,\ 2\leq x) \\ -x^2+2x & (0<x<2) \end{cases}$
よって，求める領域は $y=|x^2-2x|$ の下側で，境界を含む．

(2) $|x^2-2|+1$
$=\begin{cases} x^2-2+1 & (x^2-2\geq 0) \\ -(x^2-2)+1 & (x^2-2<0) \end{cases}$
$=\begin{cases} x^2-1 & (x\leq -\sqrt{2},\ \sqrt{2}\leq x) \\ -x^2+3 & (-\sqrt{2}<x<\sqrt{2}) \end{cases}$
よって，求める領域は $y=|x^2-2|+1$ の上側で，境界を含む．

(3) (i) $x-1\geq 0,\ y-2\geq 0$
　　　すなわち $x\geq 1,\ y\geq 2$ のとき
　　　$|x-1|+|y-2|\leq 1$
　　　$\iff x-1+y-2\leq 1$
　　　$\iff y\leq -x+4$
(ii) $x<1,\ y\geq 2$ のとき
　　　$|x-1|+|y-2|\leq 1$
　　　$\iff -(x-1)+y-2\leq 1$
　　　$\iff y\leq x+2$
(iii) $x\geq 1,\ y<2$ のとき

$|x-1|+|y-2|\leqq 1$
$\iff x-1-(y-2)\leqq 1$
$\iff y\geqq x$

(iv) $x<1$, $y<2$ のとき
$|x-1|+|y-2|\leqq 1$
$\iff -(x-1)-(y-2)\leqq 1$
$\iff y\geqq -x+2$

注 $|x|+|y|\leqq 1$ を x 軸方向に 1, y 軸方向に 2 だけ平行移動（⇒48）したものは，
$|x-1|+|y-2|\leqq 1$

領域を図示すると順に下図の色の部分となる．

ただし，境界は含む

ただし，境界は含む

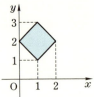
ただし，境界は含む

51

$x\geqq 0$, $y\geqq 0$, $2x+3y\leqq 12$, $2x+y\leqq 8$ の表す領域は，図Ⅰの色の部分である．ただし，境界は含む．

(1) $x+3y=k$ とおくと，
$y=-\dfrac{1}{3}x+\dfrac{k}{3}$ となり，図Ⅱより
A$(0, 4)$ を通るとき，$\dfrac{k}{3}$ は最大で，k の**最大値は 12**
O$(0, 0)$ を通るとき，$\dfrac{k}{3}$ は最小で，k の

最小値は 0

(2) $x^2-y=k'$ とおくと，$y=x^2-k'$ となり，図Ⅲより
A$(0, 4)$ を通るとき，$-k'$ は最大で，k' の**最小値は -4**
C$(4, 0)$ を通るとき，$-k'$ は最小で，k' の**最大値は 16**

図Ⅰ　　　　　図Ⅱ

図Ⅲ

52

(1) (ア) $0°\leqq\theta<360°$ において，
$\sin\theta=\dfrac{\sqrt{3}}{2}$ を解くと，
$\theta=60°, 120°$
よって，$\theta=60°+360°\times n$,
$\qquad 120°+360°\times n$　（n：整数）

(イ) $0°\leqq\theta<360°$ において，
$\cos\theta=-\dfrac{1}{2}$ を解くと，
$\theta=120°, 240°$
よって，$\theta=120°+360°\times n$,
$\qquad 240°+360°\times n$　（n：整数）

(ウ) $0°\leqq\theta<360°$ において，
$\tan\theta=\dfrac{1}{\sqrt{3}}$ を解くと，$\theta=30°, 210°$
よって，$\theta=30°+360°\times n$,
$\qquad 210°+360°\times n$　（n：整数）

(2) $60°$ の動径を表す角は，n を整数として，$60°+360°\times n$ と表せる．
∴ $500° < 60°+360°\times n < 5000°$
∴ $440° < 360°\times n < 4940°$
これをみたす整数 n は，2, 3, 4, 5, 6, 7, 8, 9, 10, 11, 12, 13 だから求める個数は，**12個**．

53

(1) (ア) $S=\dfrac{1}{2}rl$ より
$$l=\dfrac{2S}{r}=\dfrac{2\pi}{4}=\dfrac{\pi}{2}$$
(イ) $l=r\theta$ より
$$\theta=\dfrac{l}{r}=\dfrac{\pi}{2}\cdot\dfrac{1}{4}=\dfrac{\pi}{8}$$

(2) $\dfrac{\pi}{4}<1<\dfrac{\pi}{3}<2<\dfrac{2\pi}{3}<\dfrac{3\pi}{4}<3<\pi$
より 8個の角 $\dfrac{\pi}{4}$, 1, $\dfrac{\pi}{3}$, 2, $\dfrac{2\pi}{3}$, $\dfrac{3\pi}{4}$, 3, π は下図のような位置関係にある．

∴ $\sin 3 < \sin 1 < \sin 2$

54

$\cos^2\alpha = 1-\sin^2\alpha = \dfrac{9}{25}$,
$\cos^2\beta = 1-\sin^2\beta = \dfrac{16}{25}$
$0<\alpha<\dfrac{\pi}{2}$, $\dfrac{\pi}{2}<\beta<\pi$ より，
$\cos\alpha>0$, $\cos\beta<0$
よって，
$\cos\alpha = \dfrac{3}{5}$, $\cos\beta = -\dfrac{4}{5}$
$\sin(\alpha-\beta)$
$=\sin\alpha\cos\beta - \cos\alpha\sin\beta$
$=\dfrac{4}{5}\cdot\left(-\dfrac{4}{5}\right) - \dfrac{3}{5}\cdot\dfrac{3}{5} = \boldsymbol{-1}$
$\cos(\alpha-\beta)$
$=\cos\alpha\cos\beta + \sin\alpha\sin\beta$
$=\dfrac{3}{5}\cdot\left(-\dfrac{4}{5}\right) + \dfrac{4}{5}\cdot\dfrac{3}{5} = \boldsymbol{0}$

55

$\dfrac{\pi}{2}<\theta<\pi$ より，$\cos\theta<0$
∴ $\cos\theta = -\sqrt{1-\sin^2\theta}$
$= -\sqrt{1-\dfrac{1}{9}} = -\dfrac{2\sqrt{2}}{3}$
∴ $\sin 2\theta = 2\sin\theta\cos\theta$
$= 2\cdot\dfrac{1}{3}\cdot\left(-\dfrac{2\sqrt{2}}{3}\right) = \boldsymbol{-\dfrac{4\sqrt{2}}{9}}$
∴ $\cos 2\theta = 1-2\sin^2\theta = 1-2\cdot\dfrac{1}{9} = \boldsymbol{\dfrac{7}{9}}$

56

$\tan\theta = -2$ のとき，
$\dfrac{\pi}{2}<\theta<\pi$ だから
右図より，$\sin\theta = \dfrac{2}{\sqrt{5}}$,
$\cos\theta = -\dfrac{1}{\sqrt{5}}$
∴ $\sin 3\theta = 3\sin\theta - 4\sin^3\theta$
$= \dfrac{6}{\sqrt{5}} - \dfrac{32}{5\sqrt{5}} = \boldsymbol{-\dfrac{2}{5\sqrt{5}}}$
∴ $\cos 3\theta = 4\cos^3\theta - 3\cos\theta$
$= -\dfrac{4}{5\sqrt{5}} + \dfrac{3}{\sqrt{5}} = \boldsymbol{\dfrac{11}{5\sqrt{5}}}$

57

(**解 I**)（和積の公式を使って）
$\sin 3\theta + \sin 2\theta = 2\sin\dfrac{5\theta}{2}\cos\dfrac{\theta}{2} = 0$
$0\leqq\theta\leqq\dfrac{\pi}{2}$ より，$0\leqq\dfrac{\theta}{2}\leqq\dfrac{\pi}{4}$ だから，

$\cos\dfrac{\theta}{2}\neq 0$

よって, $\sin\dfrac{5\theta}{2}=0$

$0\leq\dfrac{5\theta}{2}\leq\dfrac{5\pi}{4}$ だから, $\dfrac{5\theta}{2}=0, \pi$

∴ $\theta=\mathbf{0}, \dfrac{\mathbf{2\pi}}{\mathbf{5}}$

参考 （2倍角，3倍角の公式を使うと …）

$\sin 2\theta=2\sin\theta\cos\theta$,
$\sin 3\theta=3\sin\theta-4\sin^3\theta$

より

$\sin 2\theta+\sin 3\theta$
$=2\sin\theta\cos\theta+3\sin\theta-4\sin^3\theta$
$=\sin\theta(2\cos\theta+3-4\sin^2\theta)$
$=\sin\theta(4\cos^2\theta+2\cos\theta-1)$

したがって, $\sin 2\theta+\sin 3\theta=0$ より

$\sin\theta=0,\ \cos\theta=\dfrac{-1+\sqrt{5}}{4}$

（∵ $0\leq\cos\theta\leq 1$）

このあと, $\theta=0$ は求められますが, $\cos\theta=\dfrac{-1+\sqrt{5}}{4}$ から, $\theta=\dfrac{2\pi}{5}$ を求めることは厳しくなります。

（**解Ⅱ**）（$\sin(\pi+\theta)=-\sin\theta$ を使って）

$\sin 3\theta+\sin 2\theta=0$
$\sin 3\theta=-\sin 2\theta$
$\sin 3\theta=\sin(\pi+2\theta)$

∴ $\dfrac{3\theta+(\pi+2\theta)}{2}$

$=\dfrac{\pi}{2}+n\pi$

（n：整数）

∴ $\theta=\dfrac{2n\pi}{5}$

$0\leq\theta\leq\dfrac{\pi}{2}$ より, $n=0, 1$

よって, $\theta=\mathbf{0}, \dfrac{\mathbf{2\pi}}{\mathbf{5}}$

58

（**解Ⅰ**）（加法定理を使って）

$y=x,\ y=2x,$
$y=mx$ が x 軸の正方向となす角をそれぞれ
$\alpha,\ \beta,\ \theta$
($0<\alpha<\theta<\beta<90°$)
とおくと,

$\theta=\dfrac{\alpha+\beta}{2}$

$\tan\alpha=1,\ \tan\beta=2,\ \tan\theta=m$

∴ $\tan 2\theta=\tan(\alpha+\beta)$
$=\dfrac{\tan\alpha+\tan\beta}{1-\tan\alpha\tan\beta}$
$=-3$

次に, $\tan 2\theta=\dfrac{2\tan\theta}{1-\tan^2\theta}$ だから,

$3\tan^2\theta-2\tan\theta-3=0$

∴ $m=\tan\theta=\dfrac{1+\sqrt{10}}{3}$ （∵ $m>0$）

よって，求める直線は

$y=\dfrac{1+\sqrt{10}}{3}x$

（**解Ⅱ**）（点と直線の距離の公式を使って）

$y=mx$ 上の点 (x, y) と2つの直線 $y=x,$ $y=2x$ との距離は等しいので

$\dfrac{|x-y|}{\sqrt{1+1}}=\dfrac{|2x-y|}{\sqrt{4+1}}$

$\sqrt{5}|x-y|=\sqrt{2}|2x-y|$
$\sqrt{5}(x-y)=\pm\sqrt{2}(2x-y)$
$(\sqrt{5}\pm\sqrt{2})y=(\sqrt{5}\pm 2\sqrt{2})x$

$y=\dfrac{\sqrt{5}\pm 2\sqrt{2}}{\sqrt{5}\pm\sqrt{2}}x$ （複号同順）

$m>0$ より, $y=\dfrac{\sqrt{5}+2\sqrt{2}}{\sqrt{5}+\sqrt{2}}x$

∴ $y=\dfrac{1+\sqrt{10}}{3}x$

59

(1) $\sqrt{3}\sin x + \cos x$
$= 2\left(\sin x \cdot \dfrac{\sqrt{3}}{2} + \cos x \cdot \dfrac{1}{2}\right)$
$= 2\left(\sin x \cos \dfrac{\pi}{6} + \cos x \sin \dfrac{\pi}{6}\right)$
$= \mathbf{2\sin\left(x+\dfrac{\pi}{6}\right)}$

(2) $0 \leq x < 2\pi$ より,
$\dfrac{\pi}{6} \leq x + \dfrac{\pi}{6} < \dfrac{13\pi}{6}$ ……①

(1)より $2\sin\left(x+\dfrac{\pi}{6}\right) \geq 1$
$\sin\left(x+\dfrac{\pi}{6}\right) \geq \dfrac{1}{2}$ ……②

①, ②より $\dfrac{\pi}{6} \leq x + \dfrac{\pi}{6} \leq \dfrac{5}{6}\pi$
$\therefore\ \mathbf{0 \leq x \leq \dfrac{2}{3}\pi}$

60

(1) $y = \cos^2 x - 2\sin x \cos x + 3\sin^2 x$
$= \cos^2 x - \sin 2x + 3(1-\cos^2 x)$
$= 3 - 2\cos^2 x - \sin 2x$
$= -(2\cos^2 x - 1) - \sin 2x + 2$
$= \mathbf{-\cos 2x - \sin 2x + 2}$

(2) $\sin 2x + \cos 2x$
$= \sqrt{2}\left(\sin 2x \cdot \dfrac{1}{\sqrt{2}} + \cos 2x \cdot \dfrac{1}{\sqrt{2}}\right)$
$= \sqrt{2}\left(\sin 2x \cos \dfrac{\pi}{4} + \cos 2x \sin \dfrac{\pi}{4}\right)$
$= \sqrt{2}\sin\left(2x+\dfrac{\pi}{4}\right)$
より,
①は $y = -\sqrt{2}\sin\left(2x+\dfrac{\pi}{4}\right)+2$ となる.
$0 \leq x \leq \pi$ より, $\dfrac{\pi}{4} \leq 2x+\dfrac{\pi}{4} \leq \dfrac{9\pi}{4}$ だから
$-1 \leq \sin\left(2x+\dfrac{\pi}{4}\right) \leq 1$

$\therefore\ -\sqrt{2} \leq -\sqrt{2}\sin\left(2x+\dfrac{\pi}{4}\right) \leq \sqrt{2}$

$\therefore\ -\sqrt{2}+2 \leq -\sqrt{2}\sin\left(2x+\dfrac{\pi}{4}\right)+2$
$\leq \sqrt{2}+2$

よって, $2x+\dfrac{\pi}{4} = \dfrac{3\pi}{2}$ すなわち

$x = \dfrac{5\pi}{8}$ のとき, 最大値 $\sqrt{2}+2$

$2x+\dfrac{\pi}{4} = \dfrac{\pi}{2}$ すなわち

$x = \dfrac{\pi}{8}$ のとき, 最小値 $-\sqrt{2}+2$

61

$\sin\theta - \sqrt{3}\cos\theta = t$ とおくと
$t^2 = \sin^2\theta - 2\sqrt{3}\sin\theta\cos\theta + 3\cos^2\theta$
$= \dfrac{1-\cos 2\theta}{2} - \sqrt{3}\sin 2\theta + 3 \cdot \dfrac{1+\cos 2\theta}{2}$
$= \cos 2\theta - \sqrt{3}\sin 2\theta + 2$

$\therefore\ \cos 2\theta - \sqrt{3}\sin 2\theta = t^2 - 2$

よって, $y = 2t + t^2 - 2 = (t+1)^2 - 3$

ここで, $t = 2\left(\sin\theta \cdot \dfrac{1}{2} - \cos\theta \cdot \dfrac{\sqrt{3}}{2}\right)$
$= 2\sin\left(\theta-\dfrac{\pi}{3}\right)$

$0 \leq \theta \leq \pi$ より, $-\dfrac{\pi}{3} \leq \theta - \dfrac{\pi}{3} \leq \dfrac{2\pi}{3}$ だから

$-\dfrac{\sqrt{3}}{2} \leq \sin\left(\theta-\dfrac{\pi}{3}\right) \leq 1$

$\therefore\ -\sqrt{3} \leq t \leq 2$

グラフより, 最大値 6, 最小値 -3

62

(1) $y=\sin 2\left(x-\dfrac{\pi}{3}\right)$ のグラフは，

$y=\sin 2x$ のグラフを x 軸方向に $\dfrac{\pi}{3}$

だけ平行移動したもので，周期は

$\dfrac{2\pi}{2}=\pi$．グラフは下図．

(2) $y=2\cos\left(x-\dfrac{\pi}{6}\right)$ のグラフは，

$y=\cos x$ のグラフを，x 軸をもとに y 軸方向に 2 倍に拡大し，それを x 軸方向に $\dfrac{\pi}{6}$ だけ平行移動したもの．グラフは下図．

(3) $y=\tan\left(x-\dfrac{\pi}{6}\right)$ のグラフは，

$y=\tan x$ のグラフを x 軸方向に $\dfrac{\pi}{6}$ だけ平行移動したもの．グラフは下図．

63

$\sin\alpha=\cos\left(\dfrac{\pi}{2}-\alpha\right)$ より，

$\cos\left(\dfrac{\pi}{2}-\alpha\right)=\cos 2\beta$

$\dfrac{\pi}{2}\leqq\alpha\leqq\pi$ より，$-\dfrac{\pi}{2}\leqq\dfrac{\pi}{2}-\alpha\leqq 0$

$0\leqq 2\beta\leqq 2\pi$ だから，

$2\beta=\alpha-\dfrac{\pi}{2}$ または，$\dfrac{5\pi}{2}-\alpha$

$\therefore\ \beta=\dfrac{\alpha}{2}-\dfrac{\pi}{4},\ \dfrac{5\pi}{4}-\dfrac{\alpha}{2}$

64

(1) $a^{\frac{3}{2}}+a^{-\frac{3}{2}}$

$=(a^{\frac{1}{2}}+a^{-\frac{1}{2}})^3-3a^{\frac{1}{2}}\cdot a^{-\frac{1}{2}}(a^{\frac{1}{2}}+a^{-\frac{1}{2}})$

$=27-3\cdot 3=\mathbf{18}$

(2) (ア) 4^x+4^{-x}

$=(2^x-2^{-x})^2+2\cdot 2^x\cdot 2^{-x}=1+2=\mathbf{3}$

(イ) $(2^x+2^{-x})^2$

$=4^x+4^{-x}+2\cdot 2^x\cdot 2^{-x}=3+2=5$

$2^x+2^{-x}>0$ だから $2^x+2^{-x}=\boldsymbol{\sqrt{5}}$

(ウ) 8^x-8^{-x}

$=(4^x+4^{-x})(2^x-2^{-x})+(2^x-2^{-x})$

$=3\cdot 1+1=\mathbf{4}$

(3) $x^2-1=\dfrac{1}{4}(a+a^{-1}+2)-1$

$=\dfrac{1}{4}(a+a^{-1}-2)=\dfrac{1}{4}(a^{\frac{1}{2}}-a^{-\frac{1}{2}})^2$

$\therefore\ \sqrt{x^2-1}=\dfrac{1}{2}|a^{\frac{1}{2}}-a^{-\frac{1}{2}}|$

$=\begin{cases}\dfrac{1}{2}(a^{\frac{1}{2}}-a^{-\frac{1}{2}}) & (a>1)\\ \dfrac{1}{2}(a^{-\frac{1}{2}}-a^{\frac{1}{2}}) & (0<a<1)\end{cases}$

（ i ） $a>1$ のとき

$$x+\sqrt{x^2-1}$$
$$=\frac{1}{2}(a^{\frac{1}{2}}+a^{-\frac{1}{2}})+\frac{1}{2}(a^{\frac{1}{2}}-a^{-\frac{1}{2}})=a^{\frac{1}{2}}$$

（ ii ） $0<a<1$ のとき

$$x+\sqrt{x^2-1}$$
$$=\frac{1}{2}(a^{\frac{1}{2}}+a^{-\frac{1}{2}})+\frac{1}{2}(a^{-\frac{1}{2}}-a^{\frac{1}{2}})$$
$$=a^{-\frac{1}{2}}$$

（ i ），（ ii ）より **$a>1$ のとき a,**

$0<a<1$ のとき a^{-1}

65

$$y=2^{-x+1}+1$$
$$\Longleftrightarrow y-1=2^{-(x-1)}$$

より，$y=2^{-x}$ のグ
ラフを
x 軸方向に 1, y 軸
方向に 1 だけ平行移
動したもの.
そのグラフは右図.

66

$2^x=t$ $(t>0)$ とおくと，

$$2^{2x+3}=2^3\cdot 2^{2x}=8t^2$$

より，与えられた方程式は，

$$8t^2+7t-1=0$$
$$\therefore \quad (8t-1)(t+1)=0$$

$t>0$ だから，$t=2^x=\dfrac{1}{8}$

$$\therefore \quad x=-3$$

67

$2^x=X$, $3^y=Y$ $(X>0, Y>0)$
とおくと，与えられた連立方程式は

$$\begin{cases} X+Y=17 \\ XY=72 \end{cases}$$

よって，X, Y を解にもつ 2 次方程式は
（⇨**21**）

$$t^2-17t+72=0$$

すなわち，$(t-8)(t-9)=0$

$$\therefore \quad t=8, \ 9$$

$2^x<3^y$ より $\begin{cases} 2^x=8 \\ 3^y=9 \end{cases}$ $\therefore \begin{cases} \boldsymbol{x=3} \\ \boldsymbol{y=2} \end{cases}$

68

(1) $3^4<3^{x(x-3)}$，底$=3$ (>1) だから

$$4<x(x-3) \quad \therefore \quad x^2-3x-4>0$$
$$\therefore \quad (x-4)(x+1)>0$$
$$\therefore \quad \boldsymbol{x<-1, \ 4<x}$$

(2) $2^x=t$ $(t>0)$ とおくと，

$4^x=(2^x)^2=t^2$, $2^{x+1}=2t$, $2^{x+3}=8t$ より，

与式は $t^2-2t+16<8t$ となる.

$$t^2-10t+16<0$$
$$(t-2)(t-8)<0$$

$t>0$ だから

$2<t<8$ よって，$2^1<2^x<2^3$

底$=2$ (>1) より $\boldsymbol{1<x<3}$

69

(1) $(\log_{10}2)^2+(\log_{10}5)(\log_{10}4)$
$$\qquad\qquad +(\log_{10}5)^2$$
$$=(\log_{10}2)^2+2(\log_{10}5)(\log_{10}2)+(\log_{10}5)^2$$
$$=(\log_{10}2+\log_{10}5)^2$$
$$=\{\log_{10}(2\cdot5)\}^2=(\log_{10}10)^2=\boldsymbol{1}$$

(2) $\sqrt{2\pm\sqrt{3}}=\sqrt{\dfrac{4\pm2\sqrt{3}}{2}}$

$$=\dfrac{\sqrt{3}\pm1}{\sqrt{2}} \quad （複号同順）$$

よって，与式$=\log_2\sqrt{2}=\boldsymbol{\dfrac{1}{2}}$

70

(1) $\log_3 6=\dfrac{\log_2 6}{\log_2 3}=\dfrac{1}{\log_2 3}+1$,

$\log_2 6=\log_2 3+1$, $\log_3 2=\dfrac{1}{\log_2 3}$

より，

与式$=\left(\dfrac{1}{\log_2 3}+1-1\right)(\log_2 3+1)$

$$\qquad\qquad -\log_2 3-\dfrac{1}{\log_2 3}$$

$$=1+\frac{1}{\log_2 3}-\log_2 3-\frac{1}{\log_2 3}$$
$$=1-\log_2 3$$

(2) $B=\dfrac{\log_2 6}{\log_2 72}=\dfrac{\log_2 3+\log_2 2}{\log_2 9+\log_2 8}$
$=\dfrac{\log_2 3+1}{2\log_2 3+3}=\dfrac{A+1}{2A+3}$

$C=\dfrac{\log_2 12}{\log_2 144}=\dfrac{\log_2 3+\log_2 4}{\log_2 9+\log_2 16}$
$=\dfrac{\log_2 3+2}{2\log_2 3+4}=\dfrac{A+2}{2A+4}=\dfrac{1}{2}$

71

(1) $y=\log_{\frac{1}{3}}\dfrac{1}{x}$
$=\log_{\frac{1}{3}}x^{-1}$
$=-\log_{\frac{1}{3}}x$
より $y=\log_{\frac{1}{3}}x$
のグラフを x 軸
に関して対称移動したもの．上図．

(2) $y=\log_2(2x-4)$
$=\log_2 2(x-2)$
$=\log_2 2+\log_2(x-2)$
$=1+\log_2(x-2)$
より，$y=\log_2 x$
のグラフを x 軸
方向に 2，y 軸
方向に 1 だけ平
行移動したもの．
右図．

72

(1) 真数条件，底条件より，
$5x^2-6>0,\ x>0,\ x\neq 1$
∴ $\dfrac{\sqrt{30}}{5}<x$ ……①
このとき，$\log_x(5x^2-6)=\log_x x^4$
∴ $5x^2-6=x^4$
$(x^2-2)(x^2-3)=0$
$x^2=2,\ 3$
①より，$x=\sqrt{2},\ \sqrt{3}$

(2) 真数条件，底条件より，
$x>0,\ x\neq 1$ ……①
このとき，$\log_2 x+2\cdot\dfrac{\log_2 2}{\log_2 x}-3=0$
$\log_2 x+\dfrac{2}{\log_2 x}-3=0$
$\log_2 x=t$ とおくと，
$t^2-3t+2=0$ ∴ $(t-1)(t-2)=0$
∴ $\log_2 x=1,\ 2$ よって，$x=2,\ 4$
（これは①をみたす）

73

$\log_2 xy=\log_2 x+\log_2 y$,
$\log_4 y=\dfrac{\log_2 y}{\log_2 4}=\dfrac{1}{2}\log_2 y$ だから
$\log_2 x=X,\ \log_2 y=Y$ とおくと
与えられた連立方程式は $\begin{cases}X+Y=3\\XY=2\end{cases}$
よって，$X,\ Y$ を解にもつ 2 次方程式は
$t^2-3t+2=0$
すなわち，$(t-1)(t-2)=0$
∴ $t=1,\ 2$
よって，$\begin{cases}X=1\\Y=2\end{cases}$ または $\begin{cases}X=2\\Y=1\end{cases}$
すなわち，
$\begin{cases}\log_2 x=1\\\log_2 y=2\end{cases}$ または $\begin{cases}\log_2 x=2\\\log_2 y=1\end{cases}$
よって，$\begin{cases}x=2\\y=4\end{cases}$ または $\begin{cases}x=4\\y=2\end{cases}$

74

(1) $\log_2\sqrt{x}=\log_2 x^{\frac{1}{2}}=\dfrac{1}{2}\log_2 x$,
$\log_4 x=\dfrac{\log_2 x}{\log_2 4}=\dfrac{1}{2}\log_2 x$
よって，与えられた不等式は
$12\times\dfrac{1}{4}(\log_2 x)^2-\dfrac{7}{2}\log_2 x-10>0$
∴ $6(\log_2 x)^2-7\log_2 x-20>0$
$\log_2 x=t$ とおくと，
$6t^2-7t-20>0$,
$(3t+4)(2t-5)>0$

$\therefore \quad t < -\dfrac{4}{3}, \ \dfrac{5}{2} < t$

ゆえに，$\log_2 x < -\dfrac{4}{3}, \ \dfrac{5}{2} < \log_2 x$

$\therefore \quad \log_2 x < \log_2 2^{-\frac{4}{3}}, \ \log_2 2^{\frac{5}{2}} < \log_2 x$

底$=2$（>1）より

$x < 2^{-\frac{4}{3}}, \ 2^{\frac{5}{2}} < x$

x は自然数だから，$x \geqq 1$

$\therefore \quad x > \sqrt{32}$

$5 < \sqrt{32} < 6$ より，求める x は，**6**

(2) 真数条件より，$x > 0$

このとき，$2^0 < 2^{-2\log_{\frac{1}{2}} x} < 2^4$，

底$=2$（>1）より，$0 < -2\log_{\frac{1}{2}} x < 4$

$\therefore \quad -2 < \log_{\frac{1}{2}} x < 0$

$\therefore \quad \log_{\frac{1}{2}}\left(\dfrac{1}{2}\right)^{-2} < \log_{\frac{1}{2}} x < \log_{\frac{1}{2}} 1$

底$=\dfrac{1}{2}$（<1）より　$1 < x < \left(\dfrac{1}{2}\right)^{-2} = 4$

$\therefore \quad \boldsymbol{1 < x < 4}$（これは $x > 0$ をみたす）

75

$\log_{10} 18^{20} = 20(\log_{10} 2 + 2\log_{10} 3)$
$= 20 \times (0.3010 + 2 \times 0.4771) = 25.104$
$\qquad \therefore \quad 25 < \log_{10} 18^{20} < 26$

より，18^{20} は **26桁**の整数.

$\log_{10}\left(\dfrac{1}{6}\right)^{30} = -30(\log_{10} 2 + \log_{10} 3)$
$= -30 \times (0.3010 + 0.4771) = -23.343$
$\qquad \therefore \quad -24 < \log_{10}\left(\dfrac{1}{6}\right)^{30} < -23$

より，$\left(\dfrac{1}{6}\right)^{30}$ は**小数第24位**に初めて 0
でない数字が現れる.

76

(1) $2^{10} = 1024, \ 3^6 = 729, \ 3^7 = 2187$
より，$3^6 < 2^{10} < 3^7$　　　よって，$l = \boldsymbol{6}$

(2) $10A = 10\log_3 2 = \log_3 2^{10}$
ここで，(1)より，$3^6 < 2^{10} < 3^7$ だから，
$\log_3 3^6 < \log_3 2^{10} < \log_3 3^7$
$\qquad \therefore \quad 6 < 10A < 7$

よって，$10A$ の一の位の数字は **6**

(3) (2)より，$0.6 < A < 0.7$
よって，A の小数第1位の数字は **6**

77

(A) (1) $7^{8x} + 2401^{-2x}$
$\qquad = (49^x)^4 + (49^{-x})^4$

であり，
$49^{2x} + 49^{-2x} = (49^x + 49^{-x})^2 - 2 = a^2 - 2$
より
与式$= (49^{2x} + 49^{-2x})^2 - 2$
$\qquad = (a^2 - 2)^2 - 2 = \boldsymbol{a^4 - 4a^2 + 2}$

(2) $49^{2x} > 0, \ 49^{-2x} > 0$ だから，
相加平均$\geqq$相乗平均　より
$a^2 = 49^{2x} + 49^{-2x} + 2$
$\qquad \geqq 2\sqrt{49^{2x} \cdot 49^{-2x}} + 2 = 2 + 2 = 4$
$\therefore \quad a^2 \geqq 4$（等号は，$x = 0$ のとき成立）
そこで，$y = a^4 - 4a^2 + 2$ とおくと，
$\qquad y = (a^2 - 2)^2 - 2$
よって，$a^2 = 4$ のとき，すなわち
$x = 0$ のとき**最小値2**

(B) (1) $1 \leqq x \leqq 81$，底$=3$（>1）より，
$\log_3 1 \leqq \log_3 x \leqq \log_3 81$
$\qquad \therefore \quad 0 \leqq \log_3 x \leqq 4 \quad \therefore \quad \boldsymbol{0 \leqq t \leqq 4}$

(2) $f(x) = (\log_3 x)(\log_3 x - \log_3 9)$
$\qquad = (\log_3 x)(\log_3 x - 2)$
より，$y = t(t - 2)$ とおくと，
$\qquad y = (t - 1)^2 - 1$
(1)より，$t = 4$ すなわち $x = 81$ のとき
最大値8

78

$a^{10} = (2^{\frac{4}{5}})^{10} = 2^8 = 256$，
$b^{10} = (3^{\frac{1}{2}})^{10} = 3^5 = 243$
$\therefore \quad b^{10} < a^{10}$ すなわち，$b < a$ ……①
次に，$b^6 = (3^{\frac{1}{2}})^6 = 3^3 = 27$，
$\qquad c^6 = (4^{\frac{1}{3}})^6 = 4^2 = 16$
$\therefore \quad c^6 < b^6$ すなわち，$c < b$ ……②
①，②より，$a, \ b, \ c$ を小さい順に並べる

294 演習問題の解答 (㊐～�91)

と, c, b, a

79

$$\frac{3}{2}\log_3 2 = \frac{1}{2}\log_3 2^3 = \frac{1}{2}\times\log_3 8$$

ここで, $\log_3 8 < \log_3 9 = 2$ だから,

$$\frac{3}{2}\log_3 2 < 1$$

また,

$$2^{-0.3}\times 3^{0.2} = 2^{-\frac{3}{10}}\times 3^{\frac{2}{10}}$$

$$= (2^{-3}\times 3^2)^{\frac{1}{10}} = \left(\frac{9}{8}\right)^{\frac{1}{10}} > 1$$

よって, 小さい順に

$$\frac{3}{2}\log_3 2, \ 1, \ 2^{-0.3}\times 3^{0.2}$$

80

(1) $\displaystyle\lim_{x\to 0}\frac{1}{x}\cdot\frac{x}{x+1} = \lim_{x\to 0}\frac{1}{x+1} = 1$

(2) $\displaystyle\lim_{x\to a}\frac{(x-a)(x-a+1)}{x(x-a)}$

$$= \lim_{x\to a}\frac{x-a+1}{x} = \frac{1}{a}$$

81

$x\to 1$ のとき, 分母 $\to 0$
だから, 極限値が存在するためには,
$x\to 1$ のとき, 分子 $\to 0$
よって $-a-b-1 = 0$

$$\therefore \ a+b = -1$$

このとき,

$$x^2-(a+b)x-2 = x^2+x-2$$
$$= (x+2)(x-1)$$

$$\therefore \ \lim_{x\to 1}\frac{(x-1)(x+2)}{(x-1)(x+a)}$$

$$= \lim_{x\to 1}\frac{x+2}{x+a} = \frac{3}{a+1} = -\frac{1}{3}$$

よって, $a = -10$, $b = 9$
逆に, このとき,

$$\lim_{x\to 1}\frac{x^2+x-2}{x^2-11x+10} = \lim_{x\to 1}\frac{x+2}{x-10} = -\frac{1}{3}$$

となり, 確かに適する.

82

(1) $y' = (x^3)' - (2x^2)' + (4x)' - (2)'$
$\qquad = 3x^2-4x+4$

(2) $y' = 4\cdot 3(3x+2)^3 = 12(3x+2)^3$

83

$f'(x) = 3x^2+2ax+b$ だから
$\qquad f'(1) = 3+2a+b = 2$
$\qquad \therefore \ 2a+b = -1$ ……①
$\qquad f'(2) = 12+4a+b = 11$
$\qquad \therefore \ 4a+b = -1$ ……②
①, ②より, $a = 0$, $b = -1$

84

$$\frac{f(x_2)-f(x_1)}{x_2-x_1} = f'(x_3) \ より$$

$$\frac{a(x_2{}^2-x_1{}^2)+b(x_2-x_1)}{x_2-x_1} = 2ax_3+b$$

$$\therefore \ a(x_2+x_1)+b = 2ax_3+b$$
$$(\because \ x_1 \neq x_2)$$

$$\therefore \ x_3 = \frac{x_1+x_2}{2}$$

85

$f'(x) = 2x-4$, $f(1) = 2$, $f'(1) = -2$
より点 $(1, \ 2)$ における接線は
$\qquad y-2 = -2(x-1)$
$\qquad \therefore \ y = -2x+4$ ……①
$f(3) = 2$, $f'(3) = 2$ より点 $(3, \ 2)$ におけ
る接線は
$\qquad y-2 = 2(x-3)$
$\qquad \therefore \ y = 2x-4$ ……②
①, ②を連立させて解くと, $x = 2$, $y = 0$
よって, 求める交点は $(2, \ 0)$

86

接点を $T(t, \ t^2-4t+5)$ とおくと,
$f'(x) = 2x-4$ より T における接線は
$\qquad y-(t^2-4t+5) = (2t-4)(x-t)$
$\qquad \therefore \ y = (2t-4)x-t^2+5$

これが $(1, 0)$ を通るので,

$0=2t-4-t^2+5$ ∴ $t^2-2t-1=0$

∴ $t=1\pm\sqrt{2}$

よって, 求める接線の方程式は

$y=2(\sqrt{2}-1)x-2\sqrt{2}+2,$

$y=-2(\sqrt{2}+1)x+2\sqrt{2}+2$

87

$f(x)=ax^2+bx+c$ $(a\neq 0)$ とおくと,

$f'(x)=2ax+b$ だから, 与式に代入して

$(x-1)(2ax+b)=ax^2+bx+c+(x-1)^2$

∴ $2ax^2+(b-2a)x-b$

$=(a+1)x^2+(b-2)x+c+1$

これは, x についての恒等式だから, 係数を比較して

$2a=a+1$ ……①

$b-2a=b-2$ ……②

$-b=c+1$ ……③

①より $a=1$. また, $f'(1)=-1$ より,

$f'(1)=2+b=-1$ ∴ $b=-3$

③より $c=2$

∴ $f(x)=x^2-3x+2$

88

$f(x)=-2x^3+6x+2$ より

$f'(x)=-6x^2+6=-6(x-1)(x+1)$

x	$\cdots$	-1	$\cdots$	1	$\cdots$
$f'(x)$	$-$	0	$+$	0	$-$
$f(x)$	$\searrow$	-2	$\nearrow$	6	$\searrow$

よって, **極大値 6**

($x=1$ のとき)

極小値 -2

($x=-1$ のとき)

また, グラフは右図.

89

P の x 座標を t とおくと

$f(t)=g(t)$ かつ $f'(t)=g'(t)$ より

$\begin{cases} t^2+2=-t^2+at \\ 2t=-2t+a \end{cases}$

∴ $\begin{cases} 2t^2-at+2=0 & \cdots\cdots① \\ 4t=a & \cdots\cdots② \end{cases}$

①, ②より, $t^2=1$ ∴ $t=\pm 1$

$t=1$ のとき, $a=4$,

$t=-1$ のとき, $a=-4$

よって, $a=4$ のとき, $P(1, 3)$

$a=-4$ のとき, $P(-1, 3)$

90

$f(x)=x^3+3ax^2+3bx$ より,

$f'(x)=3x^2+6ax+3b$

$x=2$, 3 で極値をとるので,

$f'(2)=0$, $f'(3)=0$

∴ $\begin{cases} 12+12a+3b=0 & \cdots\cdots① \\ 27+18a+3b=0 & \cdots\cdots② \end{cases}$

①, ②より, $a=-\dfrac{5}{2}$, $b=6$

このとき, $f'(x)=3(x-2)(x-3)$ となり, 確かに適する.

$f(x)=x^3-\dfrac{15}{2}x^2+18x$ より,

$f(2)=14$, $f(3)=\dfrac{27}{2}$

よって, **極大値 14, 極小値 $\dfrac{27}{2}$**

91

(1) $f(x)=x^3-3ax^2+3x-1$ より

$f'(x)=3x^2-6ax+3=3(x^2-2ax+1)$

よって, $f(x)$ が極値をもつとき,

$x^2-2ax+1=0$ が異なる2つの実数解をもてばよい. 判別式をDとすると

$\dfrac{D}{4}=a^2-1=(a-1)(a+1)>0$

∴ $a<-1, 1<a$

(2) $x=2$ で極小となるので,

$f'(2)=0$ ∴ $4-4a+1=0$

∴ $a=\dfrac{5}{4}$

このとき $f(x)=x^3-\dfrac{15}{4}x^2+3x-1$

より,

$f'(x) = \dfrac{3}{2}(2x-1)(x-2)$ となり

$x=2$ で極小, $x=\dfrac{1}{2}$ で極大.

$f(2)=-2$, $f\left(\dfrac{1}{2}\right)=-\dfrac{5}{16}$ より,

$a=\dfrac{5}{4}$, 極小値 -2, 極大値 $-\dfrac{5}{16}$

92

$f(x)=(x+1)^2(x-2)=x^3-3x-2$ より

$f'(x)=3x^2-3=3(x-1)(x+1)$

よって, $-1 \leqq x \leqq 4$ において, $f(x)$ の増減は表のようになる.

x	-1	$\cdots$	1	$\cdots$	4
$f'(x)$	0	$-$	0	$+$	
$f(x)$	0	↘	-4	↗	50

よって, $-1 \leqq x \leqq 4$ において
最大値 50 ($x=4$ のとき),
最小値 -4 ($x=1$ のとき)

93

$V = \dfrac{1}{3} \cdot \pi r^2 \cdot h$

$= \dfrac{\pi}{3} r^2 (a-r)$

$= \dfrac{\pi}{3} ar^2 - \dfrac{\pi}{3} r^3$

$V' = \dfrac{2}{3}\pi ar - \pi r^2 = \pi r\left(\dfrac{2}{3}a - r\right)$

ここで, $h=a-r>0$ より
$\quad 0<r<a$

よって, V の増減は表のようになる.

r	0	$\cdots$	$\dfrac{2}{3}a$	$\cdots$	a
V'	0	$+$	0	$-$	
V		↗	最大	↘	

よって, $r=\dfrac{2}{3}a$ のとき

最大値 $\dfrac{4\pi}{81}a^3$

94

$x^3-4x+a=0$ ……①

$\iff x^3-4x=-a$

より $\begin{cases} y=x^3-4x & \cdots\cdots ② \\ y=-a & \cdots\cdots ③ \end{cases}$

のグラフで考える. ②の右辺を $f(x)$ とおく.

$f'(x)=3x^2-4=(\sqrt{3}\,x-2)(\sqrt{3}\,x+2)$

より②のグラフは次図のようになる.

①の解がすべて実数となるには, ②と③のグラフが接するときも含めて 3 点で交わればよいので $-\dfrac{16}{3\sqrt{3}} \leqq -a \leqq \dfrac{16}{3\sqrt{3}}$

$\therefore \ -\dfrac{16\sqrt{3}}{9} \leqq a \leqq \dfrac{16\sqrt{3}}{9}$

95

(1) $y'=3x^2-6$ より, $T(t, t^3-6t)$ における接線は
$y-(t^3-6t)=(3t^2-6)(x-t)$
$\therefore \ y=(3t^2-6)x-2t^3$

(2) (1)で求めた接線は $A(2, p)$ を通るので $p=6t^2-12-2t^3$
$\therefore \ p=-2t^3+6t^2-12$ ……①

(3) 点Aから 3 本の接線が引けるので, ①は異なる 3 つの実数解をもつ.
①より, $2t^3-6t^2+12+p=0$ だから
$f(t)=2t^3-6t^2+12+p$ とおくとき,
$f(t)$ は極大値, 極小値をもち,
(極大値)×(極小値)<0
が成りたつ.

$f'(t)=6t^2-12t=6t(t-2)$

より $f(0)f(2)<0$ であればよいので,

$(12+p)(4+p)<0$

$\therefore\quad -12<p<-4$

96

$f(x)=(x+2)^3-27x$ とおくと

$f'(x)=3(x+2)^2-27=3(x+5)(x-1)$

$f'(x)=0$ より, $x=-5$, 1

よって, $f(x)$ の増減は表のようになる.

x	0	$\cdots$	1	$\cdots$
$f'(x)$		$-$	0	$+$
$f(x)$		$\searrow$	0	$\nearrow$

よって, $x=1$ で

最小値 0

$\therefore\quad f(x)\geqq 0$

すなわち,

$(x+2)^3\geqq 27x$

$(x>0$ のとき$)$

97

$f(x)=x^3-\dfrac{3}{2}(a+2)x^2+6ax+a$

とおくと

$f'(x)=3x^2-3(a+2)x+6a$

$\qquad =3(x-2)(x-a)$

$0<a<2$ だから, $x\geqq 0$ において, $f(x)$

の増減は表のようになる.

x	0	$\cdots$	a	$\cdots$	2	$\cdots$
$f'(x)$		$+$	0	$-$	0	$+$
$f(x)$	a	$\nearrow$		$\searrow$	$7a-4$	$\nearrow$

最小値 $\geqq 0$ であればよいので, $a>0$ よ

り $7a-4\geqq 0$ $\qquad \therefore\quad \dfrac{4}{7}\leqq a<2$

98

(1) $\displaystyle\int (x^2-x+3)\,dx$

$\qquad =\dfrac{1}{3}x^3-\dfrac{1}{2}x^2+3x+C$

(2) $\displaystyle\int (x+2)^2\,dx=\dfrac{1}{3}(x+2)^3+C$

(3) $\displaystyle\int (3x-1)^2\,dx=\dfrac{1}{3}\cdot\dfrac{1}{3}(3x-1)^3+C$

$\qquad =\dfrac{1}{9}(3x-1)^3+C$

$\qquad\qquad$ （C はいずれも積分定数）

99

$f'(x)=3x^2-2x+1$ より,

$f(x)=x^3-x^2+x+C$ （C：積分定数）

$f(-1)=3$ より, $-1-1-1+C=3$

$\qquad \therefore\quad C=6$

よって, $f(x)=x^3-x^2+x+6$

100

(1) $\displaystyle\int_{-1}^{1}(6x^2-x+2)\,dx$

$\quad =\left[2x^3-\dfrac{x^2}{2}+2x\right]_{-1}^{1}$

$\quad =\left(2-\dfrac{1}{2}+2\right)-\left(-2-\dfrac{1}{2}-2\right)=8$

注 実際には

$\qquad \displaystyle\int_{-1}^{1}(6x^2-x+2)\,dx=2\int_{0}^{1}(6x^2+2)\,dx$

$\quad =2\left[2x^3+2x\right]_{0}^{1}=2(2+2)=8$

を計算するのと同じ結果である.

(2) $\displaystyle\int_{0}^{2}(x-3)^2\,dx=\left[\dfrac{(x-3)^3}{3}\right]_{0}^{2}$

$\quad =-\dfrac{1}{3}-\left(-\dfrac{27}{3}\right)=\dfrac{26}{3}$

(3) $\displaystyle\int_{-2}^{3}(x-1)(x+2)\,dx$

$\quad =\displaystyle\int_{-2}^{3}\{(x+2)-3\}(x+2)\,dx$

$\quad =\displaystyle\int_{-2}^{3}\{(x+2)^2-3(x+2)\}\,dx$

$\quad =\left[\dfrac{(x+2)^3}{3}-\dfrac{3}{2}(x+2)^2\right]_{-2}^{3}$

$\quad =\dfrac{125}{3}-\dfrac{75}{2}=\dfrac{25}{6}$

(4) $\alpha=1-\sqrt{2}$, $\beta=1+\sqrt{2}$ とおくと,

α, β は $x^2-2x-1=0$ の解より

$$\int_{1-\sqrt{2}}^{1+\sqrt{2}} (x^2-2x-1)\,dx$$

$$=\int_{\alpha}^{\beta}(x-\alpha)(x-\beta)\,dx=-\frac{1}{6}(\beta-\alpha)^3$$

$$(\because \boxed{100}(2))$$

$$=-\frac{1}{6}\{(1+\sqrt{2})-(1-\sqrt{2})\}^3$$

$$=-\frac{8}{3}\sqrt{2}$$

101

(1) $|x^2+x-2|=|(x+2)(x-1)|$

$$=\begin{cases} x^2+x-2 & (1\leqq x\leqq 2) \\ -(x^2+x-2) & (-2\leqq x\leqq 1) \end{cases}$$

$$\therefore \quad \int_{-2}^{2}|x^2+x-2|\,dx$$

$$=-\int_{-2}^{1}(x^2+x-2)\,dx$$

$$\qquad\qquad +\int_{1}^{2}(x^2+x-2)\,dx$$

$$=-\left[\frac{x^3}{3}+\frac{x^2}{2}-2x\right]_{-2}^{1}$$

$$\quad +\left[\frac{x^3}{3}+\frac{x^2}{2}-2x\right]_{1}^{2}$$

$$=-2\left(\frac{1}{3}+\frac{1}{2}-2\right)+\left(-\frac{8}{3}+2+4\right)$$

$$\quad +\left(\frac{8}{3}+2-4\right)=\frac{19}{3}$$

(2) (i) $0<a\leqq 1$ のとき

$$|(x-a)(x-1)|$$

$$=\begin{cases} (x-a)(x-1) & (-1\leqq x\leqq a) \\ -(x-a)(x-1) & (a\leqq x\leqq 1) \end{cases}$$

$$\therefore \quad \int_{-1}^{1}|(x-a)(x-1)|\,dx$$

$$=\int_{-1}^{a}(x-a)(x-1)\,dx$$

$$\qquad\qquad -\int_{a}^{1}(x-a)(x-1)\,dx$$

$$=\int_{-1}^{a}\{(x-a)^2+(a-1)(x-a)\}\,dx$$

$$\qquad -\int_{a}^{1}\{(x-a)^2+(a-1)(x-a)\}\,dx$$

$$=\left[\frac{(x-a)^3}{3}+(a-1)\cdot\frac{(x-a)^2}{2}\right]_{-1}^{a}$$

$$\quad -\left[\frac{(x-a)^3}{3}+(a-1)\cdot\frac{(x-a)^2}{2}\right]_{a}^{1}$$

$$=\frac{(a+1)^3}{3}-\frac{(a-1)(a+1)^2}{2}$$

$$\quad -\left\{-\frac{(a-1)^3}{3}+\frac{(a-1)^3}{2}\right\}$$

$$=\frac{-a^3+3a^2+3a+3}{3}$$

(ii) $1<a$ のとき

$$|(x-a)(x-1)|=(x-a)(x-1)$$

$$(-1\leqq x\leqq 1)\ \text{より}$$

$$\therefore \quad \int_{-1}^{1}|(x-a)(x-1)|\,dx$$

$$=\int_{-1}^{1}\{x^2-(a+1)x+a\}\,dx$$

$$=2\int_{0}^{1}(x^2+a)\,dx$$

$$=2\left(\frac{1}{3}+a\right)$$

$$=2a+\frac{2}{3}$$

102

(1) $x=a$ を両辺に代入すると,

$$0=a^2-2a-3$$

$$\therefore \quad (a-3)(a+1)=0$$

$a>0$ より, $a=3$

また, 両辺を x で微分して,

$$f(x)=2x-2$$

(2) $f(x)=\displaystyle\int_{1}^{x}(t^2-3t-4)\,dt$ $\qquad$ ……①

①の両辺を x で微分すると,

$$f'(x)=x^2-3x-4$$

$$\therefore \quad f(x)=\int(x^2-3x-4)\,dx$$

$$=\frac{x^3}{3}-\frac{3}{2}x^2-4x+C$$

とおける. ここで, ①の両辺に $x=1$

を代入すると, $f(1)=0$

$$\therefore \quad f(1)=\frac{1}{3}-\frac{3}{2}-4+C=C-\frac{31}{6}=0$$

$$\therefore \quad C=\frac{31}{6}$$

よって，$f(x)=\dfrac{x^3}{3}-\dfrac{3}{2}x^2-4x+\dfrac{31}{6}$

103

$\int_0^3 f(t)dt=a$ （a：定数）とおくと，
$f(x)=2x^2+ax-5$
$\therefore\ a=\int_0^3 f(t)dt=\int_0^3(2t^2+at-5)dt$
$\qquad =3+\dfrac{9}{2}a$

よって，$a=-\dfrac{6}{7}$
$\therefore\ f(x)=2x^2-\dfrac{6}{7}x-5$

104

$x^2-2x-1=0$ を解くと
$\quad x=1\pm\sqrt{2}$
よって S は右図の色の部分の面積．
$\therefore\ S=-\int_{1-\sqrt{2}}^{1+\sqrt{2}}(x^2-2x-1)dx$
$\quad =\dfrac{1}{6}\{(1+\sqrt{2})-(1-\sqrt{2})\}^3=\dfrac{8\sqrt{2}}{3}$

105

(1) $x^2=x+2$ を解くと $x^2-x-2=0$
$\therefore\ (x-2)(x+1)=0$
$\therefore\ x=2,\ -1$
よって求める交点は，
$(2,\ 4),\ (-1,\ 1)$

(2) (1)より，求める面積 S は右図の色の部分．
$\therefore\ S=\int_{-1}^{2}\{(x+2)-x^2\}dx$
$\quad =-\int_{-1}^{2}(x^2-x-2)dx$
$\quad =-\left[\dfrac{1}{3}x^3-\dfrac{1}{2}x^2-2x\right]_{-1}^{2}$

$\quad =\left(-\dfrac{1}{3}-\dfrac{1}{2}+2\right)-\left(\dfrac{8}{3}-2-4\right)=\dfrac{9}{2}$

106

(1) $2x^2-3x-5=|x^2-x-2|$ ……①
を解く．①の右辺は 0 以上であることより
$\quad 2x^2-3x-5\geqq 0$
$\quad (2x-5)(x+1)\geqq 0$
$\quad \therefore\ x\leqq -1,\ \dfrac{5}{2}\leqq x$ ……②
②のとき，①は
$\quad 2x^2-3x-5=x^2-x-2$ ……③
または
$\quad 2x^2-3x-5=-(x^2-x-2)$ ……④
となる．
③より $x^2-2x-3=0$
$\quad (x+1)(x-3)=0$
$\quad x=-1,\ 3$
これらは②をみたす．
④より $3x^2-4x-7=0$
$\quad (3x-7)(x+1)=0$
$\quad x=-1,\ \dfrac{7}{3}$
②をみたすのは $x=-1$
以上より①の解は $x=-1,\ 3$

(2) (1)より 2 つの曲線の交点は
$(-1,\ 0),\ (3,\ 4)$
$|x^2-x-2|$
$=\begin{cases}-(x^2-x-2)\\ \quad(-1\leqq x\leqq 2)\\ x^2-x-2\\ \quad(2\leqq x\leqq 3)\end{cases}$

よって，求める面積 S は右図の色の部分．
$\therefore\ S=\int_{-1}^{2}\{-(x^2-x-2)$
$\qquad\qquad -(2x^2-3x-5)\}dx$
$\qquad +\int_{2}^{3}\{(x^2-x-2)$
$\qquad\qquad -(2x^2-3x-5)\}dx$

$$= -\int_{-1}^{2}(x+1)(3x-7)\,dx$$
$$\qquad -\int_{2}^{3}(x-3)(x+1)\,dx$$
$$= -\int_{-1}^{2}\{3(x+1)^2-10(x+1)\}\,dx$$
$$\qquad -\int_{2}^{3}\{(x-3)^2+4(x-3)\}\,dx$$
$$= -\left[(x+1)^3-5(x+1)^2\right]_{-1}^{2}$$
$$\qquad -\left[\frac{(x-3)^3}{3}+2(x-3)^2\right]_{2}^{3}$$
$$= -(27-45)-\left(\frac{1}{3}-2\right)=\frac{59}{3}$$

107

(1) $4-x^2=a-x$
を整理して，$x^2-x+a-4=0$ ……③
③の判別式をDとすると，
$D=1-4(a-4)=17-4a$
①，②が異なる2点で交わる条件は
$17-4a>0$
∴ $a<\dfrac{17}{4}$

(2) 右図の色の部分が面積Sを表すので，③の2解をα，β $(\alpha<\beta)$ とすると

$$S=\int_{\alpha}^{\beta}\{(4-x^2)-(a-x)\}\,dx$$
$$=-\int_{\alpha}^{\beta}(x-\alpha)(x-\beta)\,dx$$
$$=\frac{(\beta-\alpha)^3}{6}=\frac{4}{3}$$
∴ $(\beta-\alpha)^3=8$
$(\beta-\alpha)^2=D=4$ より
$17-4a=4$
∴ $a=\dfrac{13}{4}$

108

(1) ①上の点 $(t,\ t^2-6t+4)$ における接線は，$y'=2x-6$ より
$y-(t^2-6t+4)=(2t-6)(x-t)$
∴ $y=2(t-3)x-t^2+4$
これが原点を通るので，
$0=-t^2+4$
∴ $t=\pm 2$
求める接線は，
$y=-2x,$
$y=-10x$

(2) 右図の色の部分が求める面積Sで，

$$S=\int_{-2}^{0}\{(x^2-6x+4)-(-10x)\}\,dx$$
$$\qquad +\int_{0}^{2}\{(x^2-6x+4)-(-2x)\}\,dx$$
$$=\int_{-2}^{0}(x+2)^2\,dx+\int_{0}^{2}(x-2)^2\,dx$$
$$=\left[\frac{(x+2)^3}{3}\right]_{-2}^{0}+\left[\frac{(x-2)^3}{3}\right]_{0}^{2}$$
$$=\frac{8}{3}+\frac{8}{3}=\frac{16}{3}$$

109

(1) $f(x)=x^2+ax+b$ より，
$f'(x)=2x+a$
$f(1)=1,\ f'(1)=0$ より，
$\begin{cases}1+a+b=1\\2+a=0\end{cases}$ ∴ $\begin{cases}a=-2\\b=2\end{cases}$

(2) 円 $C:(x-1)^2+(y-1)^2=2$

$$S=\int_{0}^{2}(x^2-2x+2)\,dx$$

$$+3\left\{\frac{\pi}{4}\times(\sqrt{2})^2-\frac{1}{2}\cdot2\cdot1\right\}$$

$$=\left[\frac{x^3}{3}-x^2+2x\right]_0^2+3\left(\frac{\pi}{2}-1\right)$$

$$=\frac{3}{2}\pi-\frac{1}{3}$$

110

(1) $a+7d=22$ ……①

   $a+19d=-14$ ……②

   ①，②より，$d=-3$，$a=43$

(2) $a_n=43-3(n-1)=46-3n$

   $a_n>0$ より，$n<\dfrac{46}{3}$

   n は自然数だから，

   $1\leqq n\leqq15$

111

(1) $a+4d=84$ ……①

   $a+19d=-51$ ……②

   ①，②より，$d=-9$，$a=120$

(2) $a_n=120-9(n-1)=129-9n$

   $S_n=\dfrac{n}{2}(120+129-9n)$

   $\qquad=\dfrac{n(249-9n)}{2}$

(3) $a_n>0\Longleftrightarrow n<\dfrac{129}{9}$

   よって，a_1～a_{14} までは正で，a_{15} 以後
   はすべて負だから，

   $n=14$ のとき，S_n が最大で，最大値
   は，

   $S_{14}=\dfrac{14(249-9\times14)}{2}=861$

112

(1) $a_3=125\div5=25$，

   $a_5=504\div9=56$

   であるから，初項を a，公差を d とす
   ると

   $a+2d=25$ ……①

   $a+4d=56$ ……②

①，②より，$d=\dfrac{31}{2}$，$a=-6$

(2) $a_n=-6+\dfrac{31}{2}(n-1)=\dfrac{31}{2}n-\dfrac{43}{2}$

   であるから $a_{10}=\dfrac{267}{2}$，$a_{20}=\dfrac{577}{2}$ より，

   $a_{10}+a_{11}+\cdots+a_{20}=\dfrac{11}{2}(a_{10}+a_{20})=2321$

113

2 でわると 1 余り，3 でわると 2 余る自
然数は，6 でわると 1 不足する自然数だ
から，小さい順に，5，11，17，… と並ん
でおり，これは等差数列を表すので，一
般項は

$\qquad5+6(n-1)=6n-1$ $(n=1,\ 2,\ \cdots)$

$6n-1\leqq100$ より，$n\leqq16$

よって，初項 5，公差 6，項数 16 である．

114

(1) $\qquad ar=4$ ……①

   $\qquad ar^5=64$ ……②

   となり，②÷① より $r^2=4$

   $\qquad\therefore\ r=\pm2$，$a=\pm2$ （複号同順）

(2) $r=2$ のとき，

   $\qquad S_n=\dfrac{2(1-2^n)}{1-2}=2^{n+1}-2$

   $r=-2$ のとき，

   $\qquad S_n=\dfrac{-2\{1-(-2)^n\}}{1-(-2)}$

   $\qquad\quad=-\dfrac{(-2)^{n+1}+2}{3}$

115

$\qquad a(1+r+r^2)=80$ ……①

$\qquad a(r^3+r^4+r^5)=640$ ……②

②÷① より $r^3=8$

$\qquad\therefore\ r=2$

116

$\alpha<0$，$\beta>0$，$\alpha\beta<0$ より，3 数が等比数
列をなすとき，β が等比中項であるから

302 演習問題の解答 (⑰〜⑱)

$\beta^2 = \alpha^2\beta$

$\therefore \quad \beta = \alpha^2 \qquad \cdots\cdots① \quad (\because \quad \beta \neq 0)$

また，等差数列をなすとき，等差中項は $\alpha\beta$ または α

$\therefore \quad 2\alpha\beta = \alpha + \beta \qquad \cdots\cdots②$

または $\quad 2\alpha = \alpha\beta + \beta \qquad \cdots\cdots③$

①，②より $\quad (\alpha, \beta) = \left(-\dfrac{1}{2}, \ \dfrac{1}{4}\right)$

①，③より $\quad (\alpha, \beta) = (-2, \ 4)$

117

与えられた数列の一般項は，

$1 + 3 + 5 + \cdots + (2n-1) = n^2$

よって，求める数列の和を S とすると，

$S = \displaystyle\sum_{k=1}^{n} k^2 = \dfrac{1}{6}n(n+1)(2n+1)$

118

与えられた数列の一般項は，

$1 + (-3) + (-3)^2 + \cdots + (-3)^{n-1}$

$= \dfrac{1-(-3)^n}{1-(-3)} = \dfrac{1}{4}\{1-(-3)^n\}$

よって，求める数列の和を S とすると，

$S = \displaystyle\sum_{k=1}^{n} \dfrac{1}{4}\{1-(-3)^k\}$

$\quad = \dfrac{1}{4}\left\{\displaystyle\sum_{k=1}^{n} 1 - \sum_{k=1}^{n}(-3)^k\right\}$

$\quad = \dfrac{1}{4}\left[n - \dfrac{(-3)\{1-(-3)^n\}}{1-(-3)}\right]$

$\quad = \dfrac{1}{16}\{4n + 3 + (-3)^{n+1}\}$

119

与えられた数列の一般項は，

$\dfrac{1}{(2n-1)(2n+1)} = \dfrac{1}{2}\left(\dfrac{1}{2n-1} - \dfrac{1}{2n+1}\right)$

よって，求める数列の和を S とすると，

$S = \displaystyle\sum_{k=1}^{n} \dfrac{1}{(2k-1)(2k+1)}$

$\quad = \displaystyle\sum_{k=1}^{n} \dfrac{1}{2}\left(\dfrac{1}{2k-1} - \dfrac{1}{2k+1}\right)$

$= \dfrac{1}{2}\left\{\left(1 - \dfrac{1}{3}\right) + \left(\dfrac{1}{3} - \dfrac{1}{5}\right) + \cdots\right.$

$\left. \quad + \left(\dfrac{1}{2n-1} - \dfrac{1}{2n+1}\right)\right\}$

$= \dfrac{1}{2}\left(1 - \dfrac{1}{2n+1}\right) = \dfrac{n}{2n+1}$

120

(1) $S = 1\cdot2^1 + 3\cdot2^2 + 5\cdot2^3 + \cdots$
$\qquad\qquad\qquad + (2n-1)\cdot2^n$

$\quad 2S = 1\cdot2^2 + 3\cdot2^3 + \cdots$
$\qquad\qquad + (2n-3)\cdot2^n + (2n-1)\cdot2^{n+1}$

$\quad \therefore \quad S - 2S$

$\quad = 2 + 2\cdot2^2 + \cdots + 2\cdot2^n - (2n-1)\cdot2^{n+1}$

$\quad = 2(2^{n+1}-1) - 4 - (2n-1)\cdot2^{n+1}$

$\quad = -6 - (2n-3)\cdot2^{n+1}$

$\quad \therefore \quad S = (2n-3)\cdot2^{n+1} + 6$

(2) $T = 1\cdot2^1 + 2\cdot2^3 + 3\cdot2^5 + \cdots + n\cdot2^{2n-1}$

$\quad 2^2 T = 1\cdot2^3 + 2\cdot2^5 + \cdots$
$\qquad\qquad + (n-1)\cdot2^{2n-1} + n\cdot2^{2n+1}$

$\quad \therefore \quad T - 2^2 T$

$\quad = 2^1 + 2^3 + 2^5 + \cdots + 2^{2n-1} - n\cdot2^{2n+1}$

$\quad = \dfrac{2(1-4^n)}{1-4} - n\cdot2^{2n+1}$

$\quad = -\dfrac{2}{3} - \left(n - \dfrac{1}{3}\right)\cdot2^{2n+1}$

$\quad \therefore \quad T = \dfrac{2}{9} + \left(\dfrac{n}{3} - \dfrac{1}{9}\right)\cdot2^{2n+1}$

121

(1) 与えられた数列の階差数列をとると，

$\quad 1, \ 4, \ 7, \ 10, \ \cdots$

となり，初項 1，公差 3 の等差数列である．

よって，求める数列の一般項は，$n \geq 2$ のとき

$1 + \displaystyle\sum_{k=1}^{n-1}(3k-2) = 1 + \dfrac{(n-1)(1+3n-5)}{2}$

$\qquad\qquad\qquad = \dfrac{3n^2 - 7n + 6}{2}$

これは $n = 1$ のときも成立．

次に初項から第 n 項までの和は

$$\sum_{k=1}^{n} \frac{3k^2 - 7k + 6}{2}$$
$$= \frac{3}{2}\sum_{k=1}^{n} k^2 - \frac{7}{2}\sum_{k=1}^{n} k + \sum_{k=1}^{n} 3$$
$$= \frac{1}{4}n(n+1)(2n+1) - \frac{7}{4}n(n+1) + 3n$$
$$= \frac{1}{2}n(n^2 - 2n + 3)$$

(2) 与えられた数列の階差数列をとると，
　　$1,\ 3,\ 9,\ 27,\ \cdots$
となり，初項 1，公比 3 の等比数列である．

よって，求める数列の一般項は，$n \geq 2$ のとき
$$1 + \sum_{k=1}^{n-1} 3^{k-1} = 1 + \frac{1 - 3^{n-1}}{1 - 3} = \frac{3^{n-1}}{2} + \frac{1}{2}$$
これは，$n = 1$ のときも成立．次に初項から第 n 項までの和は，
$$\sum_{k=1}^{n}\left(\frac{3^{k-1}}{2} + \frac{1}{2}\right) = \sum_{k=1}^{n}\frac{1}{2}\cdot 3^{k-1} + \sum_{k=1}^{n}\frac{1}{2}$$
$$= \frac{\frac{1}{2}(1 - 3^n)}{1 - 3} + \frac{1}{2}n = \frac{3^n}{4} - \frac{1}{4} + \frac{1}{2}n$$

122

$a_{n+1} - a_n = 2^{n-1}$ より，$\{a_n\}$ の階差数列の一般項は 2^{n-1}
よって，$n \geq 2$ のとき，
$$a_n = 1 + \sum_{k=1}^{n-1} 2^{k-1} = 1 + \frac{1 - 2^{n-1}}{1 - 2} = 2^{n-1}$$
これは，$n = 1$ のときも成立．
$$\therefore \quad a_n = 2^{n-1}$$

123

与えられた漸化式は，$a_{n+1} + 3 = 2(a_n + 3)$ と変形できるので，
$$a_n + 3 = 2^{n-1}(a_1 + 3) = 2^{n+1}$$
よって，$a_n = 2^{n+1} - 3$

124

(1) $a_n = b_n - \alpha n - \beta,$
　　$a_{n+1} = b_{n+1} - \alpha(n+1) - \beta$

を代入すると
$$b_{n+1} = 3b_n - 2(\alpha + 3)n + \alpha - 2\beta - 5$$
となり，これが等比数列の漸化式となるためには，
$$\alpha + 3 = 0, \quad \alpha - 2\beta - 5 = 0$$
$$\therefore \quad \alpha = -3, \quad \beta = -4$$

(2) $b_{n+1} = 3b_n$ より，
$$b_n = b_1 \cdot 3^{n-1} = 5 \cdot 3^{n-1}$$

(3) $a_n = b_n + 3n + 4 = 5 \cdot 3^{n-1} + 3n + 4$

125

(1) 与えられた漸化式の両辺を 3^{n+1} でわると，
$$\frac{a_{n+1}}{3^{n+1}} = \frac{a_n}{3^n} + \frac{1}{3}\cdot\left(\frac{2}{3}\right)^n$$
$$\therefore \quad b_{n+1} = b_n + \frac{1}{3}\left(\frac{2}{3}\right)^n$$

(2) $b_{n+1} - b_n = \frac{1}{3}\left(\frac{2}{3}\right)^n$ より，

$\{b_n\}$ の階差数列の一般項は，$\frac{1}{3}\left(\frac{2}{3}\right)^n$

よって，$n \geq 2$ のとき，
$$b_n = b_1 + \sum_{k=1}^{n-1}\frac{1}{3}\cdot\left(\frac{2}{3}\right)^k$$
$$= \frac{a_1}{3} + \frac{\frac{2}{9}\left\{1 - \left(\frac{2}{3}\right)^{n-1}\right\}}{1 - \frac{2}{3}}$$
$$= 1 + \frac{2}{3}\left\{1 - \left(\frac{2}{3}\right)^{n-1}\right\}$$
$$= \frac{5}{3} - \left(\frac{2}{3}\right)^n$$

これは，$n = 1$ のときも成立．

(3) $a_n = 3^n b_n = 3^n\left\{\frac{5}{3} - \left(\frac{2}{3}\right)^n\right\}$
$$= 5 \cdot 3^{n-1} - 2^n$$

126

(1) 与式より　$a_{n+1} = 1 + \dfrac{1}{3 - a_n}$
$$\cdots\cdots ①$$
また，$\dfrac{1}{a_n - 2} = b_n$ より，$a_n = 2 + \dfrac{1}{b_n}$

304 演習問題の解答（⑰〜⑬）

よって，①に代入すると，

$$2+\frac{1}{b_{n+1}}=1+\frac{1}{1-\frac{1}{b_n}}$$

$$\therefore \quad \frac{1}{b_{n+1}}=\frac{1}{b_n-1}$$

$$\therefore \quad \boldsymbol{b_{n+1}=b_n-1}$$

(2) $b_{n+1}-b_n=-1$ より $\{b_n\}$ は初項 -1，公差 -1 の等差数列である．
よって，$b_n=-1-(n-1)=\boldsymbol{-n}$

(3) $\dfrac{1}{a_n-2}=-n$ より

$$a_n=2+\frac{1}{-n}=\frac{\boldsymbol{2n-1}}{\boldsymbol{n}}$$

127

(1) (i) $T_n=S_n+\alpha n+\beta$ とおき，与式に代入すると

$$T_{n+1}-\alpha(n+1)-\beta-3(T_n-\alpha n-\beta)$$
$$=n+1$$

$$\therefore \quad T_{n+1}-3T_n+(2\alpha-1)n-\alpha+2\beta-1$$
$$=0$$

ここで $2\alpha-1=0$，$-\alpha+2\beta-1=0$ をみたす α，β を考えると，

$$\alpha=\frac{1}{2},\ \beta=\frac{3}{4}$$

そこで $T_n=S_n+\dfrac{1}{2}n+\dfrac{3}{4}$ と定めると

$$T_{n+1}=3T_n$$

$$\therefore \quad T_n=\left(S_1+\frac{1}{2}\cdot 1+\frac{3}{4}\right)\cdot 3^{n-1}$$

$$=\frac{9}{4}\cdot 3^{n-1}$$

よって，

$$S_n=T_n-\frac{1}{2}n-\frac{3}{4}=\frac{9}{4}\cdot 3^{n-1}-\frac{1}{2}n-\frac{3}{4}$$

$$=\frac{\boldsymbol{1}}{\boldsymbol{4}}(3^{n+1}-2n-3)$$

(ii) $n\geqq 2$ のとき，

$$a_n=S_n-S_{n-1}=\frac{\boldsymbol{1}}{\boldsymbol{2}}\cdot 3^n-\frac{\boldsymbol{1}}{\boldsymbol{2}}$$

これは，$n=1$ のときも成立．

(2) (i) $n\geqq 2$ のとき，

$$\sum_{k=1}^{n}ka_k-\sum_{k=1}^{n-1}ka_k=na_n$$

であるから $na_n=n^2a_n-(n-1)^2a_{n-1}$
よって，$n\neq 1$ だから

$$a_n=\frac{\boldsymbol{n-1}}{\boldsymbol{n}}a_{n-1}\quad(n\geqq 2)$$

(ii) $b_n=na_n$ とすると，(i)より

$$b_n=b_{n-1}=\cdots=b_1=1\cdot a_1=1$$

$$\therefore \quad a_n=\frac{1}{n}$$

これは，$n=1$ のときも成立．

128

(1) $a_{n+2}-\alpha a_{n+1}=\beta(a_{n+1}-\alpha a_n)$
より $a_{n+2}=(\alpha+\beta)a_{n+1}-\alpha\beta a_n$
与えられた漸化式と係数を比較して，

$$\alpha+\beta=3,\ \alpha\beta=2$$

$$\therefore \quad (\alpha,\ \beta)=(\boldsymbol{1},\ \boldsymbol{2}),\ (\boldsymbol{2},\ \boldsymbol{1})$$

(2) $(\alpha,\ \beta)=(1,\ 2)$ として

$$a_{n+2}-a_{n+1}=2(a_{n+1}-a_n)$$

$$\therefore \quad a_{n+1}-a_n=(a_2-a_1)2^{n-1}=2^{n-1}$$

$n\geqq 2$ のとき，

$$a_n=a_1+\sum_{k=1}^{n-1}2^{k-1}=1+\frac{1-2^{n-1}}{1-2}=\boldsymbol{2^{n-1}}$$

これは，$n=1$ のときも成立．

129

(1) $a_{n+1}+pb_{n+1}$

$$=(2a_n+3b_n)+p(a_n+4b_n)$$

$$=(2+p)a_n+(3+4p)b_n \qquad \cdots\cdots①$$

より，数列 $\{a_n+pb_n\}$ が等比数列になるためには，

$$1:p=(2+p):(3+4p)$$

$$p(2+p)=3+4p$$

$$p^2-2p-3=0$$

$$(p-3)(p+1)=0$$

$$\therefore \quad p=\boldsymbol{3},\ \boldsymbol{-1}$$

(2) $p=3$ のとき，①は

$$a_{n+1}+3b_{n+1}=5a_n+15b_n$$

$$\therefore \quad a_{n+1}+3b_{n+1}=5(a_n+3b_n)$$

ここで $c_n=a_n+3b_n$ とおくと，
$$c_{n+1}=5c_n$$
$c_1=a_1+3b_1=2+3\cdot1=5$ より
数列 $\{c_n\}$ は初項 5，公比 5 の等比数列である．

よって，$c_n=5\cdot5^{n-1}=5^n$

∴ $a_n+3b_n=5^n$ ……②

また，$p=-1$ のとき，①は
$$a_{n+1}-b_{n+1}=a_n-b_n$$
ここで，$d_n=a_n-b_n$ とおくと
$$d_{n+1}=d_n$$
$d_1=a_1-b_1=2-1=1$ より，数列 $\{d_n\}$ は初項 1，公比 1 の等比数列である．

よって，$d_n=1$

∴ $a_n-b_n=1$ ……③

②-③ より $b_n=\dfrac{5^n-1}{4}$

③より $a_n=1+b_n=\dfrac{5^n+3}{4}$

130

(1) 第 $(n-1)$ 群の最後の数は，最初から数えて
$$1+2+\cdots+(n-1)=\dfrac{n(n-1)}{2}\ \text{（番目）}$$

よって，第 n 群の最初の数は，
$$\dfrac{n(n-1)}{2}+1=\dfrac{1}{2}(n^2-n+2)$$

(2) 第 n 群は，初項 $\dfrac{1}{2}(n^2-n+2)$，公差 1，項数 n の等差数列だから，その和は，

$$\dfrac{1}{2}n\{(n^2-n+2)+(n-1)\cdot1\}$$
$$=\dfrac{1}{2}n(n^2+1)$$

(3) 100 は第 n 群に含まれているとすると
$$\dfrac{1}{2}(n^2-n+2)\leqq100$$
$$<\dfrac{1}{2}\{(n+1)^2-(n+1)+2\}$$

これをみたす n は 14 であるから**第 14**

群にあり，最初の数は 92 であるから
9 番目になる．

131

(1) n が 2^{n-1} 個あるので，総和は
$$n\times2^{n-1}=\boldsymbol{n\cdot2^{n-1}}$$

(2) 100 項目が第 n 群にあるとすると，第 $(n-1)$ 群の最後の数は
$$1+2+2^2+\cdots+2^{n-2}=\dfrac{1-2^{n-1}}{1-2}=2^{n-1}-1$$

（項目）であるから
$$2^{n-1}-1<100\leqq2^n-1 \ \text{が成りたつ.}$$

$n=7$ のとき
$$2^{n-1}-1=2^6-1=63$$
$$2^n-1=2^7-1=127$$

よって，求める n は 7 だから，第 100 項は第 7 群にあるので，**7** である．

(3) (2)より第 100 項は，第 7 群の
$$100-63=37\ \text{（番目）} \ \text{である. 和は,}$$
$$1+2\cdot2+3\cdot2^2+4\cdot2^3+5\cdot2^4+6\cdot2^5$$
$$+7\cdot37=\boldsymbol{580}$$

132

(1) M 内の格子点のうち，直線 $x=k$
$(1\leqq k\leqq n)$ 上の格子点は，
$(k,\ k^2)$，
$(k,\ k^2+1)$，
$\cdots,\ (k,\ n^2)$．

よって，$(\boldsymbol{n^2-k^2+1})$ 個ある．

(2) 求める格子点の個数は
$$2\sum_{k=1}^{n}(n^2-k^2+1)+(n^2+1) \qquad ……①$$

ここで，$S=\displaystyle\sum_{k=1}^{n}(n^2-k^2+1)$ とおくと

$$S=(n^2+1)\sum_{k=1}^{n}1-\sum_{k=1}^{n}k^2$$
$$=n(n^2+1)-\dfrac{1}{6}n(n+1)(2n+1)$$

∴ ①$=2n(n^2+1)$
   $-\frac{1}{3}n(n+1)(2n+1)+(n^2+1)$
   $=(2n+1)(n^2+1)-\frac{1}{3}n(n+1)(2n+1)$
   $=\frac{1}{3}(2n+1)\{(3n^2+3)-(n^2+n)\}$
   $=\frac{1}{3}(2n+1)(2n^2-n+3)$

133

(1)

$O_1C=\sqrt{CA_1^2+O_1A_1^2}=\sqrt{12^2+5^2}=13$
であり、図から、$\triangle CA_1O_1 \sim \triangle O_2H_1O_1$ より
　　$CO_1:O_1A_1=O_2O_1:O_1H_1$
よって、
　　$13:5=(r_2+5):(5-r_2)$
∴ $5(r_2+5)=13(5-r_2)$
∴ $r_2=\dfrac{20}{9}$

(2)

(1)と同様に、$\triangle CA_1O_1 \sim \triangle O_{n+1}H_nO_n$ より、$CO_1:O_1A_1=O_{n+1}O_n:O_nH_n$
よって、
　　$13:5=(r_n+r_{n+1}):(r_n-r_{n+1})$
∴ $5(r_n+r_{n+1})=13(r_n-r_{n+1})$
∴ $r_{n+1}=\dfrac{4}{9}r_n$

(3) (2)より $\{r_n\}$ は、初項 5、公比 $\dfrac{4}{9}$ の等比数列。

∴ $r_n=5\cdot\left(\dfrac{4}{9}\right)^{n-1}$

134

(1) (a_1 について)　カード1枚の色のぬり方は3通りなので $a_1=3$
(a_2 について)　カード2枚それぞれの色のぬり方は3通りなので、
$3^2=9$（通り）のぬり方がある。
このうち、赤赤の1通りは条件に反する。
よって、$a_2=9-1=8$

(2) $(n+2)$ 枚のカードの色のぬり方を、1枚目のカードの色で場合分けして考える。
① 1枚目が赤のとき、2枚目のぬり方は青、黄の2通り。残り n 枚のぬり方は3色使えるので a_n 通り。
　よって、ぬり方は $2a_n$ 通り。
② 1枚目が青のとき、残りの $(n+1)$ 枚のぬり方は、3色使えるので a_{n+1} 通り。
③ 1枚目が黄のとき、②と同様に a_{n+1} 通り。
①、②、③は排反なので
　　∴ $a_{n+2}=2a_{n+1}+2a_n$

(3) $a_8=2a_7+2a_6=2(2a_6+2a_5)+2a_6$
$=6a_6+4a_5=6(2a_5+2a_4)+4a_5$
$=16a_5+12a_4=16(2a_4+2a_3)+12a_4$
$=44a_4+32a_3=44(2a_3+2a_2)+32a_3$
$=120a_3+88a_2=120(2a_2+2a_1)+88a_2$
$=328a_2+240a_1$
$=328\times 8+240\times 3=\mathbf{3344}$

135

(1) (p_1 について)
1回目に4以下の目が出ればよいので
$p_1=\dfrac{4}{6}=\dfrac{2}{3}$

（p_2 について）

次の 2 つの場合が考えられる.

① 1回目が 4 以下の目で 1 進み
　　2回目が 5 以上の目でさらに 2 進む場合

② 1回目が 5 以上の目で 2 進み
　　2回目が 4 以下の目でさらに 1 進む場合

①, ②は排反だから

$$p_2 = \frac{2}{3} \times \frac{1}{3} + \frac{1}{3} \times \frac{2}{3} = \frac{4}{9}$$

(2) サイコロを $(n+1)$ 回投げたとき, 点 P の座標が奇数になるのは, 次の 2 つの場合が考えられる.

① サイコロを n 回投げたとき, 点 P の座標が奇数で $(n+1)$ 回目に 5 以上の目が出る

② サイコロを n 回投げたとき, 点 P の座標が偶数で $(n+1)$ 回目に 4 以下の目が出る

①, ②は排反だから

$$p_{n+1} = p_n \times \frac{1}{3} + (1 - p_n) \times \frac{2}{3}$$

$$\therefore \quad p_{n+1} = -\frac{1}{3} p_n + \frac{2}{3}$$

(3) $p_{n+1} = -\dfrac{1}{3} p_n + \dfrac{2}{3}$ より

$$p_{n+1} - \frac{1}{2} = -\frac{1}{3}\left(p_n - \frac{1}{2}\right)$$

$$\therefore \quad p_n - \frac{1}{2} = \left(p_1 - \frac{1}{2}\right)\left(-\frac{1}{3}\right)^{n-1}$$

よって, $p_n = \dfrac{1}{2} + \dfrac{1}{6}\left(-\dfrac{1}{3}\right)^{n-1}$

$$= \frac{1}{2} - \frac{1}{2}\left(-\frac{1}{3}\right)\left(-\frac{1}{3}\right)^{n-1}$$

$$= \frac{1}{2} - \frac{1}{2}\left(-\frac{1}{3}\right)^{n}$$

136

(1) $a_1 = b$, $a_2 = \dfrac{b^2}{b+1}$, $a_3 = \dfrac{b^3}{b^2 + b + 1}$

より, $a_n = \dfrac{b^n(b-1)}{b^n - 1}$ と推定できる.

(2) $n = 1$ のとき成立.

$n = k$ のとき, $a_k = \dfrac{b^k(b-1)}{b^k - 1}$ と仮定すると,

$$a_{k+1} = \frac{ba_k}{a_k + 1} = \frac{b^{k+1} \cdot \dfrac{b-1}{b^k - 1}}{\dfrac{b^k(b-1)}{b^k - 1} + 1}$$

$$= \frac{b^{k+1}(b-1)}{b^{k+1} - b^k + b^k - 1} = \frac{b^{k+1}(b-1)}{b^{k+1} - 1}$$

よって, $n = k+1$ でも成立.

$$\therefore \quad a_n = \frac{b^n(b-1)}{b^n - 1}$$

137

(1) $n = 1$ のとき, 左辺 $= \dfrac{1}{1 \cdot 2} = \dfrac{1}{2}$,

右辺 $= \dfrac{1}{1+1} = \dfrac{1}{2}$ となり成立.

$n = k$ のとき, 与式が成立すると仮定すると,

$$\frac{1}{1 \cdot 2} + \frac{1}{2 \cdot 3} + \cdots + \frac{1}{k(k+1)} = \frac{k}{k+1}$$
$$\cdots\cdots ①$$

①の両辺に $\dfrac{1}{(k+1)(k+2)}$ を加えて,

左辺 $= \dfrac{1}{1 \cdot 2} + \dfrac{1}{2 \cdot 3} + \cdots$

$$+ \frac{1}{k(k+1)} + \frac{1}{(k+1)(k+2)}$$

右辺 $= \dfrac{k}{k+1} + \dfrac{1}{(k+1)(k+2)}$

$$= \frac{(k+1)^2}{(k+1)(k+2)} = \frac{k+1}{k+2}$$

となり, これは与式の n に $k+1$ を代入したものである.

よって, $n = k+1$ のときも成立するので, すべての自然数 n で成立.

(2) $n = 1$ のとき, 左辺 $= \dfrac{1}{1^2} = 1$,

右辺 $= 2 - \dfrac{1}{1} = 1$ となり成立.

$n = k$ のとき, 与式が成立すると仮定すると,

$$\frac{1}{1^2}+\frac{1}{2^2}+\cdots+\frac{1}{k^2} \leq 2-\frac{1}{k} \quad \cdots\cdots ②$$

②の両辺に，$\frac{1}{(k+1)^2}$ を加えると，

左辺 $=\frac{1}{1^2}+\frac{1}{2^2}+\cdots+\frac{1}{k^2}+\frac{1}{(k+1)^2}$

右辺 $=2-\frac{1}{k}+\frac{1}{(k+1)^2}=2-\frac{k^2+k+1}{k(k+1)^2}$

ここで，$\left(2-\frac{1}{k+1}\right)-\left(2-\frac{k^2+k+1}{k(k+1)^2}\right)$

$=\frac{1}{k(k+1)^2}>0$

∴ $\frac{1}{1^2}+\frac{1}{2^2}+\cdots+\frac{1}{(k+1)^2}$

$\leq 2-\frac{k^2+k+1}{k(k+1)^2}<2-\frac{1}{k+1}$

すなわち，

$$\frac{1}{1^2}+\frac{1}{2^2}+\cdots+\frac{1}{(k+1)^2} \leq 2-\frac{1}{k+1}$$

となり $n=k+1$ のときも成立．
よって，すべての自然数 n に対して成立する．

138

(1) $\vec{AC}=\vec{AB}+\vec{BC}$
$=\vec{a}+\vec{b}$
(2) $\vec{AD}=2\vec{BC}=2\vec{b}$
(3) $\vec{AF}=\vec{BO}$
$=\vec{AO}-\vec{AB}$
$=\vec{b}-\vec{a}$
(4) $\vec{AE}=\vec{AF}+\vec{FE}$
$=(\vec{b}-\vec{a})+\vec{b}$
$=2\vec{b}-\vec{a}$

139

(1) AE=3, DC=AD=2 だから，
DF:FE=DC:AE=**2:3**
(∵ △AFE∽△CFD)
(2) $\vec{AF}=\frac{2\vec{AE}+3\vec{AD}}{3+2}$
$=\frac{2}{5}\left(\frac{3}{4}\vec{AB}\right)+\frac{3}{5}\vec{AD}=\frac{3}{10}\vec{AB}+\frac{3}{5}\vec{AD}$

140

(1) BP:PE
$=t:(1-t)$
とすると
$\vec{AP}$
$=(1-t)\vec{AB}$
$+t\vec{AE}$
$=(1-t)\vec{AB}+\frac{4}{7}t\vec{AC} \quad \cdots\cdots ①$

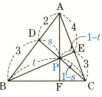

$\left(\because \vec{AE}=\frac{4}{7}\vec{AC}\right)$

DP:PC=$s:(1-s)$ とすると，
$\vec{AP}=(1-s)\vec{AD}+s\vec{AC}$
$=\frac{2(1-s)}{5}\vec{AB}+s\vec{AC} \quad \cdots\cdots ②$

$\left(\because \vec{AD}=\frac{2}{5}\vec{AB}\right)$

$\vec{AB}\neq\vec{0}$, $\vec{AC}\neq\vec{0}$, $\vec{AB}\not\parallel\vec{AC}$ だから，
①，②より

$1-t=\frac{2(1-s)}{5}$, $\frac{4}{7}t=s$

∴ $t=\frac{7}{9}$, $s=\frac{4}{9}$

よって，$\vec{AP}=\frac{2}{9}\vec{AB}+\frac{4}{9}\vec{AC}$

(2) $\vec{AF}=k\vec{AP}$ とおけて，(1)より，
$\vec{AF}=\frac{2}{9}k\vec{AB}+\frac{4}{9}k\vec{AC}$

F は BC 上より $\frac{2}{9}k+\frac{4}{9}k=1$

∴ $k=\frac{3}{2}$

$\vec{AF}=\frac{1}{3}\vec{AB}+\frac{2}{3}\vec{AC}$ となり，

BF:FC$=\frac{2}{3}:\frac{1}{3}=$**2:1**

141

B から辺 AC に下ろした垂線の足をHとすると，

BH：AD
=BH：AB
=$\sqrt{3}$：2
であり，BH∥AD
より，
$\overrightarrow{AD}=\dfrac{2}{\sqrt{3}}\overrightarrow{BH}$

ここで，Oは△ABCの重心でもあるので，
BO：OH=2：1
∴ $\overrightarrow{BH}=-\dfrac{3}{2}\overrightarrow{OB}$
∴ $\overrightarrow{OD}=\overrightarrow{OA}+\overrightarrow{AD}$
$=\overrightarrow{OA}+\dfrac{2}{\sqrt{3}}\left(-\dfrac{3}{2}\overrightarrow{OB}\right)$
$=\overrightarrow{OA}-\sqrt{3}\,\overrightarrow{OB}$
∴ $\overrightarrow{OE}=\dfrac{1}{3}(\overrightarrow{OA}+\overrightarrow{OC}+\overrightarrow{OD})$
$=\dfrac{1}{3}\{\overrightarrow{OA}-(\overrightarrow{OA}+\overrightarrow{OB})+(\overrightarrow{OA}-\sqrt{3}\,\overrightarrow{OB})\}$
  (∵ $\overrightarrow{OA}+\overrightarrow{OB}+\overrightarrow{OC}=\vec{0}$)
$=\dfrac{1}{3}\overrightarrow{OA}-\dfrac{1+\sqrt{3}}{3}\overrightarrow{OB}$

142

(1) $\vec{a}-2\vec{b}+3\vec{c}$
$=(5+4+9,\ 4-6-15)$
$=(18,\ -17)$
(2) $m\vec{a}+n\vec{b}$
$=(5m-2n,\ 4m+3n)=(3,\ -5)$
より，$\begin{cases}5m-2n=3\\4m+3n=-5\end{cases}$
∴ $m=-\dfrac{1}{23},\ n=-\dfrac{37}{23}$

143

$\vec{a}+\vec{b}=(2+x,\ -\sqrt{5}+3)$,
$\vec{a}-\vec{b}=(2-x,\ -\sqrt{5}-3)$
∴ $(2+x)(-\sqrt{5}-3)$
$\quad -(-\sqrt{5}+3)(2-x)=0$
∴ $-12-2\sqrt{5}\,x=0$

よって，$x=-\dfrac{6}{\sqrt{5}}=-\dfrac{6\sqrt{5}}{5}$

144

(1) $\vec{a}+\vec{b}=(5,\ 3)$ ……①
$\vec{a}-3\vec{b}=(-7,\ 7)$ ……②
①×3+② より，$4\vec{a}=(8,\ 16)$
∴ $\vec{a}=(2,\ 4)$
①より，
$\vec{b}=(5,\ 3)-\vec{a}=(3,\ -1)$
(2) $\vec{a}-2\vec{b}=(2-6,\ 4+2)=(-4,\ 6)$
より，
$|\vec{a}-2\vec{b}|=\sqrt{(-4)^2+6^2}=2\sqrt{13}$
(3) $\dfrac{\vec{a}-2\vec{b}}{|\vec{a}-2\vec{b}|}=\left(-\dfrac{2}{\sqrt{13}},\ \dfrac{3}{\sqrt{13}}\right)$
$=\left(-\dfrac{2\sqrt{13}}{13},\ \dfrac{3\sqrt{13}}{13}\right)$

145

$|\vec{u}|^2$
$=(2\cos\theta+3\sin\theta)^2+(\cos\theta+4\sin\theta)^2$
$=5\cos^2\theta+20\sin\theta\cos\theta+25\sin^2\theta$
$=10\sin2\theta-20\cos^2\theta+25$
$=10\sin2\theta-10\cos2\theta+15$
$=10\sqrt{2}\,\sin(2\theta-45°)+15$
$-45°\leqq 2\theta-45°\leqq 315°$ だから
$2\theta-45°=90°$，すなわち，$\theta=67.5°$ のとき $|\vec{u}|$ の
最大値$=\sqrt{10\sqrt{2}+15}=\sqrt{5(\sqrt{2}+1)^2}$
$=\sqrt{10}+\sqrt{5}$

146

$\vec{a}$ と $\vec{b}$ のなす角を二等分するベクトルの
1つは $\dfrac{\vec{a}}{|\vec{a}|}+\dfrac{\vec{b}}{|\vec{b}|}$
これを $\vec{c}$ とおくと，$|\vec{a}|=5,\ |\vec{b}|=13$ であるから，
$\vec{c}=\dfrac{\vec{a}}{|\vec{a}|}+\dfrac{\vec{b}}{|\vec{b}|}$
$=\left(\dfrac{3}{5},\ \dfrac{4}{5}\right)+\left(\dfrac{5}{13},\ \dfrac{12}{13}\right)=\left(\dfrac{64}{65},\ \dfrac{112}{65}\right)$

ここで，$|\vec{c}|=\dfrac{16\sqrt{65}}{65}$ より
$$\vec{e}=\dfrac{\vec{c}}{|\vec{c}|}=\left(\dfrac{4}{\sqrt{65}},\ \dfrac{7}{\sqrt{65}}\right)$$

147

(1) $BD:DC=c:b$ より
$$\overrightarrow{AD}=\dfrac{b}{b+c}\overrightarrow{AB}+\dfrac{c}{b+c}\overrightarrow{AC}$$

(2) $AI:ID$
$=BA:BD$
であり，ここで，
$BD=\dfrac{c}{b+c}BC$
$=\dfrac{ca}{b+c}$

∴ $AI:ID=c:\dfrac{ca}{b+c}=(b+c):a$

(3) (2)より
$$\overrightarrow{AI}=\dfrac{b+c}{(b+c)+a}\overrightarrow{AD}$$
$$=\dfrac{b}{a+b+c}\overrightarrow{AB}+\dfrac{c}{a+b+c}\overrightarrow{AC}$$

(4) $\overrightarrow{OI}=\overrightarrow{OA}+\overrightarrow{AI}$
$=\overrightarrow{OA}+\dfrac{1}{a+b+c}\{b(\overrightarrow{OB}-\overrightarrow{OA})$
$\qquad\qquad\qquad +c(\overrightarrow{OC}-\overrightarrow{OA})\}$
$=\dfrac{a\overrightarrow{OA}+b\overrightarrow{OB}+c\overrightarrow{OC}}{a+b+c}$

148

(1) $\overrightarrow{PA}+3\overrightarrow{PB}+5\overrightarrow{PC}=\vec{0}$ より
$-\overrightarrow{AP}+3(\overrightarrow{AB}-\overrightarrow{AP})$
$\qquad\qquad +5(\overrightarrow{AC}-\overrightarrow{AP})=\vec{0}$
∴ $-9\overrightarrow{AP}+3\overrightarrow{AB}+5\overrightarrow{AC}=\vec{0}$
∴ $\overrightarrow{AP}=\dfrac{1}{3}\overrightarrow{AB}+\dfrac{5}{9}\overrightarrow{AC}$

(2) Dは直線AP上にあるので，
$\overrightarrow{AD}=k\overrightarrow{AP}$ とすると
$\overrightarrow{AD}=\dfrac{k}{3}\overrightarrow{AB}+\dfrac{5}{9}k\overrightarrow{AC}$

また，DはBC上にあるので
$\dfrac{k}{3}+\dfrac{5}{9}k=1$
∴ $k=\dfrac{9}{8}$
∴ $AP:PD=8:1$
また，$\overrightarrow{AD}=\dfrac{3}{8}\overrightarrow{AB}+\dfrac{5}{8}\overrightarrow{AC}$ より
$BD:DC=5:3$

(3) $\triangle PAB=\dfrac{8}{9}\triangle DAB=\dfrac{8}{9}\times\dfrac{5}{8}\triangle ABC$
$\qquad\qquad =\dfrac{5}{9}\triangle ABC$

$\triangle PBC=\dfrac{1}{9}\triangle ABC$

$\triangle PCA=\dfrac{8}{9}\triangle DCA=\dfrac{8}{9}\times\dfrac{3}{8}\triangle ABC$
$\qquad\qquad =\dfrac{3}{9}\triangle ABC$

よって，
$\triangle PAB:\triangle PBC:\triangle PCA=5:1:3$

149

(1) $|2\vec{a}+\vec{b}|^2=4|\vec{a}|^2+4\vec{a}\cdot\vec{b}+|\vec{b}|^2$
$\qquad\qquad =36+4\vec{a}\cdot\vec{b}+4=52$
∴ $\vec{a}\cdot\vec{b}=3$

(2) $\cos\theta=\dfrac{\vec{a}\cdot\vec{b}}{|\vec{a}||\vec{b}|}=\dfrac{3}{3\cdot 2}=\dfrac{1}{2}$
より，$\theta=60°$

150

$|\vec{a}|=t\ (t>0)$ とおくと
$\vec{a}\cdot\vec{b}=|\vec{a}||\vec{b}|\cos 60°=\dfrac{t}{2}$
また，
$(\vec{a}+\vec{b})\cdot(\vec{a}-\vec{b})=|\vec{a}|^2-|\vec{b}|^2=t^2-1$
次に，
$\begin{cases}|\vec{a}+\vec{b}|^2=|\vec{a}|^2+2\vec{a}\cdot\vec{b}+|\vec{b}|^2=t^2+t+1\\|\vec{a}-\vec{b}|^2=|\vec{a}|^2-2\vec{a}\cdot\vec{b}+|\vec{b}|^2=t^2-t+1\end{cases}$
より，
$(\vec{a}+\vec{b})\cdot(\vec{a}-\vec{b})=|\vec{a}+\vec{b}||\vec{a}-\vec{b}|\cos 60°$

$$=\frac{\sqrt{(t^2+t+1)(t^2-t+1)}}{2}$$

$$\therefore \quad 2(t^2-1)=\sqrt{(t^2+t+1)(t^2-t+1)}$$

ここで，右辺 >0 だから，

$t>1$ $(\because \quad t>0)$

両辺を 2 乗し，整理すると，

$$t^4-3t^2+1=0 \quad \therefore \quad t^2=\frac{3\pm\sqrt{5}}{2}$$

$t>1$ より，

$$t=\sqrt{\frac{3+\sqrt{5}}{2}}=\sqrt{\frac{(\sqrt{5}+1)^2}{4}}$$

$$\therefore \quad |\vec{a}|=\frac{\sqrt{5}+1}{2}$$

151

(1) $|x\vec{a}+\vec{b}|^2=x^2|\vec{a}|^2+2x(\vec{a}\cdot\vec{b})+|\vec{b}|^2$
$$=2x^2+12x+20$$

(2) (1)より $|x\vec{a}+\vec{b}|^2=2(x+3)^2+2$
　　よって，$x=-3$ のとき，$|x\vec{a}+\vec{b}|$ は
　　最小値 $\sqrt{2}$ **をとる．**

152

$\vec{a}+t\vec{b}=(3t+1,\ -t+2)$,
$\vec{a}-\vec{b}=(-2,\ 3)$ であるから
$(\vec{a}+t\vec{b})\cdot(\vec{a}-\vec{b})=0$
より $-2(3t+1)+3(-t+2)=0$

$$\therefore \quad t=\frac{4}{9}$$

153

(1) $y=2x$ 上に
点 P$(1,\ 2)$ がある
ので，$\overrightarrow{OP}=(1,\ 2)$
$|\overrightarrow{OP}|=\sqrt{5}$ だから
$$\vec{u}=\frac{\overrightarrow{OP}}{|\overrightarrow{OP}|}$$
$$=\left(\frac{1}{\sqrt{5}},\ \frac{2}{\sqrt{5}}\right)$$

(2) $\overrightarrow{OH}$
$$=\left(\frac{\overrightarrow{OA}\cdot\vec{u}}{|\vec{u}|^2}\right)\vec{u}$$
$$=\left(\frac{3}{\sqrt{5}}+\frac{2}{\sqrt{5}}\right)\vec{u}$$
$$=\sqrt{5}\,\vec{u}$$

(3) H は線分 AB の中点だから
$$\overrightarrow{OH}=\frac{\overrightarrow{OA}+\overrightarrow{OB}}{2}$$
$$\therefore \quad \overrightarrow{OB}=2\overrightarrow{OH}-\overrightarrow{OA}$$
$$=2\sqrt{5}\left(\frac{1}{\sqrt{5}},\ \frac{2}{\sqrt{5}}\right)-(3,\ 1)$$
$$=(2,\ 4)-(3,\ 1)=(-1,\ 3)$$
よって，**B**$(-1,\ 3)$

154

直線上の任意の点を $(x,\ y)$ とすると
$(x,\ y)=(2,\ 1)+t(1,\ 2)$
$$=(t+2,\ 2t+1)$$
$$\therefore \quad \begin{cases} x=t+2 \\ y=2t+1 \end{cases}$$
$$\therefore \quad y=2x-3$$

155

(1) $\overrightarrow{CA}+2\overrightarrow{CB}+3\overrightarrow{CO}=\vec{0}$ より，
$(\overrightarrow{OA}-\overrightarrow{OC})+2(\overrightarrow{OB}-\overrightarrow{OC})-3\overrightarrow{OC}=\vec{0}$
$$\therefore \quad \vec{a}+2\vec{b}-6\overrightarrow{OC}=\vec{0}$$
よって，$\overrightarrow{OC}=\dfrac{1}{6}\vec{a}+\dfrac{1}{3}\vec{b}$

(2) $\overrightarrow{OD}=\dfrac{1}{1+2}\overrightarrow{OB}=\dfrac{1}{3}\vec{b}$

(3) (1), (2)より，$\overrightarrow{OC}-\overrightarrow{OD}=\dfrac{1}{6}\vec{a}$,

ここで $|\vec{a}|=12$ であることと，

$|\overrightarrow{OC}-\overrightarrow{OD}|=\dfrac{1}{6}|\vec{a}|$ であることより

$|\overrightarrow{DC}|=2$

よって，**C は点 D を中心とする半径** 2
の円周上を動く．

312 演習問題の解答 (⑮〜⑯)

156

$\alpha=1-2\beta$ より，
$$\overrightarrow{\mathrm{OP}}=(1-2\beta)\overrightarrow{\mathrm{OA}}+\beta\overrightarrow{\mathrm{OB}}$$
$$=\overrightarrow{\mathrm{OA}}+\beta(\overrightarrow{\mathrm{OB}}-2\overrightarrow{\mathrm{OA}})$$
$\therefore\ (x,\ y)=(2-6\beta,\ 4-4\beta)$
$\therefore\ \begin{cases}x=2-6\beta\\y=4-4\beta\end{cases}\quad\therefore\ \boldsymbol{2x-3y+8=0}$

(別解) $\overrightarrow{\mathrm{OP}}=\alpha\overrightarrow{\mathrm{OA}}+2\beta\left(\dfrac{1}{2}\overrightarrow{\mathrm{OB}}\right)$

$(\alpha+2\beta=1)$ だから P は，$(2,\ 4)$，
$(-1,\ 2)$ を通る直線上を動く．
$\therefore\ \boldsymbol{2x-3y+8=0}$

157

(1) ①より $(\overrightarrow{\mathrm{CA}}-\overrightarrow{\mathrm{CP}})+2(\overrightarrow{\mathrm{CB}}-\overrightarrow{\mathrm{CP}})$
$$-3\overrightarrow{\mathrm{CP}}=k\overrightarrow{\mathrm{CB}}$$
$\therefore\ 6\overrightarrow{\mathrm{CP}}=\overrightarrow{\mathrm{CA}}+(2-k)\overrightarrow{\mathrm{CB}}$

$\therefore\ \overrightarrow{\mathrm{CP}}=\dfrac{1}{6}\overrightarrow{\mathrm{CA}}+\dfrac{2-k}{6}\overrightarrow{\mathrm{CB}}$

(2) AC, AB を
5：1 に内分する
点をそれぞれ，
D, E とすると，
(1)より P は直線
DE 上にあるので，
△ABC の周，および内部にあるため
には，線分 DE 上になければいけない．
$\overrightarrow{\mathrm{DE}}=\dfrac{5}{6}\overrightarrow{\mathrm{CB}}$ より $0\leqq\dfrac{2-k}{6}\leqq\dfrac{5}{6}$

$\therefore\ \boldsymbol{-3\leqq k\leqq 2}$

158

(1) 四角形 ABCD が平行四辺形になる
とき
$$\overrightarrow{\mathrm{DC}}=\overrightarrow{\mathrm{AB}}$$
$\therefore\ \overrightarrow{\mathrm{OC}}-\overrightarrow{\mathrm{OD}}=\overrightarrow{\mathrm{OB}}-\overrightarrow{\mathrm{OA}}$
$\therefore\ \overrightarrow{\mathrm{OD}}=\overrightarrow{\mathrm{OA}}-\overrightarrow{\mathrm{OB}}+\overrightarrow{\mathrm{OC}}$
$$=(2,\ a)-(1,\ 2)+(6,\ 3)$$
$$=(7,\ a+1)$$
よって，**D**$(7,\ a+1)$

---

(2) $\overrightarrow{\mathrm{AE}}=t\overrightarrow{\mathrm{AD}}$
とおくと，
$$\overrightarrow{\mathrm{OE}}=(1-t)\overrightarrow{\mathrm{OA}}$$
$$+t\overrightarrow{\mathrm{OD}}$$
$$=(2-2t,\ a-at)$$
$$+(7t,\ at+t)$$
$$=(2+5t,\ t+a)$$
$\therefore\ \overrightarrow{\mathrm{CE}}=\overrightarrow{\mathrm{OE}}-\overrightarrow{\mathrm{OC}}$
$$=(5t-4,\ t+a-3)$$
よって，
$$|\overrightarrow{\mathrm{CE}}|^2=(5t-4)^2+(t+a-3)^2$$
$$=26t^2+2(a-23)t+(a-3)^2+16$$
$$=26t^2+2(a-23)t+a^2-6a+25$$
また，
$$|\overrightarrow{\mathrm{CD}}|^2=|\overrightarrow{\mathrm{AB}}|^2=1+(a-2)^2$$
$$=a^2-4a+5$$
$|\overrightarrow{\mathrm{CE}}|^2=|\overrightarrow{\mathrm{CD}}|^2$ だから，
$$26t^2+2(a-23)t-2a+20=0$$
$\therefore\ 13t^2+(a-23)t-(a-10)=0$
$$(t-1)(13t+a-10)=0$$

E≠D より，$t\neq 1$ だから $t=\dfrac{10-a}{13}$

このとき，$3<a<10$ より，
$0<10-a<7$ だから
$$0<t<\dfrac{7}{13}$$

よって，E は AD の内分点で，
$$\mathrm{E}\left(\dfrac{76-5a}{13},\ \dfrac{10+12a}{13}\right)$$

(3) △CDE$=\dfrac{1}{4}$(四角形 ABCD)

であることより E は AD の中点である．
したがって，
$$t=\dfrac{1}{2}\quad\therefore\ \dfrac{10-a}{13}=\dfrac{1}{2}$$

$\therefore\ \boldsymbol{a=\dfrac{7}{2}}$

159

P$(x,\ y,\ z)$ とおくと
AP$^2=\dfrac{5}{4}$ より，

$(x-1)^2+(y-2)^2+(z-2)^2=\frac{5}{4}$

$\therefore \quad 4x^2+4y^2+4z^2$
$\qquad\qquad -8x-16y-16z+31=0 \quad\cdots\cdots①$

$BP^2=\frac{5}{4}$ より,

$(x-3)^2+(y-1)^2+(z-2)^2=\frac{5}{4}$

$\therefore \quad 4x^2+4y^2+4z^2$
$\qquad\qquad -24x-8y-16z+51=0 \quad\cdots\cdots②$

$CP^2=\frac{5}{4}$ より,

$(x-2)^2+(y-1)^2+(z-1)^2=\frac{5}{4}$

$\therefore \quad 4x^2+4y^2+4z^2$
$\qquad\qquad -16x-8y-8z+19=0 \quad\cdots\cdots③$

①-② より, $4x-2y=5 \qquad\cdots\cdots④$
③-② より, $x+z=4 \qquad\cdots\cdots⑤$
④, ⑤より, $y=2x-\frac{5}{2}, \quad z=4-x$
②に代入して,
$\qquad x^2-4x+4=0 \quad \therefore \quad (x-2)^2=0$
$\qquad \therefore \quad x=2, \quad y=\frac{3}{2}, \quad z=2$
$\qquad \therefore \quad (x,\ y,\ z)=\left(2,\ \frac{3}{2},\ 2\right)$

160

$|\vec{a}+\vec{b}+\vec{c}|^2$
$=|\vec{a}|^2+|\vec{b}|^2+|\vec{c}|^2+2\vec{a}\cdot\vec{b}+2\vec{b}\cdot\vec{c}+2\vec{c}\cdot\vec{a}$
$=1+2+3+2|\vec{a}||\vec{b}|\cos 60°$
$\qquad +2|\vec{b}||\vec{c}|\cos 90°+2|\vec{c}||\vec{a}|\cos 120°$
$=6+\sqrt{2}+0-\sqrt{3}=6+\sqrt{2}-\sqrt{3}$
$\qquad \therefore \quad |\vec{a}+\vec{b}+\vec{c}|=\sqrt{6+\sqrt{2}-\sqrt{3}}$

161

$\overrightarrow{AB}=(-2,\ 4,\ 2), \quad \overrightarrow{AC}=(-2,\ 1,\ -2)$
より
$|\overrightarrow{AB}|^2=(-2)^2+4^2+2^2=24,$
$|\overrightarrow{AC}|^2=(-2)^2+1^2+(-2)^2=9$
$\overrightarrow{AB}\cdot\overrightarrow{AC}=(-2)\cdot(-2)+4\cdot1+2\cdot(-2)$
$\qquad\qquad =4$

$\therefore \quad \triangle ABC$
$=\frac{1}{2}\sqrt{|\overrightarrow{AB}|^2|\overrightarrow{AC}|^2-(\overrightarrow{AB}\cdot\overrightarrow{AC})^2}$
$=\frac{1}{2}\sqrt{24\cdot9-4^2}=5\sqrt{2}$

162

(1) $\begin{cases} \overrightarrow{AG}=\overrightarrow{AB}+\overrightarrow{AD}+\overrightarrow{AE} & \cdots\cdots① \\ \overrightarrow{AC}=\overrightarrow{AB}+\overrightarrow{AD} & \cdots\cdots② \\ \overrightarrow{BH}=\overrightarrow{AD}+\overrightarrow{AE}-\overrightarrow{AB} & \cdots\cdots③ \end{cases}$

①, ②より,
$\qquad \overrightarrow{AE}=\overrightarrow{AG}-\overrightarrow{AC}=(2,\ 4,\ -5)$
①, ③より,
$\qquad 2\overrightarrow{AB}=\overrightarrow{AG}-\overrightarrow{BH}=(2,\ 4,\ 4)$
$\qquad \therefore \quad \overrightarrow{AB}=(1,\ 2,\ 2)$
②より,
$\qquad \overrightarrow{AD}=\overrightarrow{AC}-\overrightarrow{AB}=(2,\ -1,\ 0)$

(2) (ア) $\overrightarrow{AH}=\overrightarrow{AD}+\overrightarrow{AE}$ だから
$\overrightarrow{AH}\cdot\overrightarrow{AB}=(\overrightarrow{AD}+\overrightarrow{AE})\cdot\overrightarrow{AB}$
$\qquad\qquad =\overrightarrow{AD}\cdot\overrightarrow{AB}+\overrightarrow{AE}\cdot\overrightarrow{AB}=0$
$\qquad (\because \angle BAD=\angle BAE=90°)$
よって, $\angle BAH=90°$

(イ) (ア)より, $\triangle ABP$ が二等辺三角形
となるのは $AB=AP$ のときだから,
$AB=\sqrt{1+4+4}=3$
$AP=|t|AH$
$\qquad =|t|\sqrt{AD^2+AE^2}$
$\qquad =|t|\sqrt{5+45}=\sqrt{50}\,|t|$
$\qquad \therefore \quad \sqrt{50}\,|t|=3$
よって, $t=\pm\frac{3}{\sqrt{50}}=\pm\frac{3}{5\sqrt{2}}$

163

(1) $\overrightarrow{OE}$
$=\frac{3}{8}\overrightarrow{OD}+\frac{5}{8}\overrightarrow{OC}$
に,
$\overrightarrow{OD}$
$=\frac{2}{3}\overrightarrow{OA}+\frac{1}{3}\overrightarrow{OB}$
を代入して,

314 演習問題の解答（⑯〜⑯）

$\overrightarrow{OE} = \dfrac{1}{4}\overrightarrow{OA} + \dfrac{1}{8}\overrightarrow{OB} + \dfrac{5}{8}\overrightarrow{OC}$

$\overrightarrow{OF} = \dfrac{1}{4}\overrightarrow{OE}$

$\quad = \dfrac{1}{16}\overrightarrow{OA} + \dfrac{1}{32}\overrightarrow{OB} + \dfrac{5}{32}\overrightarrow{OC}$

(2) $\overrightarrow{AG} = k\overrightarrow{AF}$ とすると，

$\overrightarrow{OG} = \overrightarrow{OA} + \overrightarrow{AG} = \overrightarrow{OA} + k(\overrightarrow{OF} - \overrightarrow{OA})$

$\therefore \quad \overrightarrow{OG} = (1-k)\overrightarrow{OA} + \dfrac{k}{16}\overrightarrow{OA}$

$\qquad\qquad\quad + \dfrac{k}{32}\overrightarrow{OB} + \dfrac{5}{32}k\overrightarrow{OC}$

$\quad = \left(1 - \dfrac{15}{16}k\right)\overrightarrow{OA} + \dfrac{k}{32}\overrightarrow{OB} + \dfrac{5}{32}k\overrightarrow{OC}$

ここで，$\overrightarrow{OG}$ は平面 OBC 上のベクトルだから，$\overrightarrow{OA}$ の係数$=0$

ゆえに，$1 - \dfrac{15}{16}k = 0$ より，$k = \dfrac{16}{15}$

$\therefore \quad$ AG：FG$= \mathbf{16 : 1}$

164

(1) $\overrightarrow{AG}$

$= \dfrac{1}{2}\overrightarrow{AM} + \dfrac{1}{2}\overrightarrow{AN}$

に，$\overrightarrow{AM} = \dfrac{1}{2}\overrightarrow{AB}$,

$\overrightarrow{AN} = \dfrac{1}{2}\overrightarrow{AC} + \dfrac{1}{2}\overrightarrow{AD}$

を代入して，

$\overrightarrow{AG} = \dfrac{1}{4}\overrightarrow{AB} + \dfrac{1}{4}\overrightarrow{AC} + \dfrac{1}{4}\overrightarrow{AD}$

$\therefore \quad \overrightarrow{GA} = -\overrightarrow{AG}$

$\qquad\quad = -\dfrac{1}{4}\overrightarrow{AB} - \dfrac{1}{4}\overrightarrow{AC} - \dfrac{1}{4}\overrightarrow{AD}$

$\overrightarrow{GB} = \overrightarrow{GA} + \overrightarrow{AB}$ より

$\quad \overrightarrow{GB} = \dfrac{3}{4}\overrightarrow{AB} - \dfrac{1}{4}\overrightarrow{AC} - \dfrac{1}{4}\overrightarrow{AD}$

(2) AB$=$AC$=$AD$=2$,

$\angle$BAC$= \angle$CAD$= \angle$DAB$=60°$ より

$\overrightarrow{AB}\cdot\overrightarrow{AC} = \overrightarrow{AC}\cdot\overrightarrow{AD}$

$= \overrightarrow{AD}\cdot\overrightarrow{AB} = 2\cdot2\cos60° = 2$

$\therefore \quad |\overrightarrow{GA}|^2$

$= \dfrac{1}{16}(|\overrightarrow{AB}|^2 + |\overrightarrow{AC}|^2 + |\overrightarrow{AD}|^2$

$\quad + 2\overrightarrow{AB}\cdot\overrightarrow{AC} + 2\overrightarrow{AC}\cdot\overrightarrow{AD} + 2\overrightarrow{AD}\cdot\overrightarrow{AB})$

$= \dfrac{1}{16}\times24 = \dfrac{3}{2}$

$\therefore \quad |\overrightarrow{GA}| = \dfrac{\sqrt{6}}{2}$

$|\overrightarrow{GB}|^2$

$= \dfrac{1}{16}\{9|\overrightarrow{AB}|^2 + |\overrightarrow{AC}|^2 + |\overrightarrow{AD}|^2$

$\quad - 6\overrightarrow{AB}\cdot\overrightarrow{AC} + 2\overrightarrow{AC}\cdot\overrightarrow{AD} - 6\overrightarrow{AD}\cdot\overrightarrow{AB}\}$

$= \dfrac{1}{16}\times24 = \dfrac{3}{2}$

$\therefore \quad |\overrightarrow{GB}| = \dfrac{\sqrt{6}}{2}$

$\overrightarrow{AB} = \overrightarrow{GB} - \overrightarrow{GA}$ より，両辺を 2 乗すると，

$|\overrightarrow{AB}|^2 = |\overrightarrow{GB}|^2 - 2\overrightarrow{GB}\cdot\overrightarrow{GA} + |\overrightarrow{GA}|^2$

$\therefore \quad 4 = \dfrac{3}{2} - 2\overrightarrow{GA}\cdot\overrightarrow{GB} + \dfrac{3}{2}$

$\therefore \quad \overrightarrow{GA}\cdot\overrightarrow{GB} = -\dfrac{1}{2}$

(3) $\cos\theta = \dfrac{\overrightarrow{GA}\cdot\overrightarrow{GB}}{|\overrightarrow{GA}||\overrightarrow{GB}|} = \dfrac{-\dfrac{1}{2}}{\dfrac{3}{2}} = -\dfrac{1}{3}$

165

(1) $|\overrightarrow{AB}|^2 = |\vec{b} - \vec{a}|^2$

$\qquad\quad = |\vec{b}|^2 - 2\vec{a}\cdot\vec{b} + |\vec{a}|^2$

$\therefore \quad 4 - 2\vec{a}\cdot\vec{b} + 4 = 1$

よって，$\vec{a}\cdot\vec{b} = \dfrac{7}{2}$

(2) $\overrightarrow{OP} = k\vec{b}$

とおくと，

$\overrightarrow{AP} = \overrightarrow{OP} - \overrightarrow{OA}$

$\quad = k\vec{b} - \vec{a}$

$\overrightarrow{AP}\cdot\vec{b} = 0$ だから，

$(k\vec{b} - \vec{a})\cdot\vec{b} = 0$

$\therefore \quad k|\vec{b}|^2 - \vec{a}\cdot\vec{b} = 0$

よって，$k = \dfrac{7}{8}$

$$\therefore \quad \overrightarrow{OP} = \frac{7}{8}\vec{b}$$

(3) 4点 O, A, C, Q は同一平面上にあるので $\overrightarrow{OQ} = s\vec{a} + t\vec{c}$ とおける.

$$\therefore \quad \overrightarrow{PQ} = \overrightarrow{OQ} - \overrightarrow{OP} = s\vec{a} + t\vec{c} - \frac{7}{8}\vec{b}$$

$\overrightarrow{PQ} \perp \vec{a}$, $\overrightarrow{PQ} \perp \vec{c}$ だから
$\overrightarrow{PQ} \cdot \vec{a} = \overrightarrow{PQ} \cdot \vec{c} = 0$

$$\therefore \quad \begin{cases} s|\vec{a}|^2 + t\vec{c}\cdot\vec{a} - \dfrac{7}{8}\vec{a}\cdot\vec{b} = 0 \\ s\vec{c}\cdot\vec{a} + t|\vec{c}|^2 - \dfrac{7}{8}\vec{b}\cdot\vec{c} = 0 \end{cases}$$

$|\vec{a}|^2 = |\vec{b}|^2 = |\vec{c}|^2 = 4$,
$\vec{a}\cdot\vec{b} = \vec{b}\cdot\vec{c} = \vec{c}\cdot\vec{a} = \dfrac{7}{2}$

だから, これらを上式に代入して
$$\begin{cases} 4s + \dfrac{7}{2}t - \dfrac{49}{16} = 0 \\ \dfrac{7}{2}s + 4t - \dfrac{49}{16} = 0 \end{cases}$$

$$\therefore \quad s = t = \frac{49}{120}$$

よって, $\overrightarrow{OQ} = \dfrac{49}{120}(\vec{a} + \vec{c})$

166

(1) OA = 2,
OB = $\sqrt{1^2 + (\sqrt{3})^2} = 2$
AB = $\sqrt{(2-1)^2 + (0-\sqrt{3})^2} = 2$
よって, OA = OB = AB なので △OAB は正三角形である.

(2) C から △OAB に下ろした垂線の足を H とすると
△CHO
≡△CHA
≡△CHB
だから
HO = HA = HB
である. よって, H は △OAB の外心であり, 正三角形の外心と重心は一致

するので重心でもある.

$$\therefore \quad H\left(1, \frac{\sqrt{3}}{3}, 0\right)$$

$$\therefore \quad c_1 = 1, \ c_2 = \frac{\sqrt{3}}{3}$$

また, △CHO において三平方の定理より, M(1, 0, 0) として
$CH^2 = OC^2 - OH^2 = 3 - (OM^2 + HM^2)$
$= 3 - \left\{1 + \left(\dfrac{\sqrt{3}}{3}\right)^2\right\} = \dfrac{5}{3}$

$$\therefore \quad c_3 = CH = \sqrt{\frac{5}{3}} = \frac{\sqrt{15}}{3}$$

167

(1) ∠POQ = 60° から,
∠POH = 30°
よって,
OH = $\dfrac{\sqrt{3}}{2}$OP
$= \dfrac{\sqrt{3}}{2}$

$$\therefore \quad \frac{\sqrt{6}}{3}(a-1) = \frac{\sqrt{3}}{2}$$

$$\therefore \quad a = 1 + \frac{3\sqrt{2}}{4}$$

(2) 線分 PQ の長さが最大になるのは, これが球の直径のときだから O と H が一致するとき.

$$\therefore \quad a = 1$$

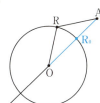

次に, A(1, 1, 1) より, OA = $\sqrt{3}$ > 1
よって, A は球面 C の外部にある.
ゆえに, AR が最小になるとき, R は, 線分 OA と球面 C の交点.
よって,
$\overrightarrow{OR_0} = \dfrac{1}{\sqrt{3}}\overrightarrow{OA} = \left(\dfrac{1}{\sqrt{3}}, \dfrac{1}{\sqrt{3}}, \dfrac{1}{\sqrt{3}}\right)$

$$\therefore \quad R_0\left(\frac{1}{\sqrt{3}}, \frac{1}{\sqrt{3}}, \frac{1}{\sqrt{3}}\right)$$

memo

memo

memo

memo

〔数学Ⅱ・B基礎問題精講 五訂版〕上園信武   S3g034